国际时尚设计丛书·服装

服装环境科学

[日] 田村照子 编著

竹潇潇 张辉 译

中国纺织出版社有限公司

内 容 提 要

本书立足人与环境的关系，整体结构分为绪论、基础篇、应用篇、资料篇四部分。绪论讲述了服装环境学的定义、领域、方法论等。基础篇介绍了人体的温热生理特性和相对应的服装特性，人体的结构、人体的运动特性以及相对应服装的力学特性，总结了皮肤的生理特性以及相对应的服装特性。应用篇重点关注日常服装在穿着场合中应注意的问题，并总结了在基础篇中所讲述知识的具体应用，主要内容包括气候与民族服装、内衣、运动服、工作服、鞋、老年服及残障服、睡衣及寝具、服装的安全性等。资料篇总结了有助于理解本书所必需的环境测定方法等，使本书的整体结构更加完整。本书图文并茂，可供纺织服装专业学生学习使用，也可供服装科技人员阅读参考。

著作权合同登记号：图字：01-2020-6920

图书在版编目（CIP）数据

服装环境科学 /（日）田村照子编著；竹潇潇，张辉译 . -- 北京：中国纺织出版社有限公司，2023.5

（国际时尚设计丛书．服装）

ISBN 978-7-5229-0136-7

Ⅰ. ①服… Ⅱ. ①田… ②竹… ③张… Ⅲ. ①服装学 Ⅳ. ① TS941. 1

中国版本图书馆 CIP 数据核字（2022）第 234071 号

责任编辑：张晓芳　　特约编辑：朱　方　苗　雪

责任校对：高　涵　　责任印制：王艳丽

中国纺织出版社有限公司出版发行

地址：北京市朝阳区百子湾东里A407号楼　邮政编码：100124

销售电话：010—67004422　传真：010—87155801

http://www.c-textilep.com

中国纺织出版社天猫旗舰店

官方微博 http://weibo.com/2119887771

三河市宏盛印务有限公司印刷　各地新华书店经销

2023年5月第1版第1次印刷

开本：787×1092　1/16　印张：10.75

字数：221千字　定价：79.00元

前 言

服装是影响人类健康的重要因素，被服卫生学研究领域主要集中在被服产品的健康问题上，即研究探索适合人类生理特性的舒适健康的服装条件。被服卫生学在欧美国家又被称为服装卫生学（Clothing Hygiene）或服装生理学（Clothing Physiology），目前日本很多大学均开展了被服卫生学方面的课程与研究。

服装明确被定位为人体环境是在1968年，由美国纳提克（Natick）研究所的纽伯格（Newburgh）博士提出。他将服装定义为最贴近人类身体的微环境，在设计服装时，将人—服装—环境作为一个系统来把握是很重要的。1985年，康奈尔大学的沃特金斯（S.M.Watkins）博士出版了著作*Clothing—The Portable Environment*。在书中，服装被定义为携带方便的环境，是保护人体免受化学、物理、生物等外力影响的环境，是克服障碍的手段，甚至是扩展人类身体所拥有的各种功能的有效环境。该书强调服装环境设计在人类未来生活中有着极其重要的意义。这个观点与美国的“衣服是环境”的概念相吻合。在1988年，日本家政学会出版了由大野静枝・田村照子编著的《作为环境的被服》。

本书的企划，尽管内容上与被服卫生学有很多重叠的部分，但书名从《被服卫生学》改为《服装环境科学》，其背景是人类生活中环境问题的多样化，即在21世纪围绕人类的环境，不仅是自然环境，还包括人类创造出的巨大的人工环境， 而且在20世纪没有考虑到的信息环境也正在深刻地改变着人类的生活。在这种剧烈的环境变化中，人类本身的形态、生理、心理特性却无法迅速改进。在这一差距中，服装所起到的作用越来越大，而为了实现功能、舒适、健康的穿衣生活，除了以往的服装研究外，也确实需要将以环境与人类特性的关系作为核心的服装研究及穿衣生活作为我们的研究领域。

本书立足人与环境的关系，以帮助服装设计师、研究人员、服装从业者、生产者、服装管理师、销售负责人以及能够正确认识商品价值的独立消费者为目的进行讲述。

全书整体结构分为“绪论”“基础篇”“应用篇”“资料篇”四个部分，旨在帮助读者在学习理解基本理论思想的同时深入实践。

“绪论”部分，讲述了服装环境学的定义、领域、方法论等。

在“基础篇”中，第二章介绍了人体的温热生理特性和相对应的服装特性；第三章介绍人体的结构、人体的运动特性以及相对应服装的力学特性；第四章总结了皮肤的生理特性以及相对应的服装特性。

在“应用篇”中，重点关注日常服装在穿着场合中应注意的问题，并总结了在“基础篇”中所讲述知识的具体应用。主要内容包括气候与民族服装、内衣、运动服、工作服、鞋、老年服及残障服、睡衣及寝具、服装的安全性等。

在“资料篇”中，总结了有助于理解本书所必需的环境测定方法等，使本书的整体结构更加完整。

本书通过详尽的讲述，可以使4年制大学的学生和短期大学的学生均能够比较轻松地理解。而且，在本书的每页中一半由图表或照片等构成，目的是使读者能够通过视觉加深理解。

在本书的编写过程中，引用和参考了很多已经出版的图书和研究成果，借此机会深表谢意。书中有可能包含一些误解和错误，如能得到更多人的指导，则是一件幸事。

最后，衷心感谢多年来对编者研究工作给予支持的文化女子大学，以及被服卫生学研究室的同事，研究生院博士、硕士、本科毕业生的协助。

田村照子

2004年11月

目　录

I.　绪　论

II.　基　础　篇

服装环境科学

I．绪　论

第 1 章　服装环境学

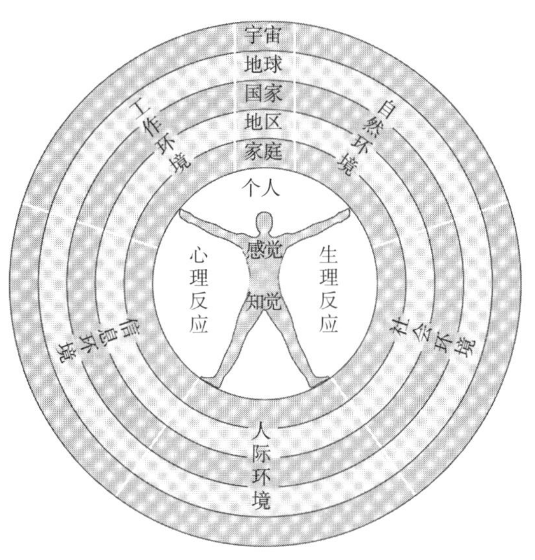

服装的起源

服装的起源有：①气候适应说，②身体装饰说，③巫术说，④羞耻说，⑤便利说，⑥防护说，⑦标志说等。

● 图1–1　围绕人类的各种环境

公元前6世纪～公元前4世纪的壁画。戴着帽子和首饰，穿着裙子的女性（左图）。颈部、手臂、腰、脚等部位戴着环状物的男性（右图）。这是原始人的穿着。

● 图1–2　塔西利（阿尔及利亚）壁画

1　什么是环境

所谓环境就是“围绕着人或生物，与之相互作用的外界”（《广辞苑》）。具体地说，包括围绕人类的自然环境，人类创造的工作环境，家庭和社会等人际环境，制度和法律、经济等社会环境，以及不断扩大的信息环境等。从空间上看，上述各种环境涉及从个人家庭到家族、地区、国家、地球、宇宙的各种各样的大小空间（图1–1）。

2　最接近人体的环境：服装

服装被称为“第二层皮肤”，是由伽利尔（L.M.Giral）和霍恩（M.J.Horn）提出的。服装所创造的环境，是空间上最接近人体的环境，是与人不可分割地联系在一起的便携式环境。也就是说，服装是与围绕人类的自然、工作、人际、社会、信息等环境息息相关的最贴近的个人环境。

人自出生以来，几乎所有的时间都包裹着服装生活。关于服装的起源有各种各样的说法。其中气候适应说提出，人类在进化过程中失去体毛，成为出汗能力旺盛的“裸猿”［莫利斯

（D.Morris），1988］，在极其寒冷的冰河期，人类披上了狩猎动物的皮毛以代替脱落的毛发，即第二层皮肤。这第二层皮肤不仅可以保护身体免受寒冷、雨水、日照、风雪的伤害，还可以有各种颜色和花纹，弱小的人类就象征意义地有可能变身成其他强壮的鸟兽类。

因此，服装就与作为人与外界环境分界面的皮肤密不可分，形成了与人体最贴近的环境。服装环境对内来说，可以保护皮肤和身体免受炎热、寒冷以及机械外力的伤害，是适应自然环境的手段。对外来说，服装通过个性、美的表现，以及社会规范的表现，被社会所认可，是适应社会环境的手段（图1-2）。服装文化的出现和纤维的发展见表1-1。

3 围绕服装环境的两个需求

服装环境学探究的是对人类来说终极的服装环境是什么。如图1-3所示，服装环境学是研究在生理上满足穿着的同时，在心理上满足装饰的欲望，具有舒适性、功能性、安全性，促进人类健康和幸福的理想服装环境的科学。然而，正如北山（1996）所言："如果人类只有生理需求，那么烦恼就少了"。

人类对社会舒适性的需求非常强烈，有时凌驾于生理舒适性的需求之上。历史上，因时尚造成健康损害的事例不胜枚举。例如，在夸张的假发和服装流行的16~17世纪，服装和假发的洗涤都很困难，皮普斯（S. Pepys）描述："衣服和床上一下子发现了20只虱子。"此外，

● 表1-1 服装文化的出现和纤维的发展

年代	发展阶段	人类·生活文化
公元前100万年 公元前15万年	旧石器时代	非洲南方古猿（猿人）
		直立猿人（爪哇猿人） 北京猿人 开孔的贝壳（吊坠）
		尼安得特人（古人类） 红色颜料、毛皮衣料*
公元前2万年	中石器时代	克鲁马努人（新人） 维纳斯雕像、颈部饰品、臂环
公元前1万年	新石器时代	人类（克鲁马努人、现代人） 农业、家畜、服饰用品、韧皮纤维、纺锤、织机、织物
公元前5000年	天然纤维	在公元前6000～公元前5000年的埃及、墨西哥、秘鲁的遗迹中发现了麻织物
		在公元前5000年的印度、南美印加帝国发现了棉的栽培以及棉布的使用
		在公元前2000年的中国开始了养蚕、产丝，之后通过丝绸之路流传到印度、波斯、中亚、欧洲
		中亚附近开始饲养绵羊，毛织品遍及意大利、西班牙、美国、澳大利亚等国家和地区
罗马时代～中世纪		在欧洲，一般人穿着羊毛或麻，市民和贵族穿着用中国丝绸或印度棉包裹的五颜六色的衣服
14世纪		织布机的发明
15世纪		针织机的发明
18世纪		工业革命，纺纱机、织布机等的发明
19世纪	人造纤维的发明	人造丝的研究
1884年		发明硝化法人造丝（法国）
1890年		铜氨丝的发明（法国）
1893年		黏胶纤维的发明（英国）
1894年		醋酸纤维的发明（英国）
20世纪	合成纤维的发明	"高分子学说"的确立（迈耶，马克）
1938年		卡罗瑟斯（美国杜邦公司）发明锦纶
1939年		维纶的发明（日本）
1941年		开始生产聚酯纤维（英国）
1950年		开始生产腈纶（日本、英国）

* 毛皮服装和红色颜料的同时发现表明人类对服装的两种需求都是本质和根源性的。

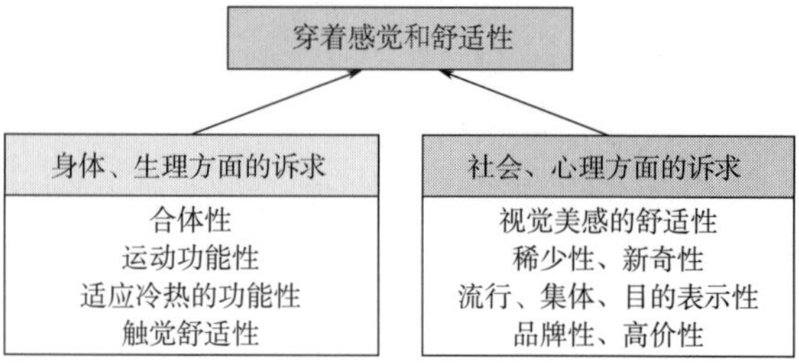

穿着感觉和舒适性	
身体、生理方面的诉求	社会、心理方面的诉求
合体性 运动功能性 适应冷热的功能性 触觉舒适性	视觉美感的舒适性 稀少性、新奇性 流行、集体、目的表示性 品牌性、高价性

● 图1-3 围绕服装环境的两个需求

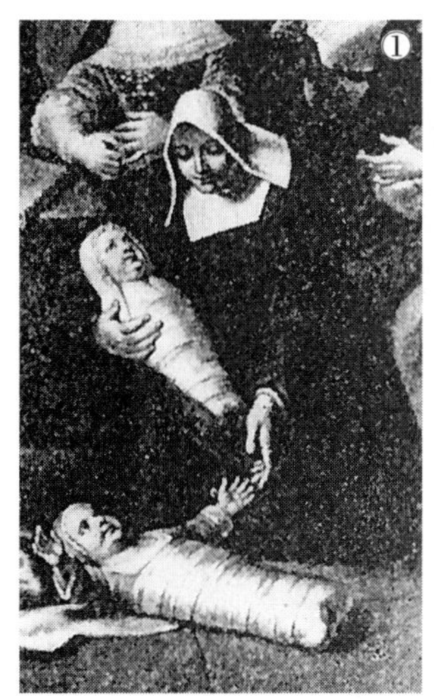
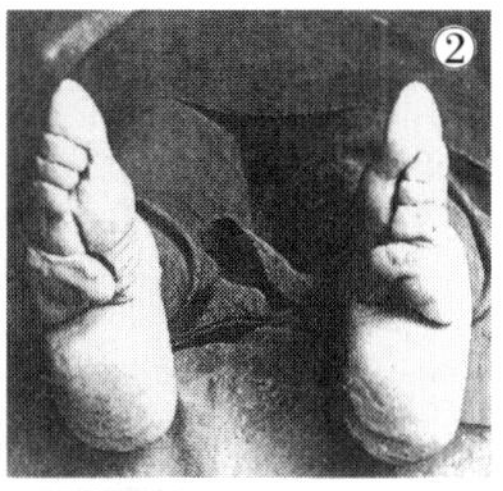
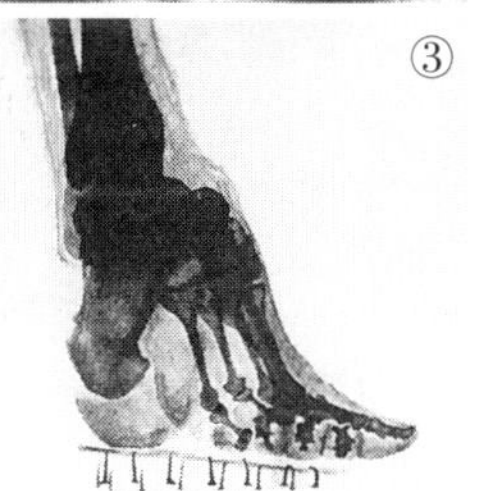
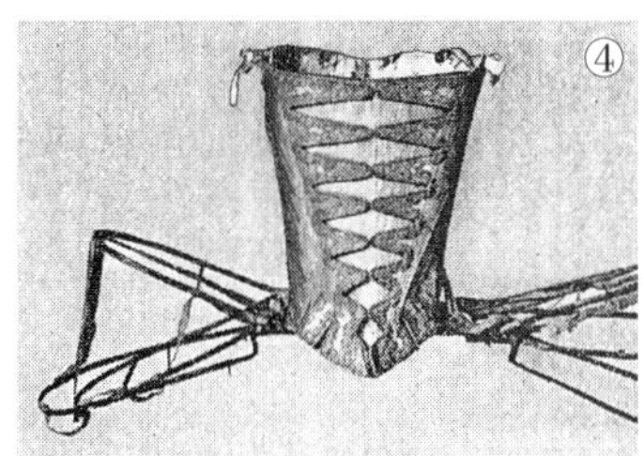

① 襁褓包裹（18世纪法国）
②③ 裹脚引起的足骨变形（10～16世纪中国）
④ 鲸须做的紧身胸衣（18世纪法国）

● 图1-4 服装的社会规范和健康

● 表1-2 服装的功能

维持生命 防止危险 提高工作效率 提高体育记录 提升活动机能 帮助体温调节 防风雨、冰雪 防太阳辐射 防紫外线	医疗效果 身体锻炼 保持身体清洁 抗菌除臭 防止污染 促进睡眠 促进休养 隐藏身体 维持、调整体型	道德上 礼节上 惩罚 美的表现 个性表现 标志 威胁 炫耀 反抗 装扮 拟态 传统和祭礼 巫术和祈愿

● 表1-3 马斯洛（Maslow）的需求分类（马斯洛，1954）

1.生理需求（生理和生物需求）
2.安全的需求（想要避免恐惧和痛苦）
3.所属和亲和的需求（对归属、接受、性满足的需求）
4.尊重和认同的需求（对威信、名望、认同的需求）
5.自我实现的需求（自我表达、创造、自我启发的需求）
6.意识的需求（好奇心、成就的需求）
7.审美需求（欣赏美、和谐、秩序的需求）

16~19世纪流行的紧身胸衣，将女性的身体勒紧束缚，塞梅林（Sommering）指出："很多妇女患有月经不调、流产、腰痛、腹肌弱化、肝萎缩、头晕、脊柱弯曲、呼吸浅速等疾病，这些疾病都是由于幼儿期开始穿着紧身衣造成的。"此外，还有古代中国女性的缠足、日本和服腰带的束带等（图1–4）。正如鲁道夫斯基（B.Rudofsky）所说："对服装的穿着要求，一旦朝着一个方向改变，就会变得极端、激进。然后，当觉察到自己为什么会做如此愚蠢的事情时，又会感到哑然。"

上述各种因心理需求与生理需求存在的服装环境问题，在现代社会中也同样存在。比如日本工薪阶层在高温、高湿的夏天因穿着西装、领带、皮鞋导致皮肤疾病，女性的厚底鞋、冬天的迷你裙、减肥膏等也同样对人体有害。另外，对于已经失去活力、感情缺失的老年人的服装，在颜色和设计上欠缺的问题也正在被大家关注。服装的功能见表1–2。马斯洛需求分类见表1–3。

4 服装环境的快适性

4.1 "快"与"适"

学习服装环境学的最终目标是理解服装所具有的各种功能，以及掌握设计健康、舒适的服装或穿衣生活的基本能力。虽说一般将"快适性"合在一起说，但"快"和"适"的意思稍微有些不同。“适”是消极的快适性，在英语中被称为comfort。例如，某个环境温度让人感到不冷不热的状态可以叫作“适温”，在这种状态下没有感到不舒服，可以理解为中性、中立的概念。

而“快”具有更积极的意义，在英语中被称为pleasant。例如，从寒冷的户外进入家中，把手放在火炉上方时，或者进入暖桌时，会用“非常舒适”“心情好好啊”等积极的快适性语言来表达。可以说“快”比“适”更快乐、更有魅力，是使用附加的、动态的、积极的修饰语的快适性。

但是，也不能说“快”与“适”相比是更理想的状态。比如，待在暖炉前取暖感到“快”，随着身体变暖，会想离开，如果“快”长时间持续的话，“快”的情况也有可能成为“不快”。在设计快适的服装环境时，根据“消极的快适性”和“积极的快适性”的具体意义，有必要用根据目的和场合所制定的方法和结果来解释。“快”与“适”的相关例子如图1-5所示。

4.2 快适性影响因素的关联性

在考虑服装环境的快适性时，需要注意快适性影响因素之间的关联性。即某个服装环境由于外部环境因素的不同，可以变得“快”也可以变得“不快”；或者说外部环境因素即使不变，但由于人体条件的不同，也可以变得“快”或者“不快”，服装环境的快适性随外部环境和人体条件而变化（图1-6）。比如，春天或秋天穿着正合适的服装，在冬天穿的话会因为太冷感

开着空调的办公室不热不冷是comfort，冬天在民宅围着火炉聊天是pleasant(右图为炎热环境拍摄的景象)。

(a) 环境的“comfort”和“pleasant”

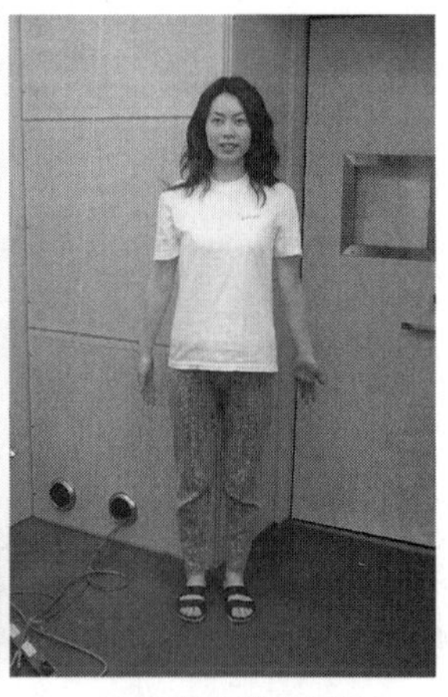

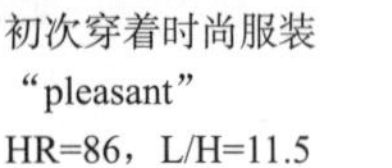

初次穿着时尚服装 “pleasant” HR=86，L/H=11.5

在房间里穿着休闲服 “comfort” HR=81.6，L/H=2.15

HR：刚照镜子时的心率(次/分钟)

L/H：作为交感神经活动指标的心率变动

(b) 服装的“comfort”和“pleasant”

● 图1–5 “comfort”和“pleasant”

人	服装	环境
性别、年龄 体型、体质 日节律 运动、作业 水平 兴趣	纤维材料 形态 组合 着装	季节 日照 地域 国家

人、外部环境的任何一个因素发生变化，服装的快适性都会发生变化。

● 图1–6 影响服装快适性的关联因素

● 表1–4　各种纤维和纤维制品的示例（括号内是服饰以外的用途）

纤维材料	各种纤维制品
棉	洋服、和服、寝具、内衣、袜子、手帕、棉被、毛巾
毛	洋服、针织内衣、毛衣、毛衬布、和服、（地毯）
丝	洋服、和服、和服用品、围巾、床上用品、（包）
麻	夏天服装、手帕
人造丝、特殊人造丝	洋服、和服、和服用品、里布、床上用品、内衣、毛衬布、（地毯、窗帘）
黏胶纤维	内衣、洋服、里布、和服、围巾、（包）
醋酸纤维、三乙酸酯	洋服、和服、雨衣、衬衫、运动服、内衣、围巾
牛奶蛋白纤维	和服用品、领带、洋装针织制品、围巾
锦纶	洋服、和服、内衣、雨衣、夹克、运动服、袜子、（窗帘）
涤纶	洋服、衬衫、雨衣、短裙、裤子、毛衣、针织内衣、和服、学生服、袜子、（被子、窗帘）
腈纶	洋服、毛衣、针织内衣、和服、披肩、羊绒袜子、（棉被、毛衬布）
丙纶	针织内衣、工作服、运动服、床单、袜子、（棉被、毛巾被、地毯）
聚氯乙烯	针织内衣、毛衣、（棉被）
聚氨酯	塑身内衣、泳衣、袜子
苯甲酸酯	和服用品、洋服、衬衫、毛衣、polo衫、领带、围巾、袜子
聚乙烯醇	洋服、针织内衣、（窗帘等室内装饰用品）

● 表1–5　刺激的种类和感觉

刺激	感觉器		感觉	服装环境示例
物理刺激	视觉		美感、喜好	颜色、形状、设计
	听觉		隔音、噪声	衣服滑落、脚步声、枕头声
化学刺激	嗅觉		香味、臭味	香水、汗臭、鞋臭、除臭、老年臭
物理刺激	皮肤感觉	温感、冷感	温冷感	服装气候、不同部位的防寒防暑
		触觉、压觉	拘束感、触觉	服装压力、运动性、肌肤触感、污染性
		痛觉	危害性、侵入刺激	安全性、衣料危害

到“不快”，夏天穿的话会因为太热感到“不快”。也就是说即使同一件服装，由于环境温度的上升下降，这件服装可以变得“快”，也可以变得“不快”。

人体方面条件发生变化的情况是怎样的呢？比如，在房间工作时穿着感觉快适的服装，如果穿着它运动，会因为出汗感到“不快”；如果就这样穿着它睡觉可能会感冒。也就是说，如果人体方面的条件发生变化，那么服装环境的快适性也会随之变化。

另外，嗜好性与快适性也有关系。颜色、款式、材料、经济条件等，对于某一个人来说是pleasant的时尚，对另一个人来说可能难以忍受。也就是说，对某一服装环境的评价，会根据各种条件发生变化。作为服装环境的快适性设计，将服装定位于人—服装—环境这一关系（系统）中进行研究是很有必要的。

5　快适服装环境设计研究的切入口

服装有许多种类。因此，在快适服装环境的研究中，需要首先限定作为研究对象服装的种类和使用目的，然后依次研究材料、款式结构、颜色、表面性状等条件（表1–4）。另外，由于服装环境的“快”与“不快”是通过人的感觉器来感受的，如表1–5所示，也有与感觉器的种类相对应的“快”与“不快”的种类。人类的感觉器官有眼、耳、鼻、口，分别感受视觉、听觉、嗅觉、味觉；皮肤是感受温觉、冷觉、触觉、压觉、痛觉的感觉器官。

因此，对快适服装环境的研究，需要

根据这些不同感觉的种类整理出对应的影响因素，这有时可以成为研究的切入口。

6 服装环境的研究方法

6.1 应对环境的三种人体反应

应对环境的人体反应有心理反应、行动反应、生理反应，人体根据其反馈来适应环境（图1–7）。各种反应的测量如表1–6所示。例如，作为心理反应的评价法，可以使用热、冷、辣、痛、舒适、不舒适等语言，并加上用于描述感觉强烈程度的尺度。官能检查法等可以说是这种评价法的代表性方法。

作为行动反应的评价法，可以观察行动和结果，即表现。例如，可以通过观察处于某种温度条件下人的穿脱行为，寻找适合该环境的服装快适条件。或者在评价运动鞋时，可以通过穿上该鞋时人的步态分析和走路时的速度等测量结果进行评价。作为生理反应的评价方法有呼吸、循环、肌电图、脑电波、荷尔蒙的定量测量等。一般来说，生理指标与主观的心理反应相比更加客观，可以说是服装环境的评价、改良，快适性的提高等不可缺少的评价方法。图1–8是不同城市5月平均气温和着装。

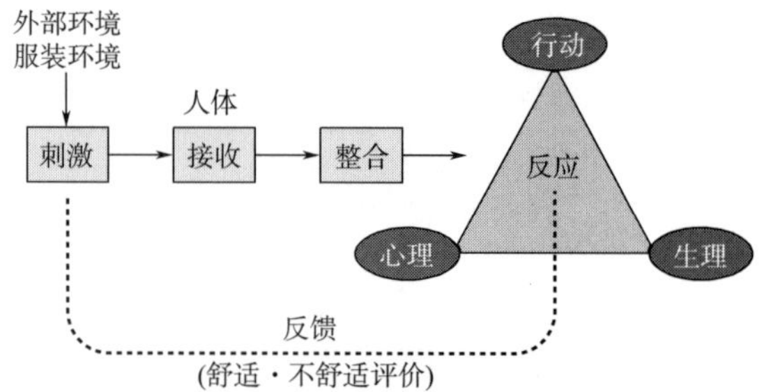

● 图1–7 应对服装环境的人体反应及反馈

● 表1–6 人的心理、行动、生理反应的测量

基本测量项目		身体尺寸、形状，身体组成、姿势、性别差异、年龄差异、人种差异、地域差异、适应、顺应、人体生物节律、个体差异、左右差异等
各种反应的指标	心理反应	主观申报、自觉症状、感官评价、心理压力、舒适评价、疲劳感等
	行动反应	服装穿脱、穿衣量、姿势变化、工作区域、反应时间、视线移动、机械操作能力、运动能力、工作成绩、动作分析等
	生理反应	体温调节功能（代谢、深部体温、皮肤温度、出汗、血流量等）
		呼吸循环功能（肺功能、呼吸频率、换气量、心率、血压、血流量、心电图等）
		运动感觉功能（肌力、肌电图、柔软性、辨别力、阈值等）
		自律及中枢神经系统功能［脑电波、伴随性阴性反应（CNV）、其他诱发电位等、心跳变动分析、血压变动分析等］
		生物化学的内分泌系统功能（皮脂、血液、尿液、汗液、唾液中各种微量成分分析等）

5月的旅行：平均气温和服装		
东京	18.6℃	春秋装
香港	25.9℃	夏装(夏天一定要带雨具)
伦敦	11.3℃	冬装(夏天也很凉爽)
日内瓦	14.8℃	春秋装(早晚较冷)
纽约	16.6℃	春秋装
温哥华	12.1℃	冬装
悉尼	15.7℃	春秋装(冬天是5～8月)
开罗	24.8℃	夏装(夜晚较冷)

● 图1–8 不同城市5月平均气温和着装

6.2 服装环境的研究步骤

上述方法均以人为评价对象，但由于服装环境快适性的影响因素比较复杂、相互交织，所以，很难把握原因和结果的关系。另外，服装环境的“快”和“不快”与纤维、纱线、面料、各种加工、服装种类等复杂因素有关，如果要研究服装的哪

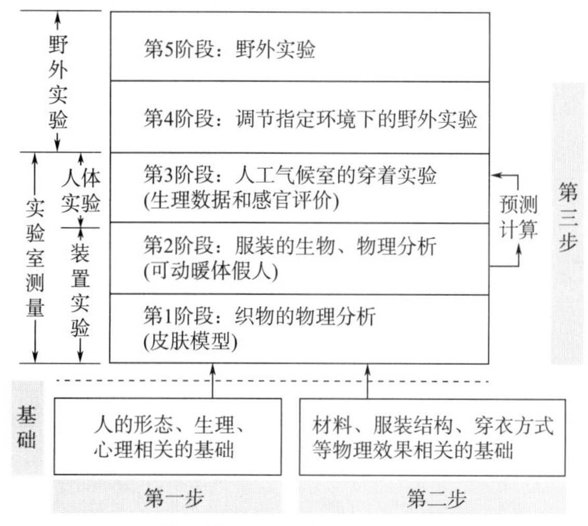

● 图1-9　服装环境的研究步骤

● 表1-7　服装材料对应的要求与材料、整理

形态	起球	声音（丝鸣）
压花	防起球整理	新合纤
烂花整理	厚度、体积	**静电**
起皱整理	蓬松整理	抗静电整理
波纹整理	微卷曲	**气味**
植绒	不同收缩混纺	抗菌除臭处理
发泡印花	**透明**	芳香整理
颜色	防透明材料	**皮肤变粗糙**
结构显色材料	透明材料	非过敏原整理
温变材料	**形态稳定性**	**温度（热）**
光变材料	树脂整理	保湿整理
柔软度	W&W整理①	pH控制处理
丝光整理	PP整理②	轻质保湿材料
减碱量整理	热定型整理	蓄热保湿材料
柔软整理	**折痕**	吸湿保温材料
硬度	褶皱处理	冷却材料
硬挺整理	熨烫处理	**火（高温）**
收缩	**汗（水分）**	防火整理
预缩处理	防水整理	防熔融整理
防缩整理	防水透湿整理	**电磁波**
褶皱	环保型透湿整理	防紫外线整理
防褶皱整理	吸汗吸湿整理	防电磁波整理
	污渍	
	SR整理③	
	防污整理	

① W&W 整理：wash and wear 洗可穿整理。
② PP 整理：permanent press 免烫整理。
③ SR 整理： soil release 易去污整理。

些因素对服装环境的“快”和“不快”有多大程度的影响，哪个因素通过怎样做可以提高快适性等问题，就需要积累明确这些因果关系的研究步骤。

因此，要研究和学习服装环境科学，可以考虑图1-9的步骤。第一步是要充分理解人体的形态、生理、心理特性。第二步是具备材料、服装结构、着装等因素所产生的物理效果的评价和分析能力。第三步是当被给予一个课题时，尽可能从简单的第1阶段水平，到复杂系统的第2阶段水平，再通过人体实验进入第3阶段～第5阶段进行深入研究。

例如，在设计温感舒适的工作服时，首先，明确服装是谁在怎样的环境、从事怎样的活动状态下穿着非常重要。其次，为了满足服装所具备的功能，要预测哪些材料可以使用，利用与人体产生相同的热量和水分的皮肤模型来评价和选择各种材料。再次，设计服装款式，通过暖体假人对服装性能进行评价。最后进行人体穿着实验和现场测试，这是一种有效的方法。

7　服装环境的快适性与地球环境

服装作为调节外部环境刺激的最贴近身体的文化、技术的媒介之一，使人的生存、环境适应变得更加容易。服装的穿着可以使人类的生活圈扩大到比地球生存条件更为恶劣的地方，现在，人类穿着特种服装甚至可以在宇宙空间和海底空间生存。服装环境的快适性，在实现健康生活方面不可或缺，同时在现代竞争经济下，为了商品差别化的快适性研究也在加强。表1-7总结了科学技术进步所带来的各种新材料、整理的现状。图1-10展示了纤维的制造过程和纤维的改性、整理方法。

通过材料、整理达到快适性的研究有以下两个方向的课题。

一方面，人们担心快适性的探究会导致地球环境的恶化。享受时尚的乐趣，消费丰富的纤维产品，用洗发水、沐浴液清洁身体，通过药剂抑制霉菌、细菌、寄生虫等微生物的生长，如果这些生活方式会造成地球环境的污染，那就不能称作真正的快适性。目前，各国都在尝试对纤维产品进行回收利用，但如图1-11、图1-12所示，可以看出日本的应对状况相对落后。服装环境学也需要研究对地球环境的关心和改善对策。

另一方面是快适环境给人类带来的影响。人类在长期进化中，适应了各种各样的环境。但是，如果暴露在严酷的环境中，人类原本已经开发出来的潜在适应能力的发展可能会因为生活在舒适的环境中而受到阻碍。例如，近年来，年轻人多见的耐寒耐热性下降、动手能力下降等。从长远的角度来看，把人类环境适应性考虑在内的服装快适性研究很有必要。

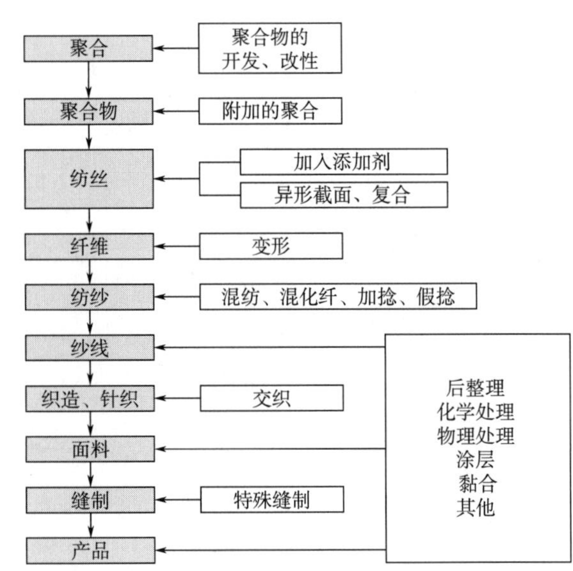

● 图1-10　纤维制品的制造过程和纤维的改性、整理

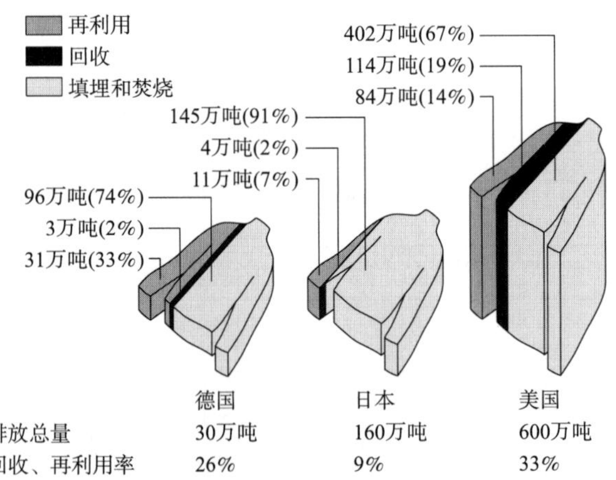

● 图1-11　纤维废弃物的回收利用

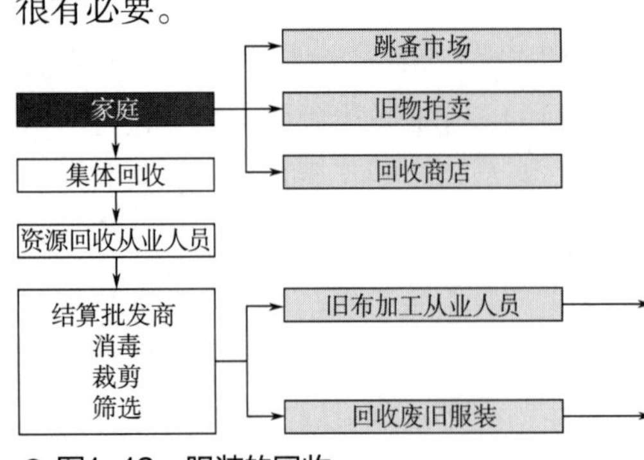

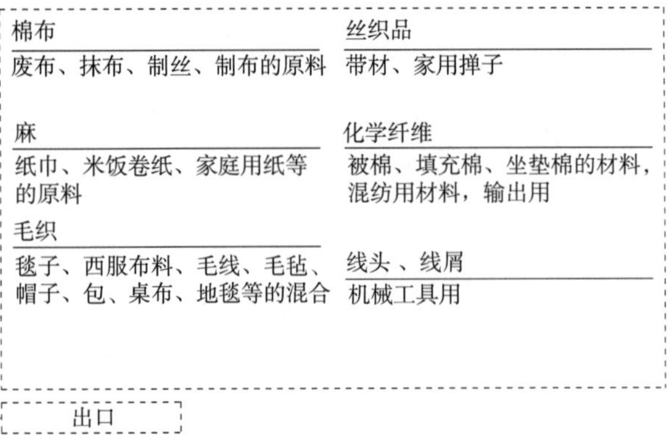

● 图1-12　服装的回收

服装环境科学

Ⅱ. 基础篇

第2章 温冷舒适性

1 体温及体温调节

1.1 体温和皮肤温度

人类属于恒温动物，即使外部环境在一定范围内发生变化，其核心温度（也称体核温度、深部体温）也能维持在37℃左右，这被称为恒定体温（图2–1）。恒定体温是体内发生的化学反应，即进行生命现象的场所所需要的温度条件，维持恒定体温是保障新陈代谢反应进程和速度的重要条件，是用作衡量健康与否的指标。但是，人体体内温度的分布并不均匀。虽然作为人体重要产热器官的躯干深部能够维持体温的恒定，但是进行人体散热的皮肤表面和躯干末梢部位的温度则会受到外界气温的影响。图2–2是人体在寒冷环境和炎热环境下温度分布的等温线示意图。由此可见，人体可以看作是由变温的外壳部（shell）包裹恒温的核心部（core）构成。

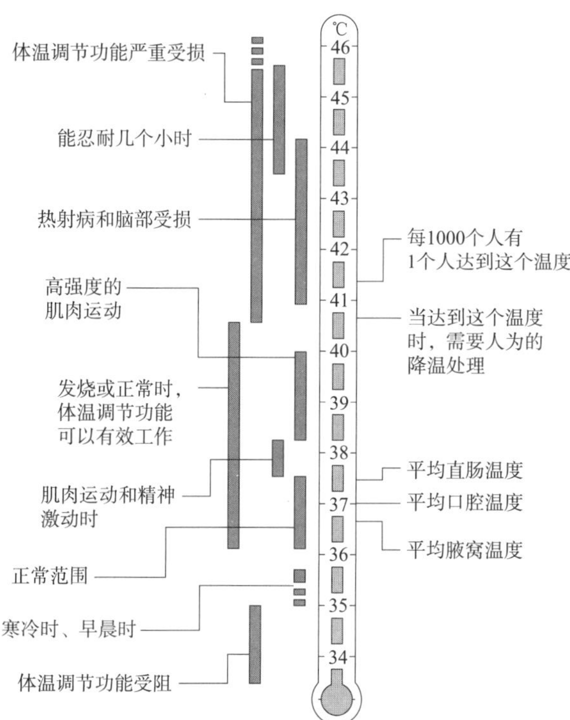

● 图2–1 核心温度的范围和功能障碍

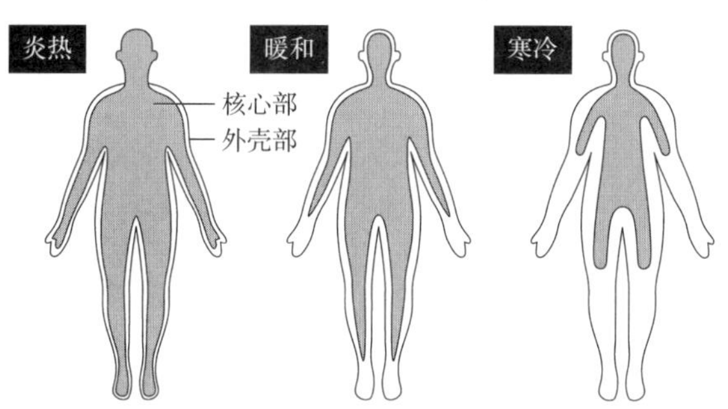

灰色核心部(core)保持在相对恒定的温度。白色外壳部(shell)的温度变化，由核心向表层呈现温度变化梯度。外壳部的厚度根据环境的温热条件而变化。

● 图2–2 人体核心部和外壳部的概念图（阿什夫，Ashoff）

1.2 体温的测量

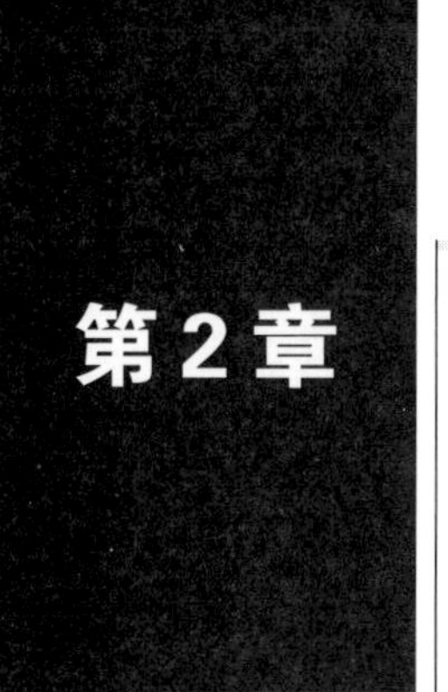

核心温度（体核温度，以下用体温表示）包括直肠温度、口腔温度（舌下温度）、腋窝温度、食道温度、鼓膜温度、听道温度等。这些温度值不一定相同，但可以用于不同的目的。其中，直

肠温度通常作为体热容量的计算指标。腋窝温度、口腔温度、直肠温度通常作为人体发热状态的评判指标。

此外，鼓膜温度反映了脑的温度，可以作为体温调节中枢调节机制的指标。一般而言，腋窝温度略低，直肠温度略高，在37.0℃以上（图2-3）。

影响体温测量值的因素如表2-1所示，测量体温时，要注意这些影响因素。

1.3　皮肤温度的测量

皮肤温度（t_s：skin temperature）是人体和环境接触界面的温度，所以皮肤温度是决定人体与环境之间的热量交换的因素，是表示人体体温调节反应程度的指标，也是影响人体温冷感的因素。皮肤温度在服装的温热生理功能研究中也是不可或缺的指标。皮肤温度与生理学状态、感觉的关系如图2-4所示。

皮肤温度的测量有两种方法，包括使用热电阻温度计、铜—铜镍合金热电偶温度计等的接触式测量法和红外热成像等非接触式测量法。

（1）接触式测量法

接触式测量法是采用在想要测量的皮肤部位贴上传感器的方法。测量部位的选择根据测量目的而定。但是，如果想通过各部位的皮肤温度来测量全身皮肤温度的平均值，即人体的平均皮肤温度，皮肤温度测量点的选择就很重要。所谓平均皮肤温度，是指分布在全身无数个点的皮肤温度的平均值。但是由于实际上无法测量皮肤上这无数个点的温度，为了方便测量，近似地将全身皮肤温度分成几个部位（图2-5），然后测量各个部位代表性的1个点或数个点的温度。测得的各部位代表性皮肤温度（t_1，t_2，…，t_n）与各部位体表面积占全身体表面积的比率（s_1，s_2，…，s_n）的加权就是平均皮

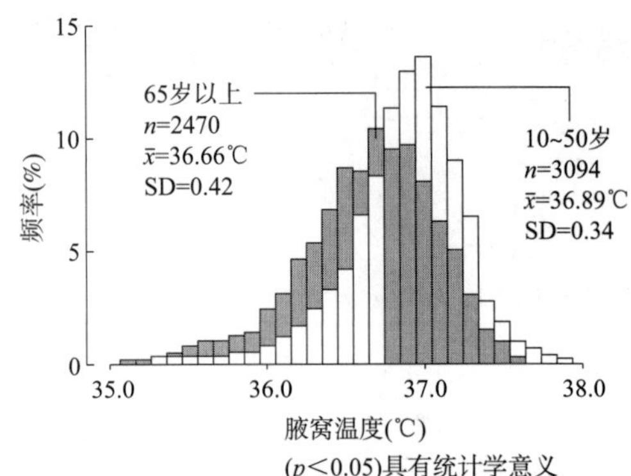

● 图2-3　腋窝温度的柱状图（入来等人，1975）

● 表2-1　体温测量值的主要影响因素

①体温本身的原因
生理节律、性荷尔蒙的周期（女性）、妊娠、年龄、测量时的状态（运动、入浴、饮食、精神因素等的负荷）、个体差异、体温调节中枢的功能障碍、各种疾病引起的发烧、低体温、心因性发烧
②体温计的原因
体温计的种类、使用方法、体温计本身的误差
③与测量相关的原因
人体周围环境引起的差异（季节、气温、湿度），测量部位引起的差异（腋窝、颈部、口腔、直肠、鼓膜、食道），测量时间长短引起的差异，测量方法引起的差异（体温计的位置、角度、按压方法），体格（肥胖）引起的差异

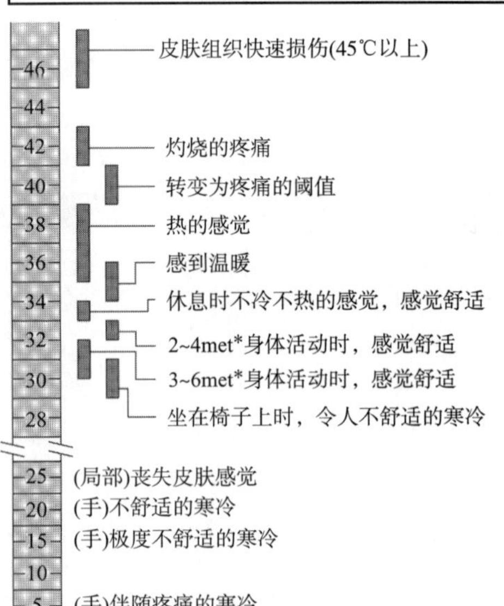

*1met表示人安静坐在椅子上时的产热量

● 图2-4　皮肤温度与生理学状态、感觉的关系

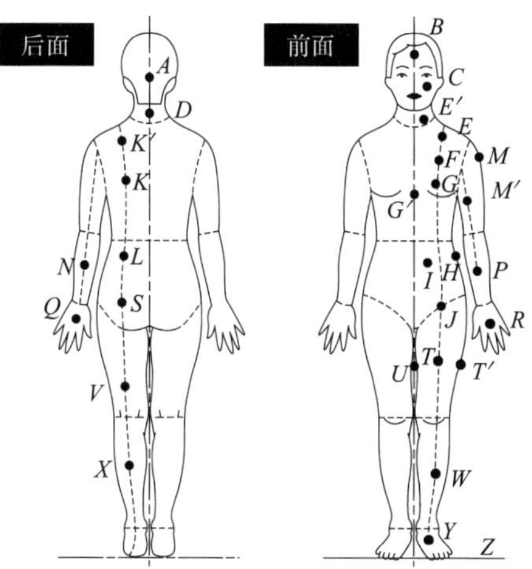

● 图2-5 皮肤温度的测量点

● 表2-2 平均皮肤温度的测量点及加权系数

发表者姓名			H-D（1938）	季节生理（1952）	Rm（1964）	M-W（1969）	Rb（1977）	田村（女子）（1980）
测量点数量			12	22	4	15	3	13
头部	头	A		4.3		100/15		
	脸	B	7	3.1/2		100/15		8.1/2
		C		3.1/2				8.1/2
躯干	颈	D		2.4/2				2.2
		E′		2.4/2				
	胸	E						
		F	35/4	16.6/2	30	100/15	43	
	腹	G′		8.1/2				31.8/4
		G	35/4			100/15		
		H		8.1/2				
		I						31.8/4
		J		8.1/2				
	背	K′						
		K	35/4	16.6/2		100/15		31.8/4
		L	35/4	8.1/2		100/15		31.8/4
上肢	上臂	M		8.2/2	30	100/15	25	8.4
		M′		8.2/2				
	前臂	N	14	6.1/2		100/15		
		P		6.1/2				5.8
	手	Q	5	5.3/2		100/15		4.8
		R		5.3/2				
下肢	大腿	S						
		T′	19/2	17.2/2	20	100/15	32	19.7
		T						
		U				100/15		
		V	19/2	17.2/2		100/15		
	小腿	W	13/2	13.4/2	20	100/15	32	12.8
		X	13/2	13.4/2		100/15		
	脚	Y	7	7.2		100/15		6.4
		Z						

H-D：Hardy 和 DuBois，Rm：Ramanathan，
M-W：Mitchel 和 Wyndham，
Rb：Rubner。

肤温度（$\bar{t}_s$：mean skin temperature），即：

$$\bar{t}_s=s_1t_1+s_2t_2+\cdots+s_nt_n$$

如果利用各部位的体表面积计算（S_1，S_2，…，S_n），则上式变为：

$$\bar{t}_s=\frac{S_1t_1+S_2t_2+\cdots+S_nt_n}{S_1+S_2+\cdots+S_n}$$

也就是说，平均皮肤温度是各部位的皮肤温度按其所对应的体表面积比加权后的平均值。皮肤温度测量点以及与各测量点的皮肤温度相乘的加权系数，参见图2-5、表2-2。针对平均皮肤温度的测量，研究人员提出了各种各样的提案。例如，哈迪（Hardy）和迪布瓦（DuBois）提出的7部位12点法：

$$\bar{t}_s=\left(7B+35\frac{F+G+K+L}{4}+14N+5Q+19\frac{T+V}{2}+13\frac{W+X}{2}+7Y\right)/100$$

式中字母是指如图2-5所示对应部位的皮肤温度。测量点最多的是季节生理的12部位22点法：

$$\bar{t}_s=\left(4.3A+3.1\frac{B+C}{2}+2.4\frac{D+E}{2}+1.6\frac{F+K}{2}+8.1\frac{G'+H}{2}+8.1\frac{J+L}{2}+8.2\frac{M+M'}{2}+6.1\frac{N+P}{2}+5.3\frac{Q+R}{2}+17.2\frac{T+V}{2}+13.4\frac{W+X}{2}+7.2Y\right)/100$$

测量点数量少、简便且精度相对较高的是拉马纳坦（Ramanathan）的4点法：

$$\bar{t}_s=\frac{30F+30M+20T+20W}{100}$$

$$=0.3（F+M）+0.2（T+W）$$

由这些公式可以看出，虽然测量点的个数越多越接近于准确的平均皮肤温度，但是测量耗费时间和劳力，像在野外实验的情况就很难采用。另外，如果测量点少的话，虽然简便，但容易产生误差。从对各公式的估计误差比较研究的结果来看，虽然尚未得到在任何环境温度下都能表示准确值的计算公式，但哈迪（Hardy）和迪布瓦（DuBois）的12点法、拉马纳坦（Ramanathan）的4点法相对受多数研究人员的支持。

（2）非接触式测量法

皮肤温度的非接触式测量法，最开始用手持红外辐射温度计进行测量，其原理如下。

表面温度在绝对零度（-273℃）以上的所有物体，从其表面所释放出的红外辐射能量（R）与其表面的绝对温度（T_S[K]）的4次方成正比，两者之间的关系式如下：

$$R=s\sigma T_s^4$$

式中，s是物体表面的发射率（$0 \leqslant s \leqslant 1$），$\sigma$表示斯蒂芬—玻尔兹曼（Stefan-Boltzmann）常数5.67×10^{-8}（$W/m^2 \cdot K^4$），人体皮肤表面发射率用几乎接近于黑体的值0.99～0.98表示。

上式中s已知的情况下，只要通过测量辐射能，就可以求出表面温度。另外，通过扫描将温度分布表示为黑白或彩色图像的方法称为热成像，得到的温度图像称为热成像图。图2-6显示的是在22℃、28℃、34℃的气温条件下，近裸体停留2h的日本青年女性的皮肤温度分布热成像图。

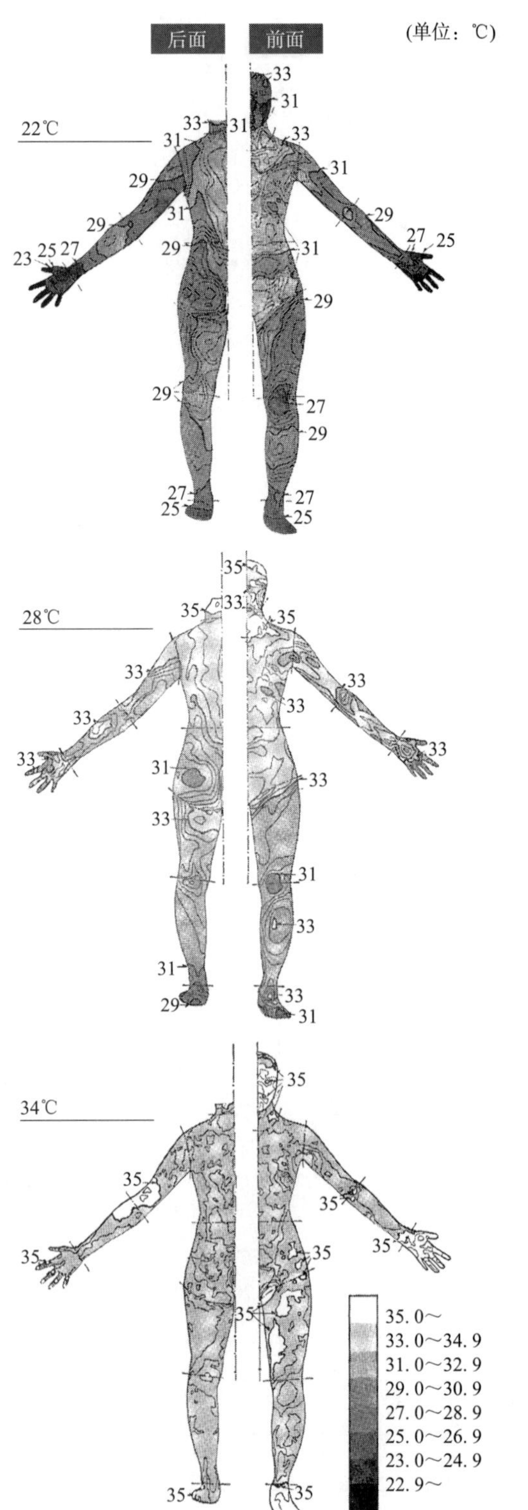

● 图2-6 各气温条件下皮肤温度分布的等温线图
(灰度等级越深表示温度越低)

1.4 平均体温

人体全身的平均体温$\bar{t}_b$（mean body temperature）可以利用以下公式求得：

$$\bar{t}_b=(1-k)\,\bar{t}_s+k\,t_r$$

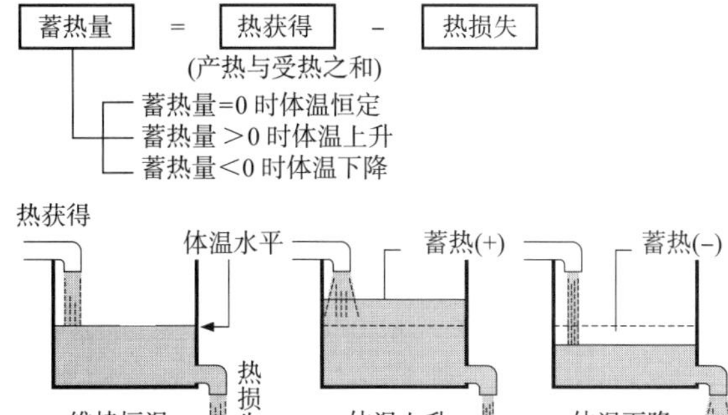

● 图2-7　人体的热平衡

● **表2-3　来自三大营养元素的热量和耗氧量**

热量和耗氧量项目	碳水化合物	脂肪	蛋白质
氧化1g所需的氧量（L）	0.75	2.03	0.95
氧化1g时产生的二氧化碳量（L）	0.75	1.43	0.76
呼吸商（RQ）	1.00	0.77	0.80
1g氧化时产生的热量（kcal）	4.10	9.30	4.10
消耗1L氧气得到的热量（kcal）	5.047	4.686	4.310

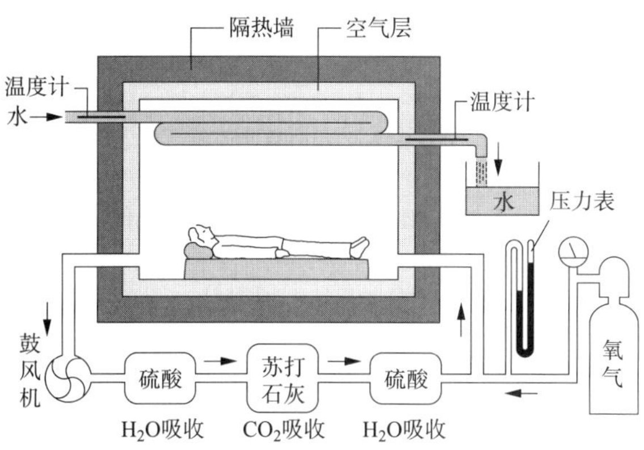

● 图2-8　代谢测量的直接测定法（阿特沃特、本尼迪克特呼吸热量计）

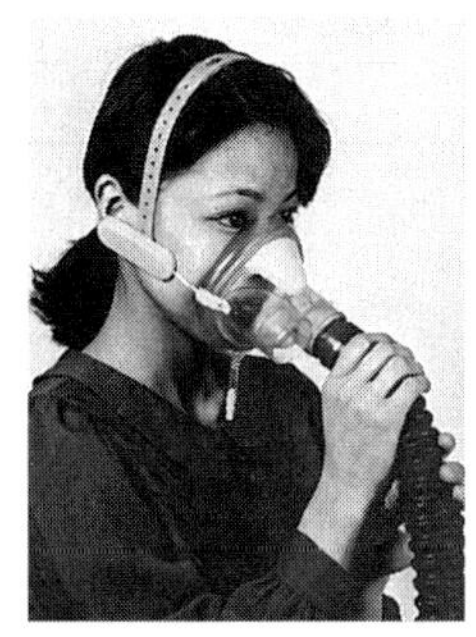

● 图2-9　呼气气体分析时口罩的佩戴

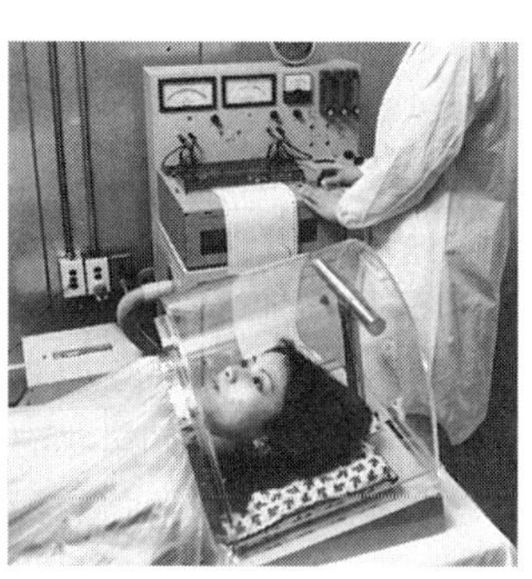

● 图2-10　用开放式代谢测量法测量基础代谢

上式中k在温暖环境或出汗时，取值0.8～0.9；寒冷环境中，取值0.67；热舒适环境中，取值0.8，随着运动加大，k的值变大。

1.5　体温调节的原理

体温通过人体热获得（heat gain）和热损失（heat loss）的平衡来调节（图2-7）。热获得是体内产生的热量和从环境接收的热量的总和，热损失是身体向环境散失的热量。当热的获得量和热的损失量相等，即热平衡时，人体的温度既不上升也不下降，保持恒定。热获得和热损失的差被称为蓄热量（热平衡差），体温恒定时蓄热量为0。蓄热量为正时体温与平时相比会上升，蓄热量为负时体温与平时相比会下降。

人类作为恒温动物，为了尽可能地保持恒定的温度（恒定体温），人体会根据环境发生各种各样的反应来调节产热和散热。

2　体内的产热

2.1　能量代谢

人体摄取、消化、吸收食物，通过呼吸吸收的氧气将食物中的热源（碳水化合物、脂肪、蛋白质）氧化、燃烧，在此过程中产生的能量见表2-3。因此，对于能量代谢率（metabolic rate，一般缩写为M）的测量，相比图2-8所示的直接测定法，图2-9、图2-10所示的气体分析法更为常用。即，根据呼气气体分析得出的氧气消耗量与呼出二氧化碳产生量的比值，该比值称为非蛋白质呼吸商，也称为呼吸商（respiratory quotient，一般缩写为RQ），一般采用以下公式推算能量代谢率：

$$M\left[\frac{\mathrm{W}}{\mathrm{m}^2}\right]=5.87\times(0.23\times \mathrm{RQ}+0.77)V_{\mathrm{O}_2}\times\frac{60}{A_{\mathrm{d}}}$$

式中：RQ——呼吸商（$V_{\mathrm{CO}_2}/V_{\mathrm{O}_2}$）；

V_{O_2}——氧气消耗量（标准状态），L/min；

5.87——标准状态的1L氧气的能量换算值（RQ=1时），W·h/L；

A_{d}——体表面积=0.2043×（体重kg）$^{0.425}$×（身高m）$^{0.725}$，m^2。

能量代谢产生的大部分热量通过血液循环运送到全身来维持体温，并通过与外界接触的皮肤和呼吸道向外散热（放热）。呼吸商和消耗1L氧气的产热量的关系如表2-4所示。

2.2 基础代谢

能量代谢随身体活动水平而变化。活动最小化时的能量代谢称为基础代谢（BM：basal metabolism）。一般来说，基础代谢是在空腹、20℃室内、卧位、清醒的条件下测量的能量代谢，是在清醒状态下维持生命所必需的最小限度的能量需求量。

从产生基础代谢的身体部位来看，肌肉和皮肤占32%，大脑占21%，肝脏、肾脏以及其他部位占47%（图2-11）。一般在测量基础代谢时，为了消除体格的影响，通常用单位体表面积或单位体重表示。表2-5显示了日本人的基础代谢标准值随年龄的变化。基础代谢标准

● **表2-4　呼吸商和消耗1L氧气的产热量的关系**

呼吸商（RQ）	产热量比（%）		每升氧气消耗量的产热	
	碳水化合物	脂肪	（kcal）	（W·时）
0. 707	0	100. 0	4. 686	5. 450
0. 72	4. 8	95. 2	4. 702	5. 468
0. 74	11. 6	88. 5	4. 727	5. 498
0. 76	18. 4	81. 6	4. 752	5. 527
0. 78	25. 2	74. 8	4. 776	5. 554
0. 80	32. 0	68. 0	4. 801	5. 584
0. 82	38. 8	61. 2	4. 825	5. 611
0. 84	45. 6	54. 4	4. 850	5. 641
0. 86	52. 4	47. 6	4. 875	5. 670
0. 88	59. 2	40. 8	4. 900	5. 699
0. 90	66. 0	34. 0	4. 924	5. 727
0. 92	72. 8	27. 2	4. 948	5. 755
0. 94	79. 6	20. 4	4. 973	5. 784
0. 96	86. 4	13. 6	4. 997	5. 812
0. 98	93. 2	6. 8	5. 022	5. 841
1. 00	100. 0	0	5. 047	5. 870

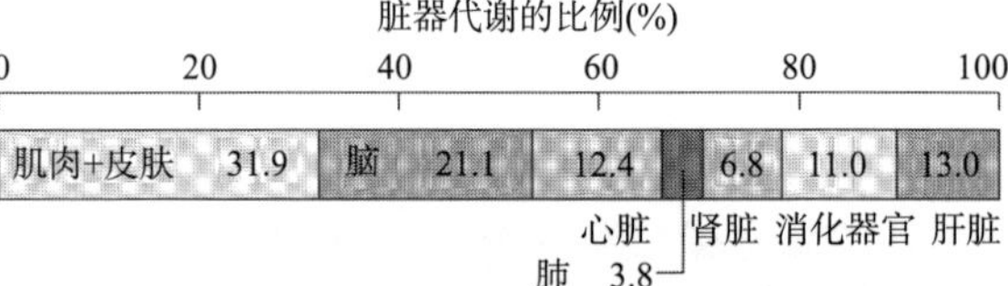

● **图2-11　各脏器的代谢占基础代谢（基础产热）的比例**

● **表2-5　日本人的基础代谢标准值和基础代谢量**

（第六次修订日本人的营养需求量，1999年）

年龄（岁）	男		女	
	基础代谢标准值（kcal/kg/天）	基础代谢量（kcal/天）	基础代谢标准值（kcal/kg/天）	基础代谢量（kcal/天）
1～2	61.0	700	59.7	700
3～5	54.8	900	52.2	860
6～8	44.3	1090	41.9	1000
9～11	37.4	1290	34.8	1180
12～14	31.0	1480	29.6	1340
15～17	27.0	1610	25.3	1300
18～29	24.0	1550	23.6	1210
30～49	22.3	1500	21.7	1170
50～69	21.5	1350	20.7	1110
70以上	21.5	1220	20.7	1010

● 表2-6　身体活动与能量代谢

活动	代谢量*（W）	met
安静时睡眠时	70	0.7
休息　坐立 　　　站立	75 120	0.8 1.2
事务所　坐着看书 　　　　坐着使用文字处理机 　　　　坐着文件整理 　　　　坐着档案整理 　　　　走动 　　　　包装工作	95 110 120 135 170 205	1.0 1.1 1.2 1.4 1.7 2.1
平地步行　2.3km/h 　　　　4.8km/h 　　　　6.4km/h	195 255 375	2.0 2.6 3.8
汽车驾驶　轿车 　　　　装载车	100~195 315	1.6~2.0 3.2
家务活　做饭 　　　清扫	160~195 195~340	1.6~2.0 2.0~3.4
工厂内工作　操作缝纫机 　　　　　轻型工作 　　　　　繁重的工作	180 195~240 400	1.8 2.0~2.4 4.0
使用洋镐、铁锹作业	400~475	4.0~4.8
休闲活动　交际舞 　　　　美容体操	240~435 300~400	2.4~4.4 3.0~4.0
运动　网球（单打） 　　　篮球 　　　摔跤比赛	360~460 490~750 700~860	3.6~4.7 5.0~7.6 0.7~8.7

＊假设 1.7m 的标准体表面积的人。

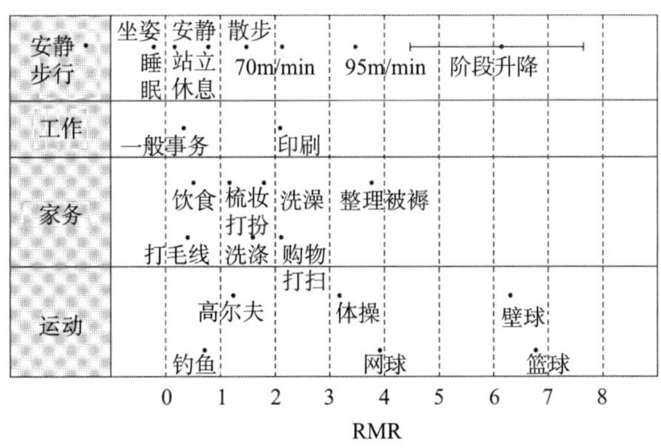

● 图2-12　各种工作的能量代谢（沼尻等）

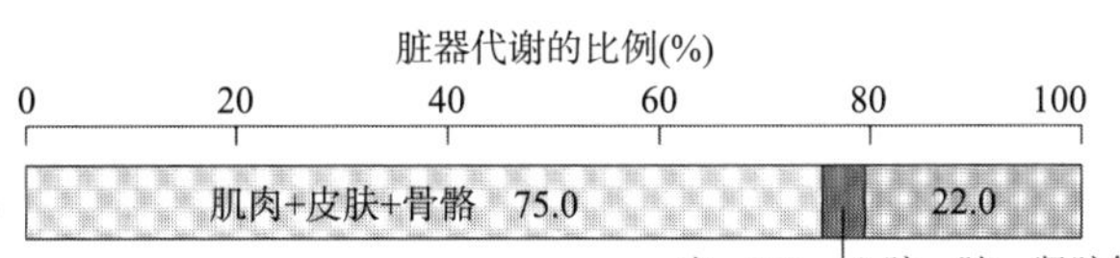

● 图2-13　各脏器的代谢占最高代谢（最大产热）的比例

值在婴儿时期最高，从单位体表面积来看，在满2周岁时达到一生的最高值，一直下降到20岁之后，维持一段时期，到高龄时再次慢慢降低。从同一年龄层的性别差异来看，单位体表面积的基础代谢在婴儿时期没有差别，幼儿时期的差异是5%，青春期以后是10%，70岁以后是5%，不管哪个时期男性都比女性高，到了80岁以后性别差异又消失了。

另外，基础代谢从气候适应性来看，日本人在过去基础代谢有冬高夏低的季节变动（变动幅度为10%），但近年来随着空调设备的普及，这种因季节产生的变动有消失的倾向。

2.3　活动与能量代谢

活动时的能量代谢是基础代谢加上活动所需的能量代谢，可以反映活动水平。在表示运动（工作）强度时，可以用单位时间内人体的能量代谢量来表示，但在能量代谢中，由于个人基础代谢的差异（个体差异），日本之外的其他国家，很多会把包含安静时代谢在内的总能量代谢除以基础代谢的值作为能量代谢的指标。与此相对，日本采用的指标是将运动（工作）时产生的能量的增加部分除以基础代谢后的相对代谢率（RMR：relative metabolic rate），公式如下：

RMR=（运动时代谢–安静时代谢）/基础代谢

RMR与能量代谢的关系用以下公式表示：

能量代谢（W）=（RMR+1.2）×基础代谢

日常生活及运动时的能量代谢如表2-6所示，RMR如图2-12所示。根据图2-13可以看出，运动时骨骼肌的代谢占全部代谢的75%，可见骨骼肌的收缩会产生大量的能量。因此，RMR随着肌肉活动强度的增加而上升。

在精神活动方面，脑重量只占体重的2%，虽然脑部血液流动是安静时肌肉组织的20～30倍，但即使是激烈的精神劳动，代谢量也不会增加超过4%～5%，所以对RMR的影响很小。睡眠时的能量代谢是安静时的70%～80%，基础代谢减少6%～8%。

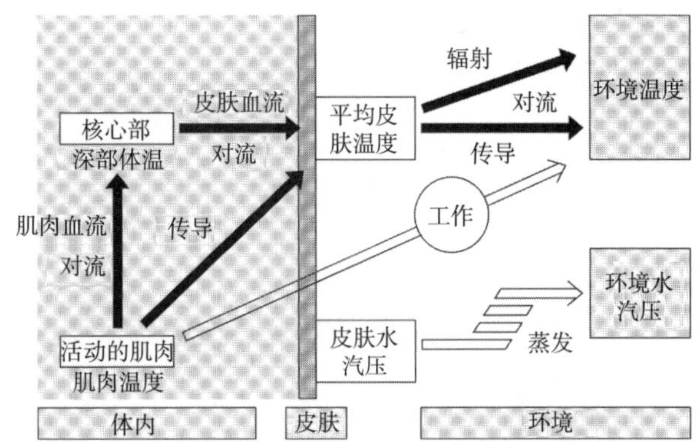

● 图2-14　体内的热传递和从体表到环境的热传递

3　体内的热传递和体表面到环境的热传递

从人体的热分布来看，可分为核心部（core）和外壳部（shell）两部分。如图2-14所示，核心部产生的热量不断向外壳部的体表传递，再从体表向环境散失。

3.1　体内的热传递

核心部向体表面的热传递可分为通过血液流动的传递（对流）和通过相邻组织间的传递（传导）两种。

（1）对流引起的热传递

由血液输送的对流引起的热传递量，由以下计算方式决定：

血液的比热×皮肤血流量×血液温度

由于血液温度接近体温，血液的比热也是恒定的，所以人体通过调节皮肤血流量来增加或减少从核心部传递到体表的热量（图2-15）。

（2）传导引起的热传递

对于通过传导的热传递而言，皮下脂肪层的厚度很重要。由于皮下脂肪的热传导率比其他身体组织小，如果皮下脂肪过厚，通过传导产生的热传递就会受到限

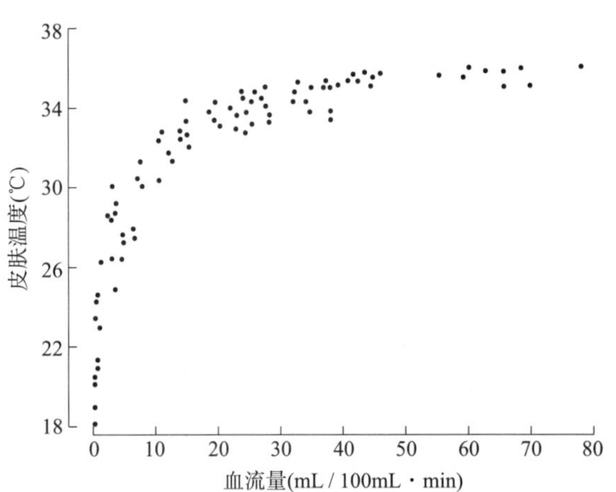

● 图2-15　手指的血流量和皮肤温度的关系

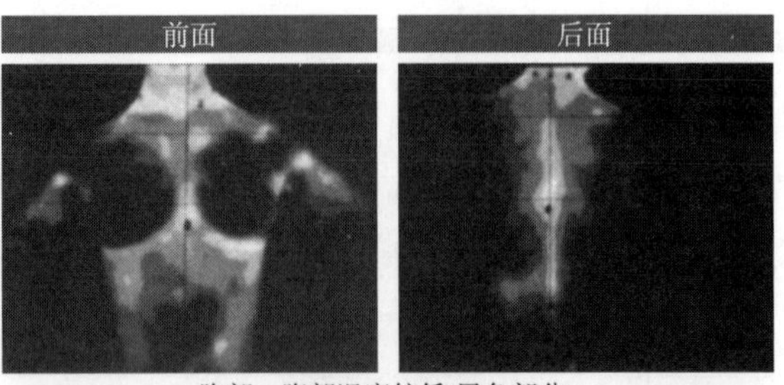

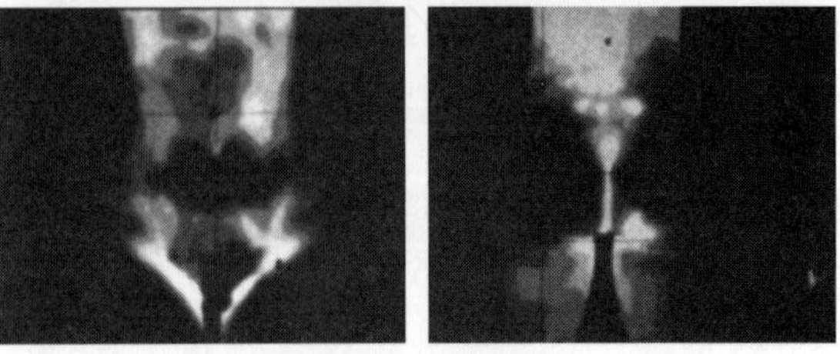

● 图2-16　气温25℃条件下躯干部的热成像（田村，1985）

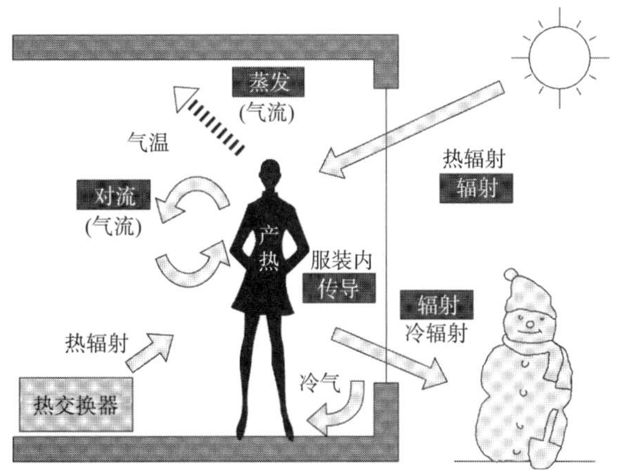

● 图2-17　来自人体的热量散失和环境因素

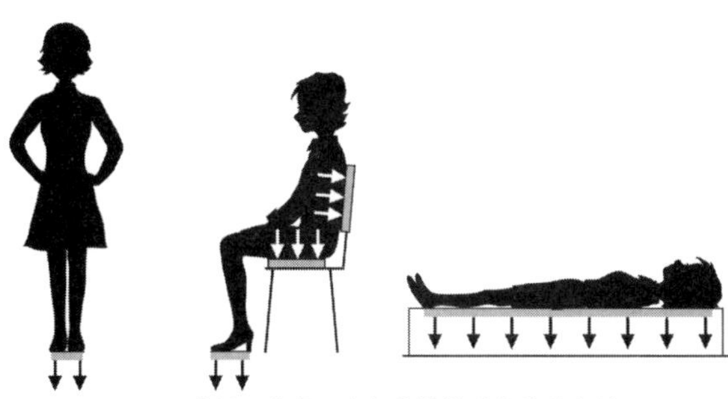

(a) 传导：接触面积与物体传递的热量有关

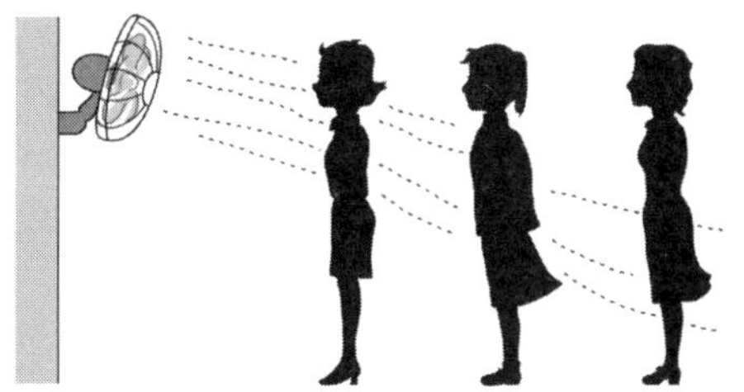

(b) 强迫对流：身体周围的空气被强制替换

● 图2-18　人体表面与环境的热传递

● 表2-7　电磁波根据波长的分类

波长	电磁波的分类
~ 10^{-2}nm	γ 射线
10^{-2} ~ 几十nm	X射线
1 ~ 400nm	紫外线
360 ~ 830nm	可见光
800nm ~ 0.5mm	红外线
1mm ~ 1m	微波
0.1 ~ 10m	电视波
10^2 ~ 10^3m	无线电波

制，体表面的温度容易变低。相反，如果皮下脂肪较薄，热量就会更容易从核心部位传导到体表面，体表面的温度就容易变高。从图2-16可以看出，在气温低于25℃的环境下，从受皮肤血液循环调节影响相对较小的躯干部位的皮肤温度来看，容易堆积脂肪的臀部、上臂后侧、乳房、下腹的表面温度比周围部位低。从体型上看，脂肪较多的肥胖人群的皮肤温度较低，消瘦人群的皮肤温度较高。

3.2　从人体表面到环境的热传递

如图2-17所示，从人体表面向环境的热传递包括传导、对流、辐射、蒸发四种物理机制。

（1）传导产生的热传递

传导（conduction，用K表示）是指体表面与直接接触的物体之间产生的热传递。当物体温度低于皮肤温度时，热量通过从人体表面向物体传导而产生热传递；当物体温度高于皮肤温度时，热量通过从物体向人体表面传导而产生热传递。在相同温度下，由于在水中比在空气中通过传导而流失的热量大，所以手放在水中比放在空气中感觉更冷。

（2）对流产生的热传递

对流（convection，用C表示）的种类取决于空气（或水）接触人体表面时热量是否进行快速交换。在静止状态下，身体周围的空气会因皮肤温度而变暖，从而产生自然对流，使热量向环境传递。刮风或电扇产生的风，可以将身体周围温暖的空气置换为寒冷的空气，此时产生的对流被称为强迫对流（图2-18）。

（3）辐射产生的热传递

通常物体会发射红外线（电磁波，如表2-7所示）。辐射（radiation，用R表示）与太阳光照射地球使地球变暖的方式相同，是指通过红外辐射产生的热传递。环境中的某个物体温度低于人体表面温度时，从人体表面以辐射方式向环境传递热量；当物体的温度高于人体表面温度时，会从环境向人体表面传递辐射热。

（4）蒸发产生的热传递

当水分从皮肤表面或呼吸道蒸发（evaporation，用E表示）时，每1g的水分蒸发就会从身体中带走0.67W的蒸发热。通过蒸发方式进行散热是防止体温过高的最有效的散热方法，这对生物体来说称为蒸发散热。水分从身体蒸发的途径包括无感蒸发和出汗两种。不管哪种途径的蒸发量都由环境和皮肤的水汽压差决定。图2-19显示了水分蒸发量随气温的变化。

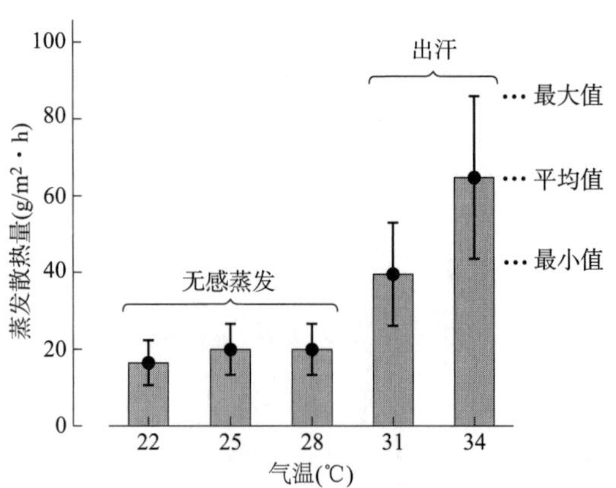

● 图2-19　水分蒸发量随气温的变化（田村，1985）

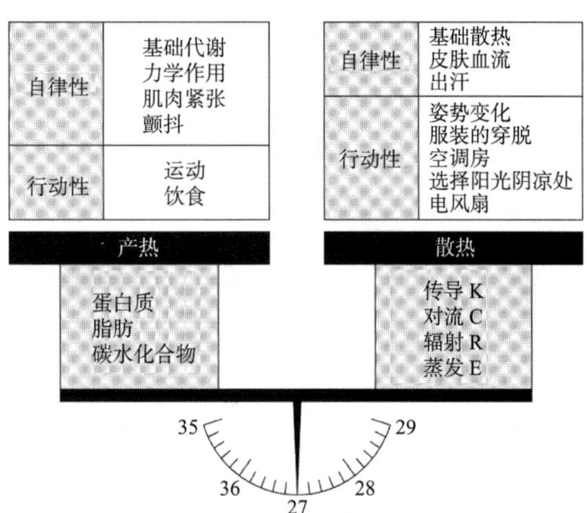

● 图2-20　产热和散热的平衡

4　体温调节系统

4.1　产热和散热的调节

在体内燃烧蛋白质、脂肪、碳水化合物而产生的热量（产热M）从核心部向体表面通过对流（血流）和传导进行传递，然后又通过传导（K）、对流（C）、辐射（R）和蒸发（E）四种形式从体表向环境散失（图2-20）。从人体表面向环境散失的热量大小是由环境和人体着装等条件的组合决定的。此时，从人体表面散失的热量被各种温度感受器接收，传达到大脑的体温调节中枢，大脑根据接收的信

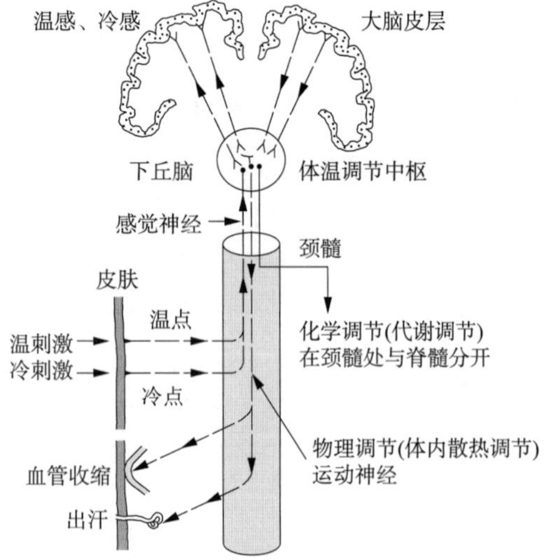

● 图2-21　体温调节的神经传递路径

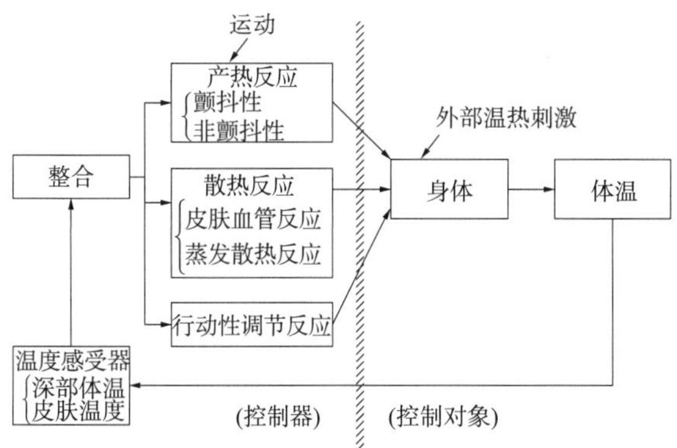

● 图2–22　体温调节系统（堀）

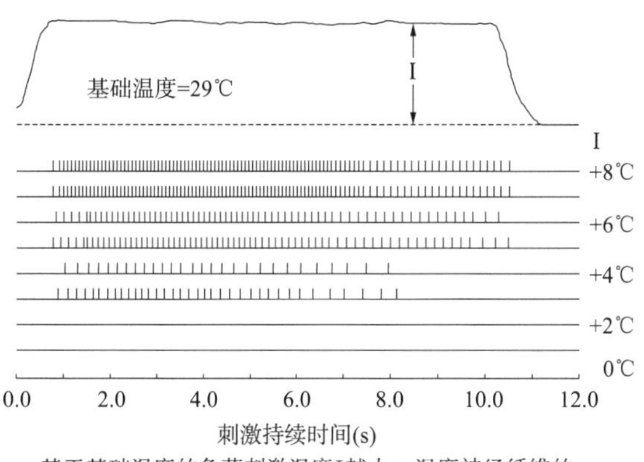

基于基础温度的负荷刺激温度I越大，温度神经纤维的放电频率就越高。

● 图2–23　皮肤加温时温度神经纤维的反应［达里安（Darian）等人，1973年］

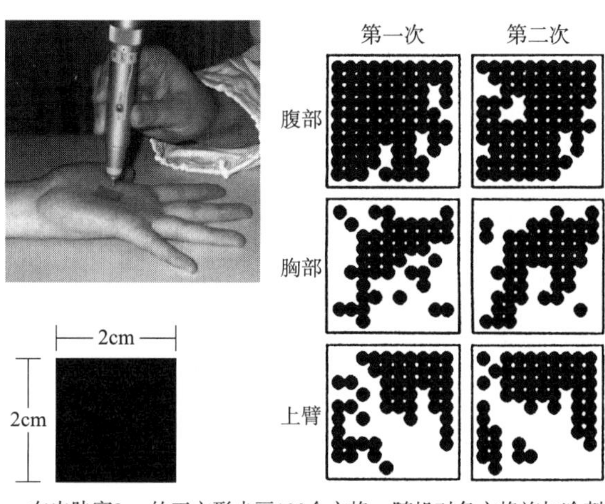

在皮肤宽2cm的正方形内画100个方格，随机对各方格施加冷刺激时对冷感受点进行绘图。重复2次可以得到大致相同的图形。

● 图2–24　冷点密度的测量方法及图示

息，通过调节从核心部向人体表面传递的热量使体温保持恒定（图2–21）。可以用以下公式来表示：

$$M-（C+R+E+W）=\Delta S=0$$

其中，M为人体的代谢产热量，C为传导和对流散热量，R为辐射散热量，E为蒸发散热量，W为对外做的功，ΔS为蓄热量（热平衡差）。如果$\Delta S>0$则体温上升，$\Delta S<0$则体温下降。上式表示了人体热量的进出，因此被称为人体的热平衡方程，也被称为生物学的热方程式。

4.2　温度信息的收集与整合

在发生体温调节反应时，身体首先通过皮肤的温度感受器感知体表的温度，然后向存在体温调节中枢的间脑的下丘脑传送信息。另外，核心部的温度由脑内和脊髓等体内的深部温度感受器感知，同样向下丘脑传送温度信息。通过整合这些温度信息，就产生了自律性、行为性体温调节（图2–22）。

（1）皮肤的温度感受器

皮肤上有用于检测温度的神经纤维，末端是作为温度感受器（thermo receptor）的游离神经末梢。当皮肤温度上升时有放电频率增加的温感受器（warm receptor）（图2–23），皮肤温度下降时有放电频率增加的冷感受器（cold receptor）。在这些感受器所在的皮肤表面，存在明确感知温觉或冷觉的点，这些点被称为温点（warm spot）或冷点（cold spot）。图2–24展示了冷点密度的测量方法。图2–25显示的是全身温点和冷点的分布密度。一般来说，人的冷点比温点密。另外，在冷点分布中前额部位的密度最高，冷点密度高的部位对冷刺激的感受性也高。

（2）中枢温度感受器

在下丘脑存在对局部血液温度变化做出快速反应、改变放电频率的温度感受神经元。因温度上升而神经活动增加的被称为温敏神经元（warm-sensitive neuron），因温度下降而神经活动增加的被称为冷敏神经元（cold-sensitive neuron）。温度感受神经元在中枢神经内形成网状结构，当其他部位温度上升时，中枢的温敏神经元活动增加；当其他部位温度下降时，中枢的冷敏神经元活动增加。另外，血压调节、体液量调节等温热以外的平衡系统之间也与神经纤维有关联，也会受其影响。

4.3 自律性体温调节

在自律性体温调节中，有作为产热反应的肌肉颤抖产热和褐色脂肪组织等的非颤抖产热，以及作为散热反应的皮肤血管反应（血管收缩反应和血管扩张反应）和出汗反应。为了应对酷暑严寒等环境条件的变化，人体会产生这些调节反应（图2-26）。

图2-27表示气温与自律性体温调节反应的各区域之间的关系。

（1）中性温度区（区域A）

一般来说，将安静时的代谢量维持在最低水平的环境温度范围（区域A）定为中性温度区，其下限温度称为下临界温度，上限温度称为上临界温度。

在中性温度区内，人体皮肤的血管反应引起皮肤温度变化，并根据产热量

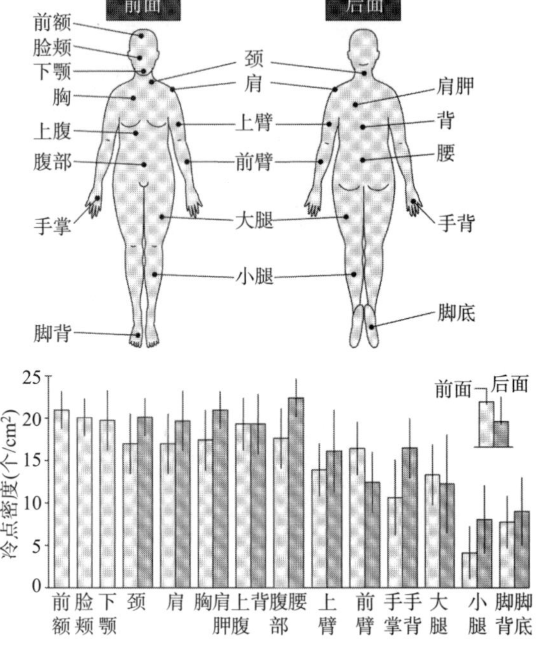

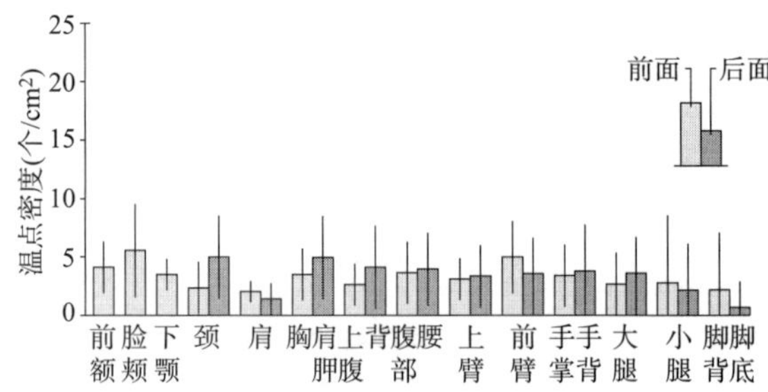

● 图2-25 温点和冷点的分布

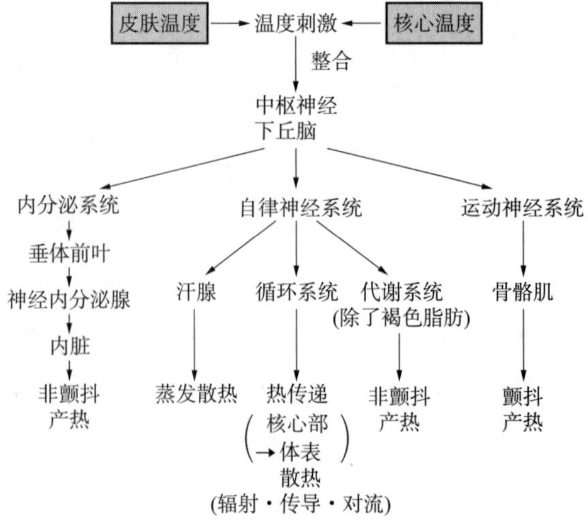

● 图2-26 与自律性体温调节相关的调节系统概要

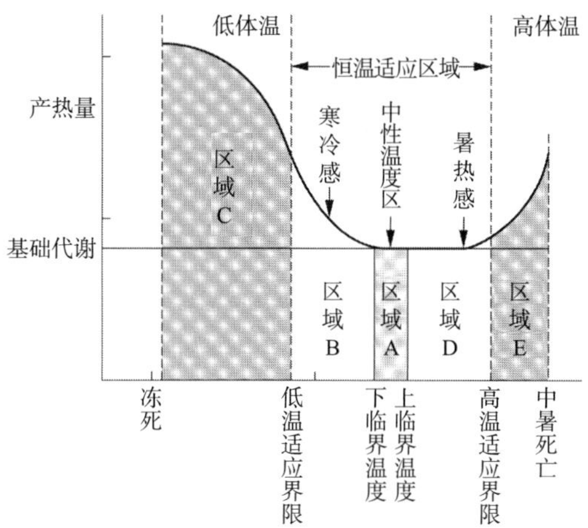

● 图2-27　气温和自律性体温调节反应的区域

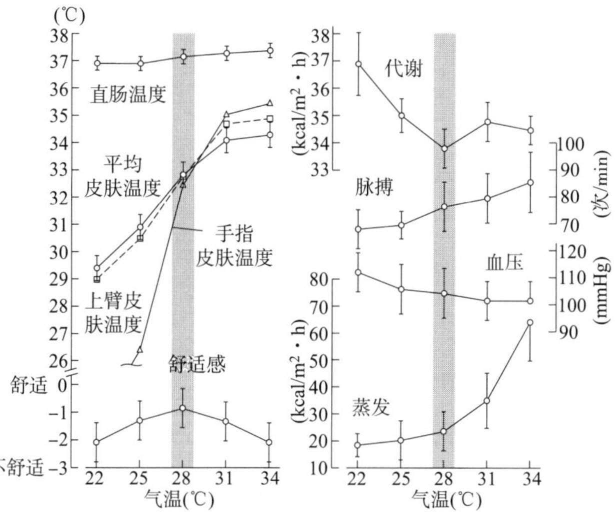

● 图2-28　中性温度区中生物反应的特征（田村，1985）

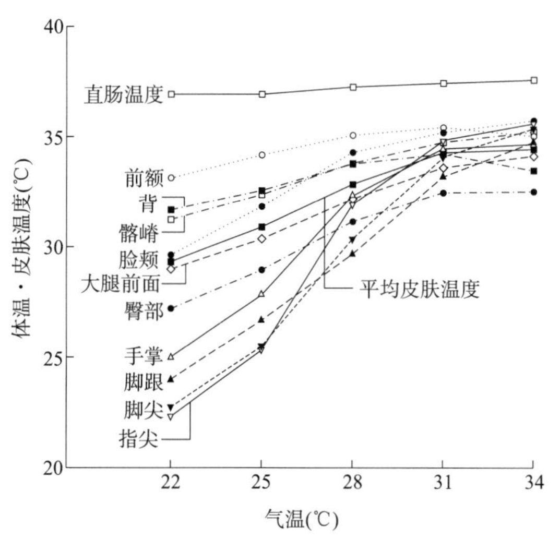

● 图2-29　气温和皮肤温度的关系（田村，1985）

调节散热量，所以区域A也被称作血管调节区域。通常在这个范围内，人会体会到既不感到炎热也不感到寒冷的舒适性。

图2-28显示了日本青年女性裸体安静时的生理反应与室温的关系。这里的上下临界温度分别是32℃、26℃，网线阴影部分相当于中性温度区。由于中性温度区内的生理反应状态相当于人体舒适时的生理状态，所以中性区温度可作为设定暖体假人表面温度的基准，也可作为判定服装舒适性的标准。图2-29显示了气温与不同部位皮肤温度的关系。

（2）炎热环境（区域D、区域E）

在比中性温度区更热的环境（区域D）中，自律性调节包括皮肤血管的扩张和出汗两种形式。通过增加皮肤的散热，可以抑制体温上升，使体温保持恒定。但是，当身体的散热能力超过极限到达炎热（区域E）时，人体就不能保持正常体温从而出现体温过高中暑，甚至中暑死亡的情况。

（3）寒冷环境（区域B、区域C）

相反，在比中性温度区更冷的环境（区域B）中，作为自律性调节，则会发生皮肤血管的收缩和产热反应。皮肤血管的收缩可以抑制从核心部传输到体表的热量，从而减少从体表散失到环境的热量。即使在这样也不足以满足热平衡的情况下，人体会通过肌肉的非颤抖和颤抖引起产热反应，使身体在相当寒冷的天气也能保持正常体温。但是，在超过身体产热能力极限的寒冷天气（区域C），人体就无法保持正常体温，会导致体温过低，最严重的情况甚至会冻死。

4.4 行为性体温调节

（1）冷热、寒暑、“快”和“不快”之间的关系

环境温度变化时，皮肤和体内的温度感受器受到刺激，从而产生了表示温度感觉的温冷感觉。温度感觉和舒适感觉的等级尺度见表2-8。一般来说，皮肤的温度感觉在体温正常的情况下，对皮肤刺激的温度高时感觉“热”，对皮肤刺激的温度低时感觉“冷”，即使体温发生变化，这种感觉也不会发生变化［图2-30（a）］。

但是，如图2-30（b）所示，关于温热的快和不快的感觉，当体温比平时高感到“热”的时候，对皮肤的低温刺激会让人感到“舒适”，高温刺激则让人感到“不快”。相反，当体温低而让人感到“寒冷”时，对皮肤的高温刺激会让人感到“舒适”，低温刺激会让人感到“不快”。

此时，温度感觉和舒适感觉就表现出不同的倾向。

（2）温冷感觉的部位差异

当皮肤承受温度刺激时，会引起该部位局部的温冷感觉，也就是热或冷的感觉，这种感觉的强度因人体部位以及年龄的不同而不同。

图2-31显示的是通过温冷感觉测量装置评估皮肤温冷感觉阈值的结果。阈值越小温度感受性越高。一般来说，面部温度感受性最高，其次为躯干、上肢、下肢。特别是下肢膝盖以下的小腿是人体中温冷感受性最迟钝的部位。图2-32是通过对比法来测量冷感觉的部位差异。另外，年轻女性与高龄女性

● 表2-8　温度感觉和舒适感觉的等级尺度

温度感觉［霍顿（Houghten）和亚卢恩（Yaglou）］	舒适感觉［温斯洛（Winslow）等人］
7.热（hot） 6.温暖（warm） 5.有点暖和（slightly warm） 4.舒适（comfortable） 3.有点凉快（slightly cool） 2.凉爽（cool） 1.冷（cold）	5.很舒适（very pleasant） 4.舒适（pleasant） 3.一般（indifferent） 2.不快（unpleasant） 1.非常不快（very unpleasant）

舒适感觉	温度感觉
4.非常不快（very uncomfortable） 3.不快（uncomfortable） 2.有点不快（slightly uncomfortable） 1.舒适（comfortable）	7.热（hot） 6.温暖（warm） 5.有点暖和（slightly warm） 4.中性（neutral） 3.有点凉快（slightly cool） 2.凉爽（cool） 1.冷（cold）

舒适感与温度感觉［加奇（Gagge）、斯托尔韦克（Stolwijk）、哈迪（Hardy）］

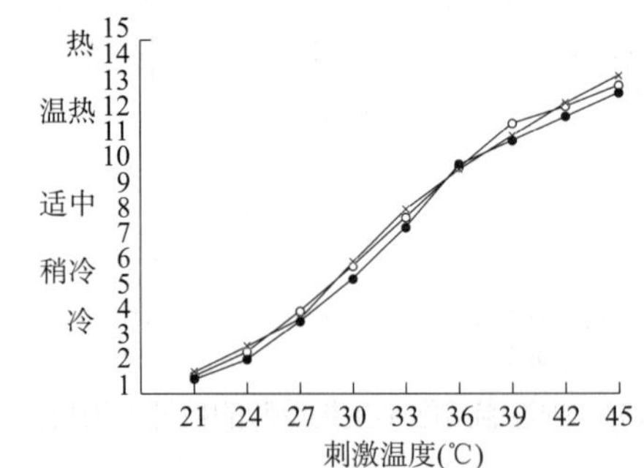

(a) A：手浸泡在横轴的不同温度水中时的温度感觉

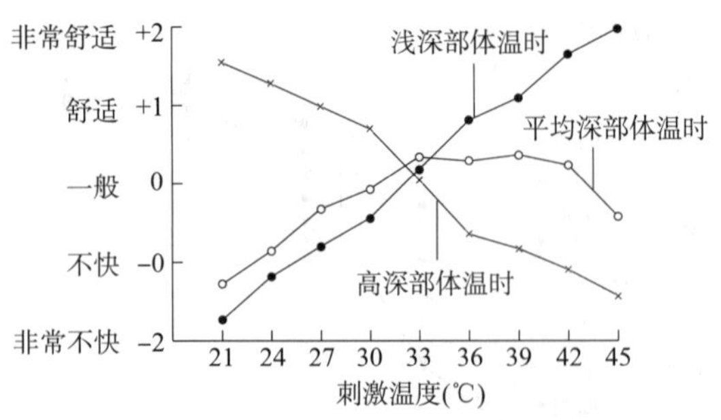

(b) B：与A相同条件下的温热舒适性

● 图2-30　对深部体温的温度感觉和温热舒适感的影响（A、B均为4名受试者的平均值）

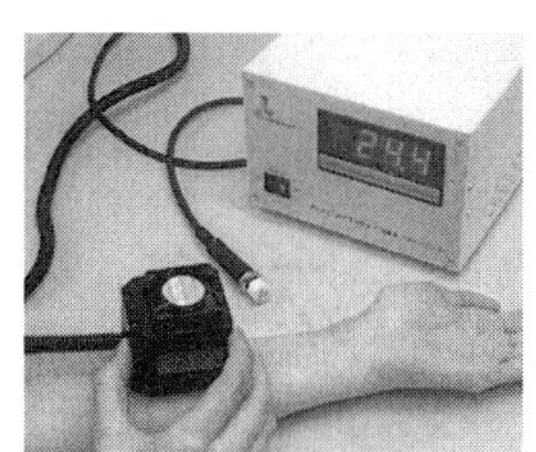

使测头的温度从皮肤温度开始缓慢上升或下降，在感觉到温觉或冷觉时按下开关。此时的上升或下降温度被称为温感或冷感阈值。

—皮肤感觉阈值测试装置—

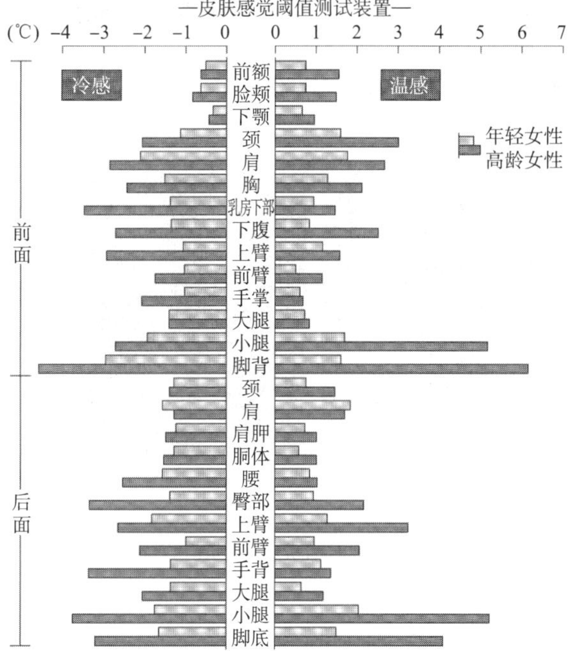

● 图2-31　温冷感觉的部位差异

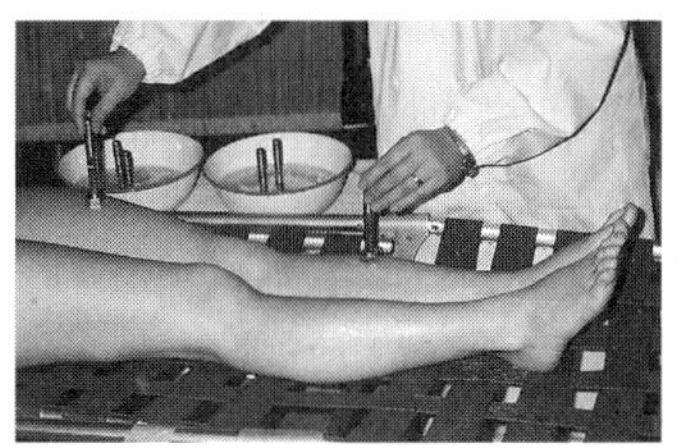

将两个螺栓放在装有冷水的盆内，同时接触不同部位，让受试者回答哪一个部位更冷。通过这种简单的方法也可以获得皮肤感受性的部位差异。

● 图2-32　冷感觉的部位差异（对比法）

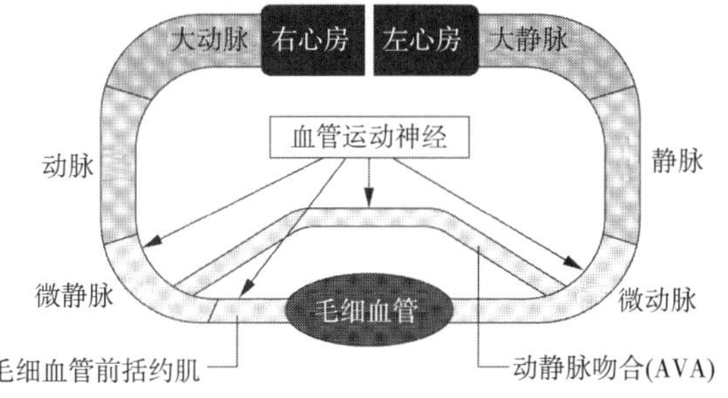

● 图2-33　血管和血管运动神经的支配（佐藤，1991）

相比，可以看出随着女性年龄的增长，温度感受性随之下降。

像这种温度感受性的部位差异、年龄差异会影响体温调节行为，其中因感受性的迟钝而引起的行为滞后是引起老年人低温症或低温烫伤等的原因。

（3）行为性体温调节的产生动机

“快”与“不快”的感觉是引发像服装的穿脱或空调的开关这种自发性行为的动机。因自发行为产生的体温调节被称为行为性体温调节。

温度条件等的变化通过温度感受器感知，然后将这些信息传递给体温调节中枢，启动行为性调节和自律性调节后，温度感受器就会再次感知到这些变化。这种调节被称为负反馈调节（negative feedback control），可以作为人体体温调节的机制发挥作用。

5　自律性体温调节反应

5.1　皮肤血管反应

皮肤血管因暑热而扩张，使核心部向体表面的传热量增加，从而促进向环境散热。相反，寒冷时皮肤血管收缩，起到抑制热量散失的作用。皮肤的血管系统分为毛细血管（直径约10μm）和动静脉吻合（AVA：arteriovenous anastomoses）两大类（图2-33）。

（1）毛细血管

大部分皮肤上分布的微动脉—毛细血管—微静脉网，就是所谓的普通的皮肤血管（图2-34）。真皮中有极多的血管，它们互相吻合形成三、四层的血管床。血液从最薄的微动脉通过马蹄状的毛细血管进入皮肤乳头层下方散热。

（2）动静脉吻合

动静脉吻合（AVA）只存在于手足、口唇、耳朵、鼻子等无毛部位的皮肤上，其反应方式也与毛细血管不同。在比汗腺和毛囊稍浅的地方，微动脉—AVA—微静脉之间直接相连，张大时直径可达25～150μm，皮肤中有大量血液流动。例如，比较同一长度的毛细血管和直径100μmAVA的血流量，根据泊肃叶（Poiseuille）定律，血流量与血管直径的4次方成正比，但是AVA比毛细血管多约1万倍。根据科夫曼（Coffman）和科恩（Cohen，1971）的研究报告显示，手部毛细血管血流量在整个手的血流量中约占20%，而AVA血流量高达约80%。测量人体皮肤血流量时，一般用前臂血流量代表一般皮肤血管指标，用手指血流量代表有AVA的皮肤血管指标。

（3）皮肤血流量的调节

在皮肤血流量的调节中，体温和皮肤温度的变化很重要，特别是体温变化，其效果是平均皮肤温度效果的大约20倍。皮肤血流量随体温的上升成比例增加。此外，由于环境温度升高以及人体穿着服装等原因，平均皮肤温度越高，在较低的体温水平下，皮肤血流量就会增加。

图2-35是第5颈椎脊髓损伤的成年男性在25℃环境温度下裸体停留2h的下肢热成像图。如图所示，作为对照的同年龄、同体格的成年男性的脚尖显示低

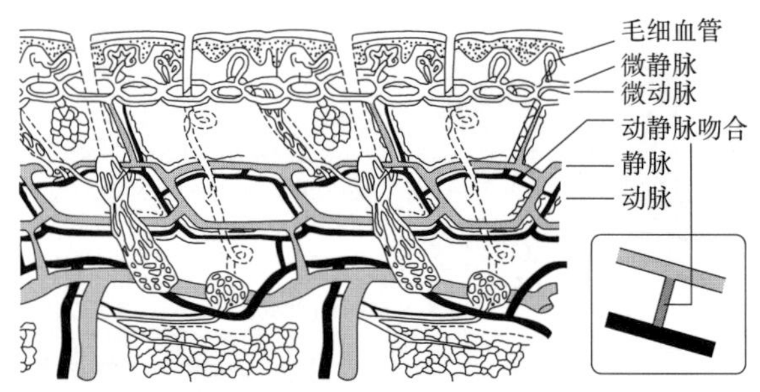

● 图2-34　皮肤血管的分布图

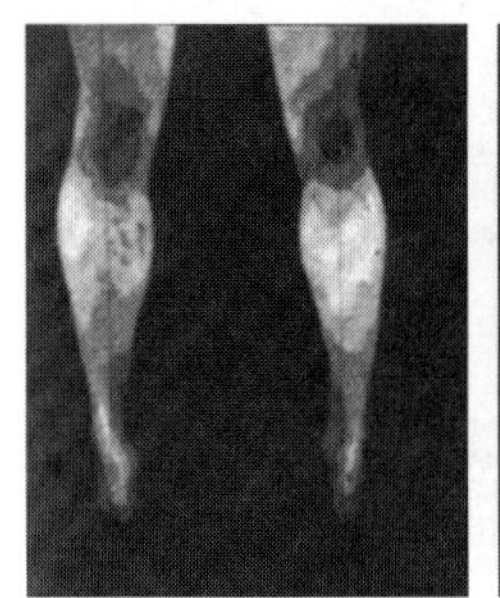

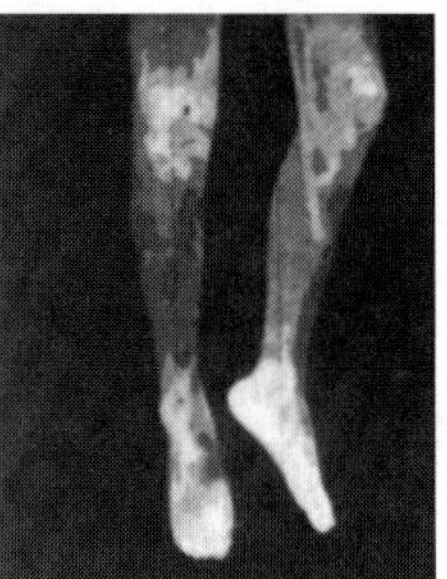

● 图2-35　脊髓损伤者下肢末梢血管收缩反应的缺失（田村，1985）

皮肤的静脉血回流和AVA

当位于上肢末端的AVA张开时，会促进上肢整体的散热(Hirata，K.，1989)。手部AVA血流量的增加会促进手的散热。并且，经过AVA的静脉血流再返回心脏时，通过阻力较小的浅表静脉，使前臂的皮肤温度上升，从而促进散热。由于上升的前臂皮肤温度增加了该部位的出汗量，因此AVA血流量对上肢整体散热的增加起到了很大的作用。在室温20℃、湿度30%的环境下，通过手腕缺血实验，测量了运动时的AVA血流量对前臂散热的贡献比例。结果表明，来自前臂的非蒸发散热量增加了96%，汗液散热量增加了64%。另外，两者合在一起来自前臂的总散热量增加了75%，确认存在于末端的AVA血流量对促进来自四肢的散热很重要。

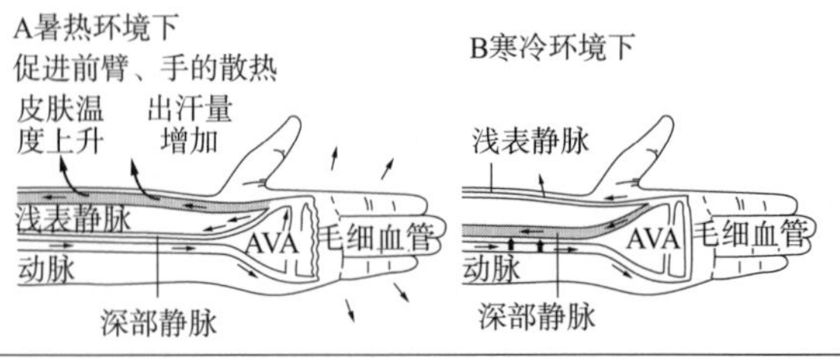

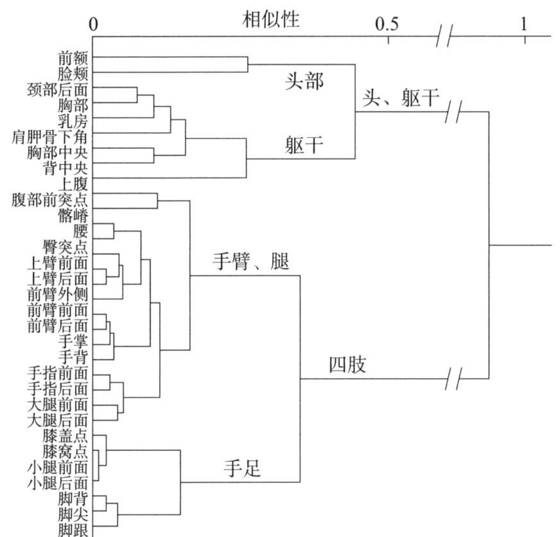

● 图2-36 基于聚类分析的各部位皮肤温度的树形图

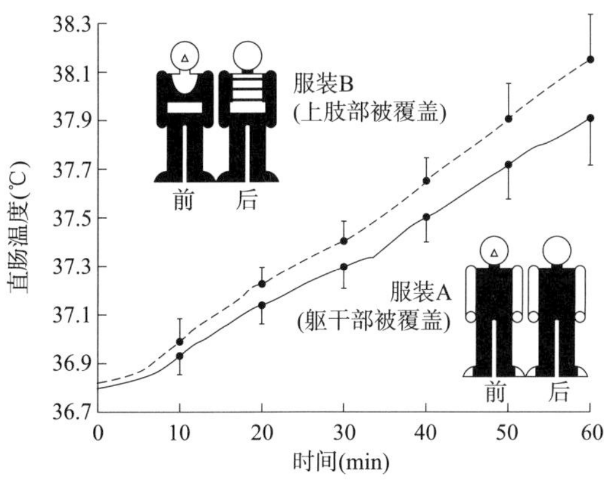

● 图2-37 炎热条件下穿着服装时的直肠温度变化（A、B的覆盖面积均为71%）

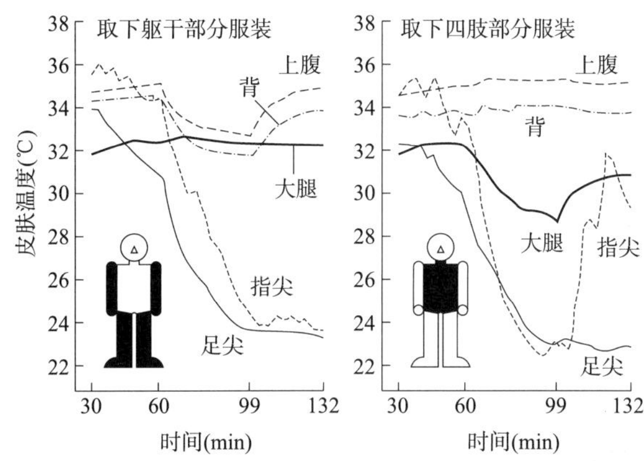

● 图2-38 寒冷环境下取下服装引起的皮肤温度变化

温，而脊髓损伤者由于下肢没有血管收缩反应，因此未观测到低温，从而导致脊髓损伤者的体温显著下降。由此可以看出寒冷时末梢皮肤血管收缩对体温调节有极大的作用。

（4）逆流性换热

逆流性换热指在寒冷时，为了防止从静脉回流到心脏的血液温度过低，并且为了抑制热量从四肢的散失而进行逆向流动的动静脉间的换热。即寒冷时浅静脉的血流量减少，通过逆向对流的换热量增加，从而减少散热。温暖时，浅静脉的血流量增加，通过逆向对流的换热量减少，从而增加散热。

（5）皮肤血管反应的部位差异

基于聚类分析的各部位皮肤温度的树形图如图2-36所示。皮肤血管对热负荷的反应因部位而异，可大致分为三类。

①头部和前额。这些部位的皮肤上，血管运动神经几乎没有作用。

②躯干和四肢邻近部位。这些部位皮肤血流量的增加，主要是由于交感神经的血管收缩神经活动的逐渐解除，以及从支配汗腺的交感神经末端释放的传达物质产生的能动性扩张这两个机制所产生。

③四肢末梢。手、脚以及耳、鼻、唇等部位的血管（主要是AVA血管）几乎都由交感神经的血管收缩神经支配。神经活动增加则引起血管收缩，减少则引起血管扩张。

躯干和四肢的这种血管反应的部位差异，对服装覆盖部位的效果有很大影响。图2-37显示了炎热环境下覆盖部位对体温上升效果的影响，图2-38显示了在寒冷环境下覆盖部位对皮肤温度的影响。

5.2 出汗反应

（1）汗蒸发量和出汗量的测量

通过皮肤的水分蒸发称为出汗。出汗包括无感出汗、温热性出汗和精神性出汗。人体汗蒸发量可以通过人体天平进行全身汗蒸发量的测量，也可以通过蒸发器法（开放系统）、滤纸法、换气胶囊法（闭塞法）进行局部汗蒸发量的测量（图2-39）。

（2）无感出汗

即使在没有感觉到出汗的状态下，皮肤和呼吸道也会不断地蒸发水分。经过一定时间后测量体重，可以发现人体的无感蒸发量平均为23g/m^2·hr，其中约30%来自呼吸道的蒸发，约70%来自皮肤的蒸发。皮肤蒸发量的大小与如图2-40所示的皮肤表面水汽压的分布有关，其中，足底、手掌>脸、颈、胸上部>其他部位。由于每克汗液无感蒸发所产生的体热散失量是0.67W（0.58kcal/hr），因此一天的无感蒸发量相当于体重50kg、体表面积1.6m^{2}的成年人，体温降低12.3℃的散热量。由此可见，在体热散失方面，无感蒸发的散热作用是不小的。

（3）精神性出汗

由于精神紧张而引起的出汗称为精神性出汗，食用很苦或很酸的刺激性食物时产生的汗称为味觉性出汗。精神性出汗的产生局限于手掌、足底，这在许多动物中也同样可以被观测到。由于精神性出汗的特征是与刺激同时产生，所以气温一般会对人体表面以及手掌的出汗产生影响（图2-41）。

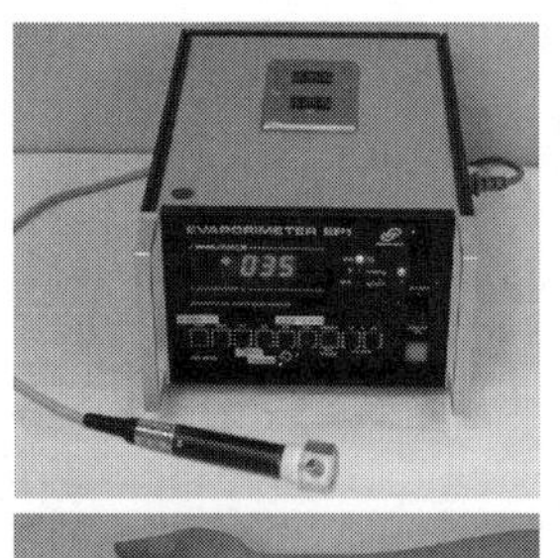

(a) 蒸发器法

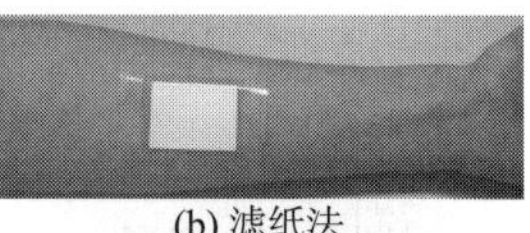

(b) 滤纸法

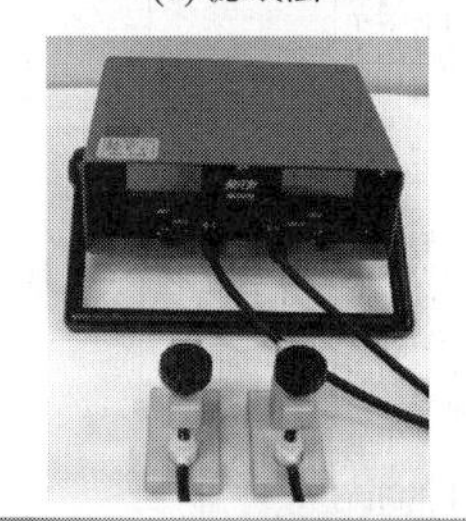

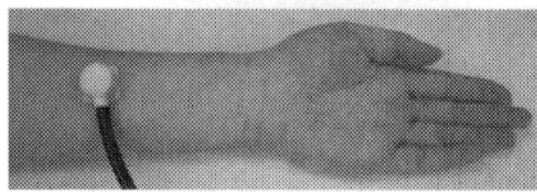

(c) 换气胶囊法

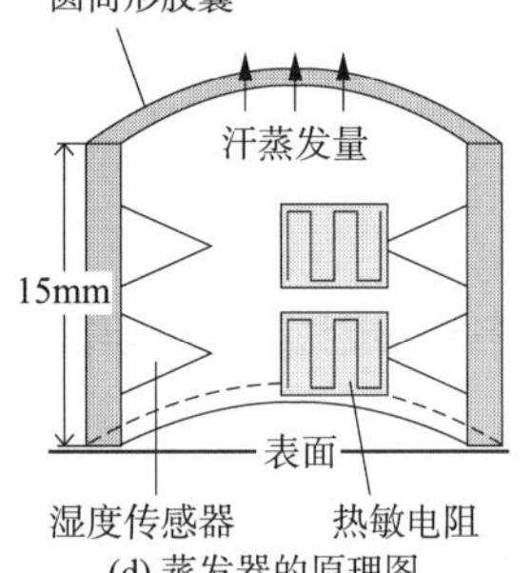

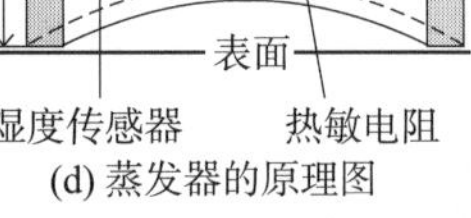

(d) 蒸发器的原理图

$$\frac{1}{A}\frac{dm}{dt}=-D'\frac{\delta p}{\delta x}$$

A：蒸发表面积
m：蒸发水分量
t：时间　p：水汽压
D'：与tp相关的系数
x：到蒸发表面的距离

● 图2-39　汗蒸发量和出汗量的测量方法

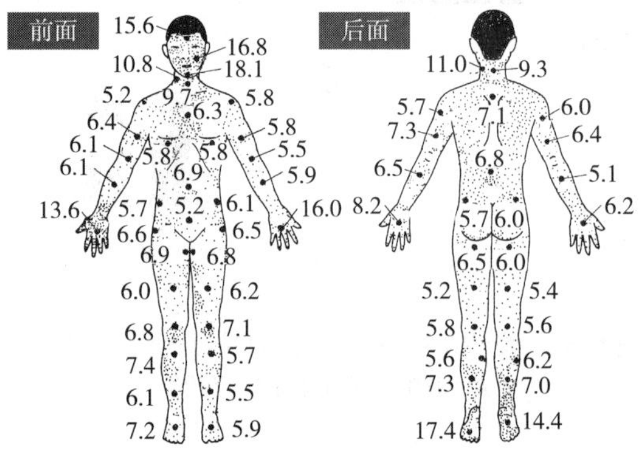

● 图2-40　皮肤表面的水汽压

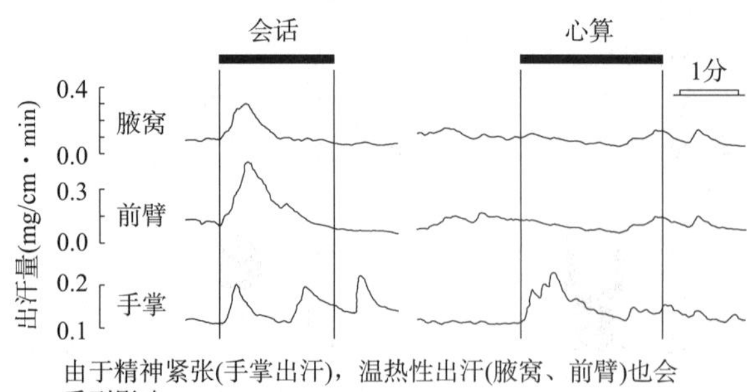

由于精神紧张(手掌出汗)，温热性出汗(腋窝、前臂)也会受到影响。

● 图2-41　同时记录的腋窝、前臂、手掌的出汗（小川，1994）

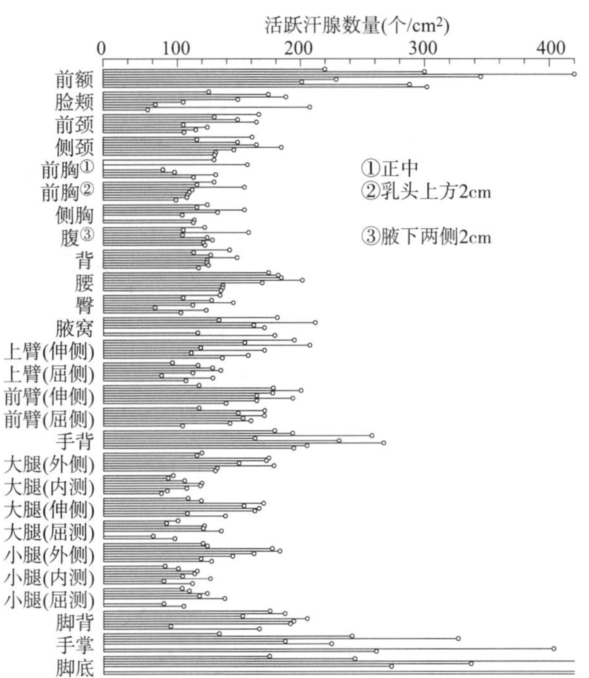

● 图2-42 活跃汗腺数量（Kuno，1956）（柱形表示不同受试者）

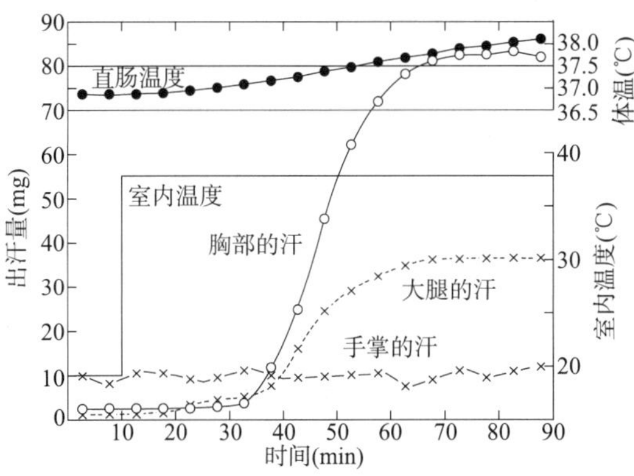

● 图2-43 出汗量随时间的变化

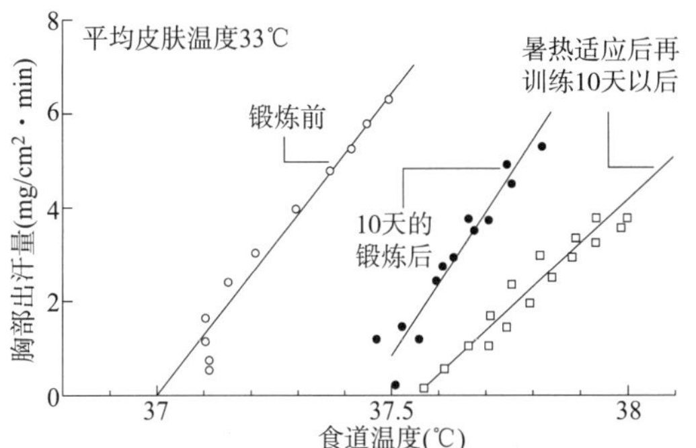

● 图2-44 胸部出汗量和体温（食道温度）的关系［罗伯茨（Roberts）、M.F.等人，1977］

（4）温热性出汗

温热性出汗是指因外界气温上升、人体运动产生体温上升等的温热刺激产生的出汗。人感到温暖舒适的时候，是没有出汗的状态。当人受到暑热刺激而感到“热”时，存在于全身皮肤中的活跃汗腺（可以出汗的汗腺，图2-42）被交感神经激活，分泌汗液。这些存在于全身皮肤的活跃汗腺，从出生后到2岁半为止其数量就已经确定。活跃汗腺分泌出的汗从皮肤表面向环境气化，通过剥夺潜热（0.67W/g）来冷却身体。

一般生活在高温地区的人活跃汗腺数较多。久野的报告指出，阿伊努人的活跃汗腺数平均为144万个，俄罗斯人为189万个，泰国人为242万个，菲律宾人为280万个。日本人最少为178万个，最多为276万个，平均为228万个。

图2-43显示的是进入高温房间后出汗量随时间的变化。从图中可以看出，进入房间后20min左右不会出汗，由此可见暑热刺激和出汗开始的时间存在偏差（潜伏时间）。冬天的潜伏时间一般比夏天长，人体各部位的出汗是同时开始的。这种温热性出汗是以体热散热为目的而发生的，而散热只有在汗液蒸发后才有效。从身上流下掉落的汗（流失汗）、被衣服吸收后残留的汗（残留汗），或者被擦掉的汗，在体热散热方面都是无效的。所以在计算出汗量时，需要对它们进行区别测量。

如图2-44所示，胸部在人体超过阈值体温后开始出汗，出汗量随着体温的上升而增加。进行运动锻炼时，阈值体温会稍有下降，同时出汗灵敏度（出汗量/体温变化）提高。由于锻炼后的热适应，阈值体温显著降低，但出汗灵敏度不变。

（5）皮肤的出汗分布

出汗分布虽有个体差异，但大体可分为全身出汗型、下肢出汗型、上肢出汗型、四肢出汗型四种。不管哪种类型，面部和躯干部的出汗量均比四肢多。

在气温28℃、34℃、37℃的人工气候室中，10名裸体健康成年女性在坐位和卧位状态下，各部位出汗量的平均值如图2-45所示，出汗量随着气温上升而增加，从部位来看，出汗量从大到小的顺序依次为面部、手部、躯干和腿部，另外，躯干部的后侧比前侧出汗多。这一结果表明，在体温调节上，不是每小时每平方米流下100g的汗，而是需要汗水蒸发。另外，横卧时上半身受到较大的压力，由于压力—出汗反射抑制了面部、躯干部的出汗，从而增加了下肢的出汗。值得注意的是，出汗分布也会随着姿势的变化而变化。

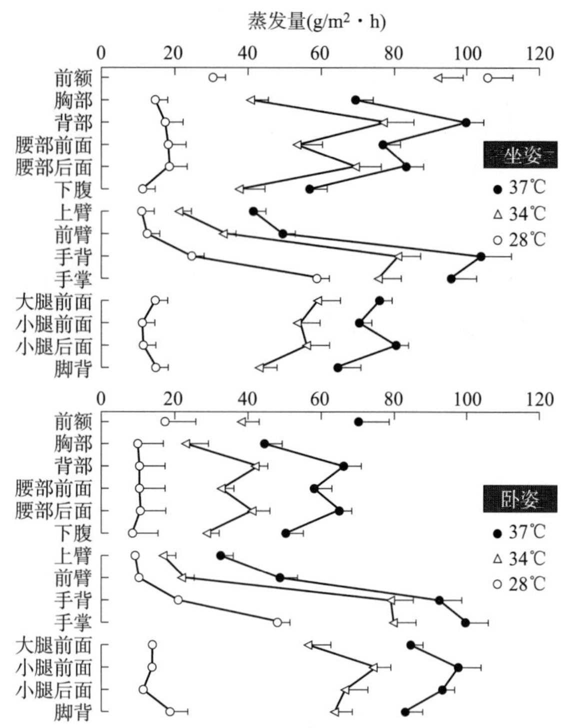

如果对人体的左右、上下、半身等施加压力，压迫侧的出汗就会受到抑制。这种现象叫作压力—出汗反射，姿势发生变化，出汗分布就会发生变化。

● 图2-45　日本成年女性不同部位的出汗量（郑、田村，1998）

（6）皮肤血流量与出汗量的关系

在舒适条件下进行足部温浴时，出汗量与皮肤血流量的关系如图2-46所示。前臂的血流量呈现三个阶段的变化。

实验开始时受试者告知“舒适”时，皮肤血流量最小，出汗量为零（起点）。下肢进行温浴后，在无汗状态下，只有皮肤血流量增加到Th（SBF）（①）。此时由于同时观察到指尖血流量增加，因此可以知道前臂部皮肤血管也和AVA一样，由于血管收缩性交感神经活动的解除而产生被动性扩张。在皮肤血流量没有增加的情况下，只增加出汗量（②），当到达Th（Msw）时，皮肤血流量的增加开始与出汗量成正比（③）。这可以认为是由前臂

> 皮肤血管扩张
>
> 据了解，穿着服装时，躯干和四肢邻近部位的皮肤血管扩张主要有以下两种。
>
> 被动性扩张：交感神经的血管收缩，神经活动逐渐解除。
>
> 主动性扩张：由汗腺支配的交感神经未端释放的递质所致。
>
> 为了进一步探究两者的关系，对手掌部和前臂的血流量和出汗量的关系进行了实验，结果如图2-46所示。

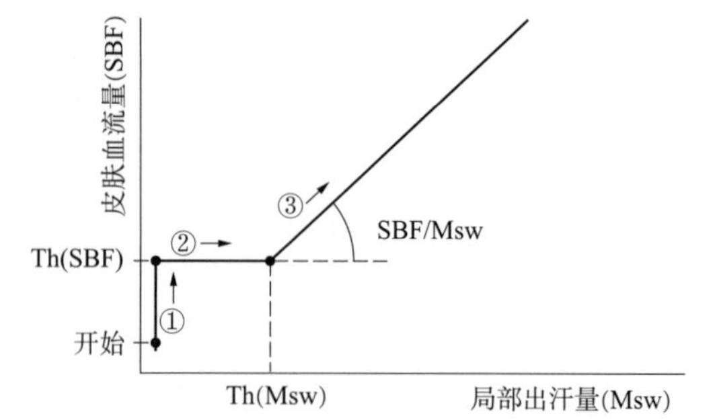

● 图2-46　皮肤血流量（SBF）与局部出汗量（Msw）的分析模型

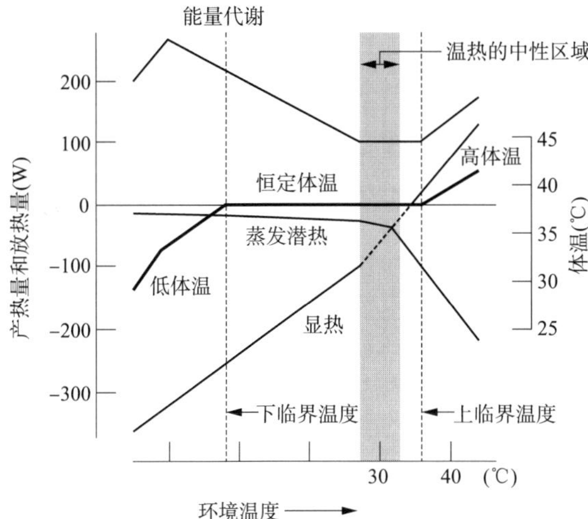

● 图2–47　环境温度与产热、散热以及体温的关系

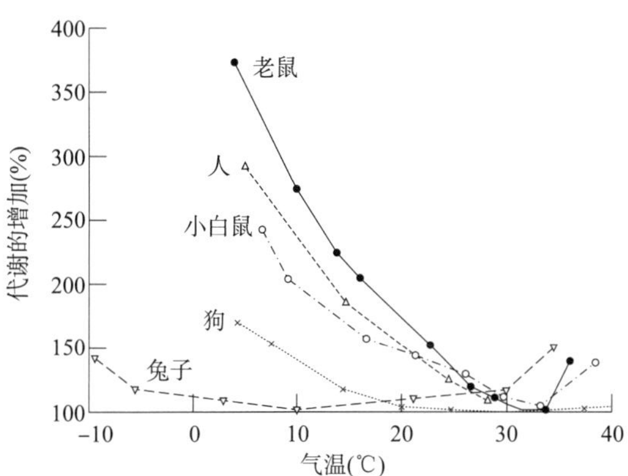

● 图2–48　人和动物的代谢随气温的变化（Hensel等人）

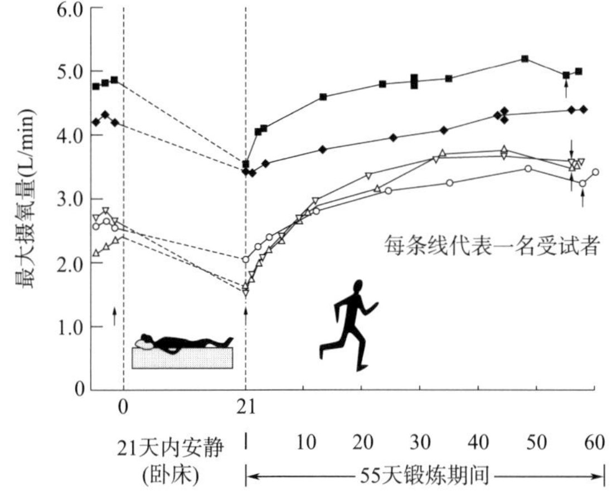

● 图2–49　最大摄氧量的变化（安静21天后，训练55天）（Saltin等人，1968）

皮肤血管的主动性扩张引起的。当达到一定水平后，皮肤血管为了将皮肤血流量以及出汗量维持在一定的量，几乎集中在图中的同一点。由此可见，前臂产生了温热性出汗以及连动产生了皮肤血管主动性扩张。

5.3　能量代谢与体温调节

图2–47表示的是关于体温调节反应的能量代谢。在寒冷环境下，人体的散热量变大，当温度低于下临界温度时，会产生与环境温度的下降成比例的颤抖或者非颤抖引起的能量代谢亢奋，用来防止体温下降。当温度超过上临界温度时，人体在出汗的同时代谢略微增加。这是由于体温上升，Q10（温度系数，温度每升高10℃，化学反应速度增加的倍数，在人体中约为2.0）增加。与其说反映的是能量代谢与体温的关系，不如说是代谢水平影响体温调节的反映。例如，在剧烈运动能量代谢较大的情况下，体温容易上升；相反，在代谢较低的睡眠时体温容易下降。图2–48显示了人和动物的代谢随气温的变化。

人体运动时的代谢量是安静时的10～20倍，体温不受环境温度（5～30℃）影响，几乎与运动强度成正比。运动时的体温上升，不是运动负荷的绝对值，而是与个人的最大氧气摄取量（运动的最大摄氧量，Vo_{2max}）的相对值有关，因此在做运动和体温调节关系的实验时，不能用运动强度的绝对值，而应该采用反映个体差异的相对负荷值。安静时和训练时人体最大摄氧量的变化如图2–49所示。运动负荷受部位的影响较小，无论是手臂的运动还是腿部的运动，只要代谢的负荷量相同，体温上升的程度也相同。

运动时体温的上升取决于产热和散热的平衡，即使运动强度相同，也会随着气温、湿度、日照、气流的变化而变化。

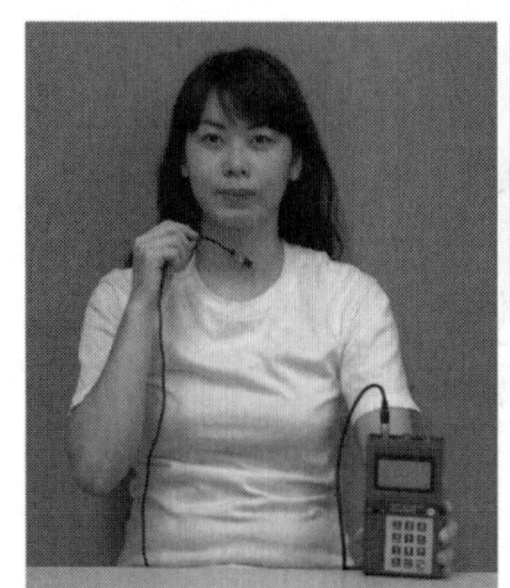

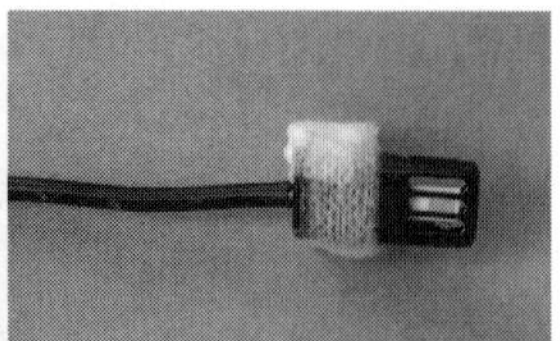

服装内温湿度测量的传感器

● 图2-50　服装内气候的测定

6　服装的湿热传递

6.1　服装产生的气候调节

服装覆盖在人体表面，在服装内形成与外界不同的服装内气候。图2-50、图2-51显示了服装内气候的测量方法和服装内气候示意图。通过测量各种气候条件的安静状态下着装舒适时的服装内气候，可以知道服装最内层与皮肤接触的部分温度在32±1（℃），湿度在60%以下是舒适区域，相差越大越不舒服（图2-52）。所谓舒适的着装，是指不管外界气候如何，可以在人体皮肤周围营造相对干燥温暖的微气候，是一种体温调节行为。另外，服装内气候的测量也成为判断服装舒适与否的条件之一。

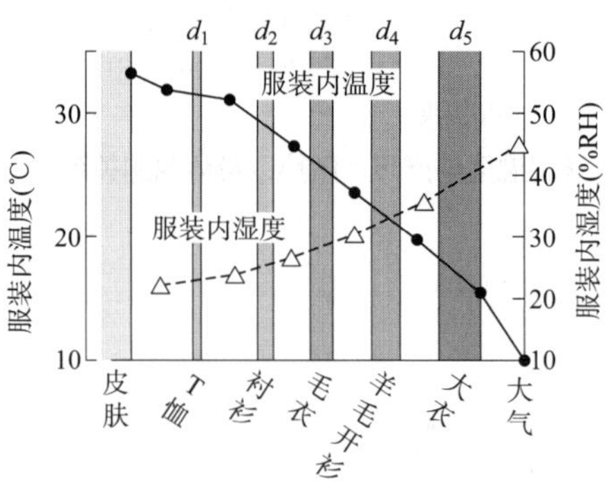

● 图2-51　服装内气候示意图

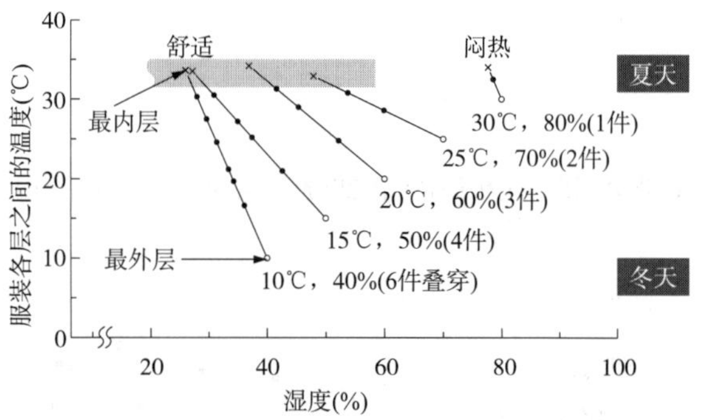

● 图2-52　大气的温湿度与舒适的服装内环境的关系（胸部）

6.2　热传递的基本机制与人体散热

一般在物体内或不同物体之间，热量从高温部分向低温部分的传递称为热传递或传热。传热分为传导、对流、辐射三种形式。另外，人体向外界的热转移还与蒸发引起的热转移有很大关系。

（1）传导

传导是由构成物体分子的热运动在物体中发生能量传递的传热（图2-53），傅里叶定律是传导的基本定律。单位时间、单位面积上通过的热量为K（W/m^2），由以下公式表示：

$$K=\lambda(t_2-t_1)/d$$

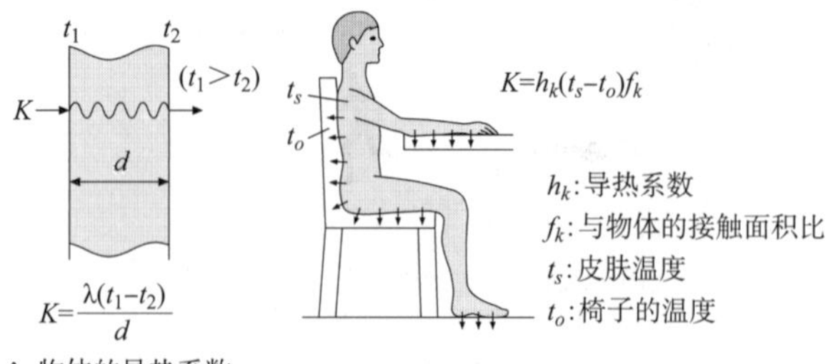

● 图2-53　传导：物体的热传递

● 表2–9　各种物质的导热系数[W/（m·K）]（川端，1986）

物质	导热系数	物质	导热系数
铜①	371.2	木材（桐）②	0.087
纸①	0.128	水①	0.602
玻璃①	0.756	空气①	0.026
橡胶①	0.151	毛③	0.165
混凝土①	0.81～1.40	棉③	0.243
皮革①	0.163	涤纶③	0.157
		碳纤维③	0.662

①测量温度20℃，②测量温度30℃，③垂直于纤维轴的导热系数。

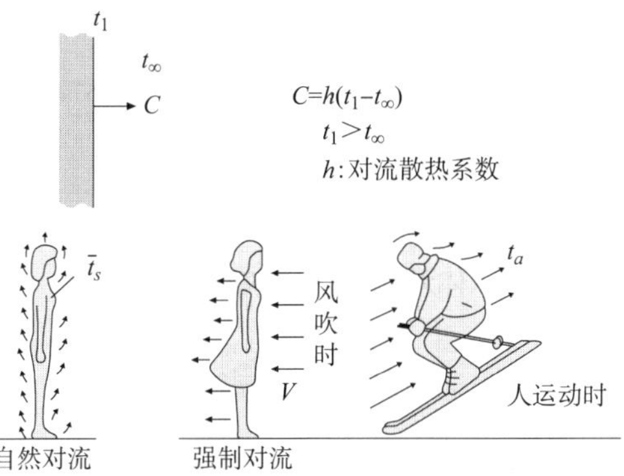

$C=h(\bar{t}_s-t_a)f_c$

h:对流散热系数

$\bar{t}_s$:平均皮肤温度(℃)　t_a:气温(℃)

f_c:有效对流热传导面积比

● 图2–54　对流：物体周围流体形成的热传递

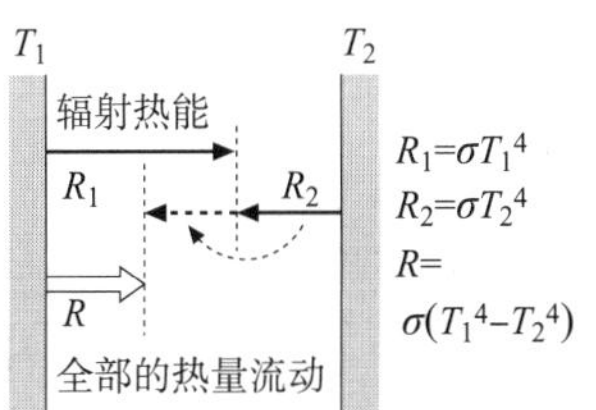

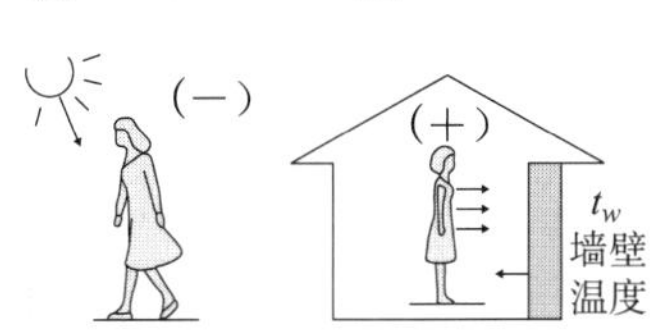

太阳照射时(—)的辐射进入体内

$R=s\sigma f_r(\bar{T}_s^4-\bar{T}_w^4)$

$\fallingdotseq h_r(\bar{t}_s-\bar{t}_w)fr$

s:发射率

h_r:辐射传热系数

$\bar{t}_w$:平均墙壁温度或平均辐射温度

f_r:有效辐射热传导面积比

● 图2–55　辐射：辐射的热传递

● 表2–10　发射率（s）

材料	发射率
黑体	1
人体皮肤	0.95~0.99
纸	0.93~0.95
水面	0.95
砖	0.93
混凝土	0.94
木板	0.95
白漆	0.92~0.96
黑漆	0.95
玻璃	0.95
大理石	0.95
沥青	0.90

式中，t_1、t_2为物体表面的温度（℃），d为厚度（m），λ为导热系数[W/（m·K）]是表示物体固有的传热难易程度的物理指标，λ/d是物体传热的容易程度，d/λ则可表示物体传热的不易程度，即热阻。人体通过传导方式散失的热量K相当于人接触到椅子、桌子、枕头、鞋底等物质的热量散失。接触物质的导热系数（表2–9）越大，K越大。

（2）对流

空气和水等流体传递热量的现象称为对流。高温的固体通过与固体表面接触的空气流动来散失热量达到冷却效果，这是通过对流来实现的（图2–54）。假设固体表面温度为t_1，流体温度为t_∞，则与对流散热量C之间成立牛顿冷却定律：

$$C=h(t_1-t_\infty)$$

式中，h为对流散热系数。

人体通过对流方式散失的热量与周围环境的气流速度V（m/s）的平方根成正比。

（3）辐射

在物体之间，通过电磁波传播热能的现象称为辐射，辐射在真空中也能传递。这种电磁波是红外线，也被称为红外热辐射。图2–55显示了辐射的热传递，将物体表面的绝对温度设为T_1，将另一相对物体的绝对温度设为T_2，则黑体吸收的所有传递辐射能的辐射传热量，根据斯蒂芬—玻尔兹曼定律表示为：

$$R=\sigma(T_1^4-T_2^4)$$

式中，σ是斯蒂芬—玻尔兹曼常数5.67×10^{-8}[W/（m^2·K^4）]。对于一般物体，上式的右侧会涉及物体的发射率s。

$$R=s\sigma(T_1^4-T_2^4)$$

各种物质表面的发射率如表2–10所示。

来自人体的辐射传热量R近似与人体的平均皮肤温度和周围物体表面的平均温度$\bar{t}_w$或平均辐射温度$\bar{t}_r$的差成正比。

（4）蒸发

水的蒸发潜热约为0.67W/g。因此，当人体表面的水分蒸发量为P（g）时，蒸发散热量E（W/m²）为：

$$E=0.67P$$

蒸发潜热与水分蒸发量成正比（图2-56）。人体的汗蒸发量可以通过天平测量体重减少而得到（图2-57）。

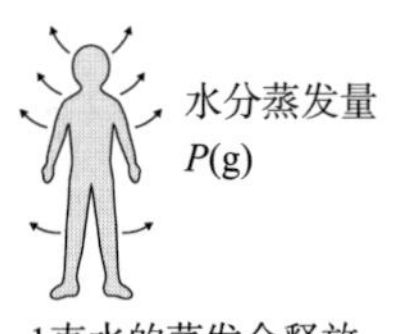

人体的蒸发散热量E，

$E=0.67P$

$=h_e(\bar{P}_s-P_a)f_e$

h_e：蒸发散热系数

$\bar{P}_s$：皮肤表面的平均水汽压

P_a：大气的水汽压

f_e：有效蒸发面积比

● 图2-56　蒸发：汗液蒸发产生的蒸发潜热

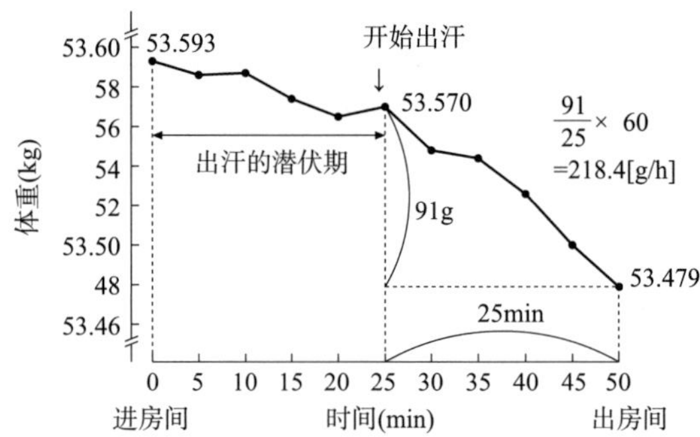

● 图2-57　用人体天平测量体重减少量

6.3　服装的热阻

（1）热传递与热阻

在人体—服装—环境系统的传热过程中，服装起着阻碍热传递的作用。人体向外部环境散失的总热量H_d可看作是传导、对流、辐射三种方式所散失的热量之和，分别为K、C、R。而且总传热量与人体的平均皮肤温度$\bar{t}_s$和气温$\bar{t}_a$的差大体成正比。即：

$$H_d=K+C+R$$

$$H_d=h_d(\bar{t}_s-\bar{t}_a)$$

式中，h_d是服装的总热导系数[W/（m²·℃）]，代表了包括衣服在内的人体周围环境的热传递容易程度。相反，表示传热不易程度的指标，即热阻R_d[m²·℃/W]用h_d的倒数来表示。

如果$h_d=1/R_d$，则：

$$H_d=\frac{\bar{t}_s-t_a}{R_d}$$

因此，服装的热阻可以利用以下公式求得：

$$R_d=\frac{\bar{t}_s-t_a}{H_d}$$

（2）服装热阻的测量（暖体假人法）

利用图2-58的暖体假人可以测量单件

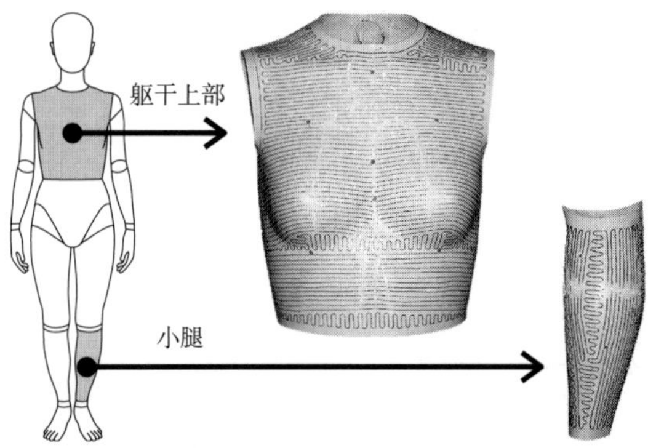

● 图2-58　暖体假人的构造

● 表2-11　暖体假人的设定温度与热值

部位	表面积（m²）	表面积比（%）	标准皮肤温度（℃）	供热量（W/h）
头	0.124	8.74	34.4	28.73
胸	0.126	8.88	34.1	19.38
背	0.120	8.44	33.4	80.82
腹	0.128	9.03	33.8	95.91
腰	0.116	8.18	32.6	45.02
上臂	0.115	8.12	32.8	53.16
前臂	0.144	10.13	32.5	83.75
大腿	0.255	17.99	32.4	72.61
小腿	0.291	20.53	32.0	69.21
	合计 1.419	合计 100.0	平均 32.9	平均 60.95

标准皮肤温度指人裸体在温度28℃、湿度50%的舒适环境下，成年女性的皮肤温度。

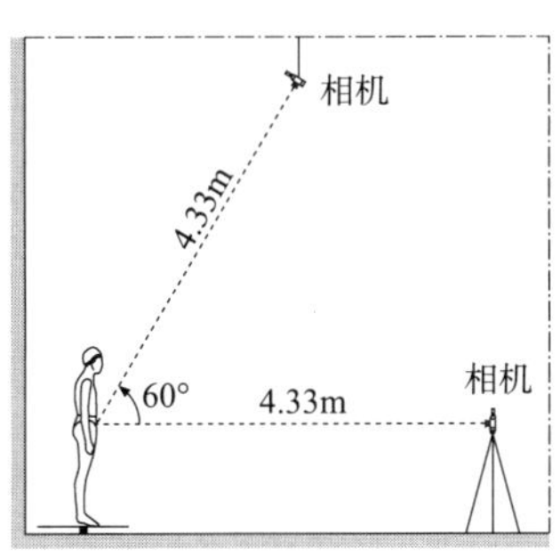

如左图所示，从水平及角度为60°的方向分别从前面、斜面45°、侧面共6个方向拍摄裸体或穿衣的人体状态，通过其投影面积的平均值A_n、A_{cl}，可以求出下式的f_{cl}。

$f_{cl}=A_{cl}/A_n$

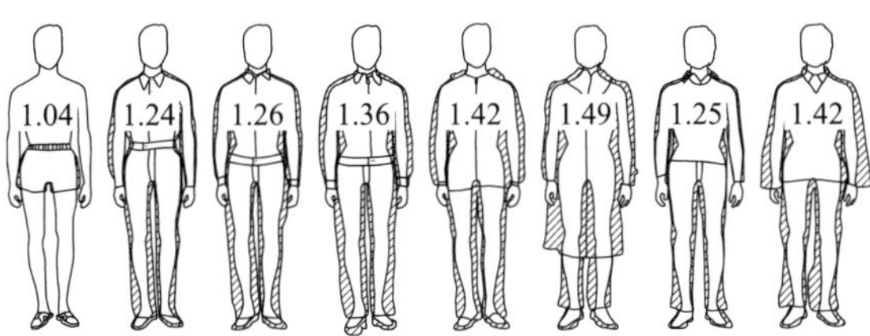

● 图2-59 f_{cl}的求值方法和代表性着装的f_{cl}

● 表2-12 典型服装的热阻（Oresen，1987）

服装种类 热阻（克罗值）（I_{clu}）	服装种类 热阻（克罗值）（I_{clu}）
内衣 内裤0.03 长裤0.10 背心0.004 T恤0.09 长袖衬衫 0.12 内裤和文胸0.03	薄毛衣0.20 普通毛衣0.28 厚毛衣0.35
衬衣 短袖0.15 薄长袖 0.20 普通长袖 0.25 厚长袖 0.30 薄长袖女衬衫 0.15	夹克 夏季薄夹克0.25 夹克0.35 工装0.30
裤子 短裤0.06 薄裤子0.20 普通裤子0.25 厚裤子0.28	保温、纤维聚合材料 锅炉服0.90 裤子0.35 夹克0.40 马甲0.20
裙子 薄裙（夏季）0.1 厚裙（冬季）0.250 短袖薄连衣裙0.20 冬季长袖连衣裙0.40 作业服0.55	户外服装 外套0.60 羽绒服0.55 风雪大衣0.70 连体工装衣裤0.55
毛衣 无袖背心 0.12	服饰 短袜0.02 厚短袜0.05 厚的膝下袜0.10 尼龙长筒袜0.03 鞋（薄底）0.02 鞋（厚底）0.04 靴子0.10 手套0.05

服装或组合服装的热阻。暖体假人是1：1尺寸的人体模型，通过内部以及表面的加热器控制加热量，从而达到与人体相同的皮肤温度分布状态。暖体假人各部位的设定温度与热值见表2-11。当测量标准皮肤温度即人裸体在温度28℃、湿度50%的舒适环境下，成年女性的皮肤温度，某件服装的热阻时，将要测量的服装穿着在暖体假人身上，放置一定时间后，根据测量期间的电消耗量（供热量）H_d（W/m^2），假人的平均表面温度$\bar{t}_s$（℃），环境温度t_a（℃），利用前面的公式就可以求出服装的热阻R_d。

（3）克罗值

表示服装热阻的单位除了用R_d（℃·m^2/W）表示之外，还可以用克罗（clo）表示。1克罗指在气温21.2℃、湿度50%以下、气流10cm/s的室内，人安静地坐在椅子上，冷热程度感觉舒适时所穿服装的热阻值，相当于0.155℃·m^2/W。不过，该单位仅限于表示包括头部和手部等裸露部位在内的人体全身传热的服装热阻时使用。 37

克罗值有以下三种评价方法。

①包括服装边界层空气的热阻在内的服装总热阻用I_{total}表示。

$$I_{total}=(\bar{t}_s-t_a)/0.155H_d$$

②服装的总热阻减去暖体假人表面的空气层的热阻I_a为有效热阻，用I_{cle}表示（单件时用I_{clu}表示）。

$$I_{cle}=I_{total}-I_a$$

③I_{total}减去加入了人体着装面积系数f_{cl}（暖体假人裸体时的外表面积与着装时外表面积之比，图2-59）的着装表面空气层热阻为I'_a服装基本热阻，用I_{cl}表示。

$$I_{cl}=I_{total}-\left(\frac{I'_a}{f_{cl}}\right)$$

有代表性的单件服装的有效热阻克罗值I_{clu}如表2-12所示。如果将不同的服装组合穿着时，单件服装的克罗值与全部服装的基本热阻I_{cl}的关系如图2-60所示，可以近似推算出穿着服装的基本热阻I_{cl}是各单件服装克罗值的和。

$$I_{cl}=\sum I_{clu}$$

图2-61表示气温、代谢量（安静时为1met）与着装舒适时的克罗值的关系。根据此图，可以求出适合于某一气温的服装克罗值，反之，也可以求出服装的某一克罗值所对应的舒适气温。

（4）服装热阻的测量（除暖体假人以外的其他方法）

除了暖体假人以外，还有一种方法可以求出服装的克罗值，即在人工气候室内让人穿着服装，在平衡状态下测量人体的平均皮肤温度$\bar{t}_s$、代谢产热量M、体重减少量ΔW、环境温度t_a、人体体表面积A，利用下式求出服装的克罗值。

$$I_{total}=\frac{(\bar{t}_s-t_a)A}{(M-0.67\Delta W)\times 0.155}$$

在实验中因为人体容易疲劳，生理状态也难以稳定，另外，该实验需要较长的时间和较多受试者，并且测量误差也很大，所以现在很少使用这种方法。

相比上述方法，我们可以使用更简单的方法获得服装热阻，比如通过着装的总重量预测服装热阻（图2-62），也可以利用面料的厚度T（mm）和服装在人体的覆盖面积CA（%），根据下列公式求得单件服装的有效热阻Iclu：

$$I_{clu}=0.0043CA+0.0014T\times CA\ (\text{clo})$$

求得单件服装的有效热阻I_{clu}后，将各单件服装的热阻相加就可以得到组合服装

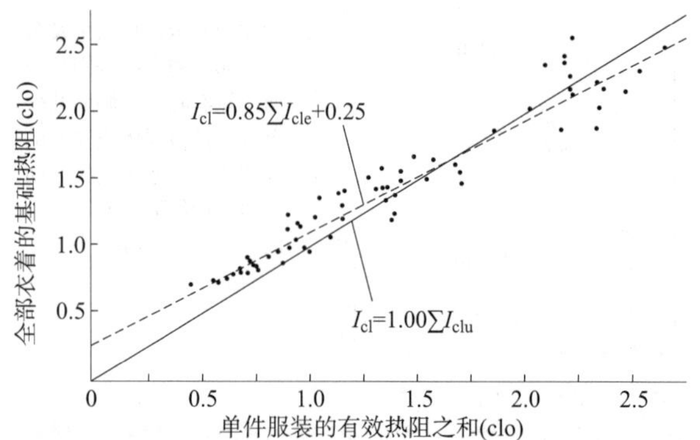

● 图2-60 单件服装的克罗值和组合服装的克罗值的关系

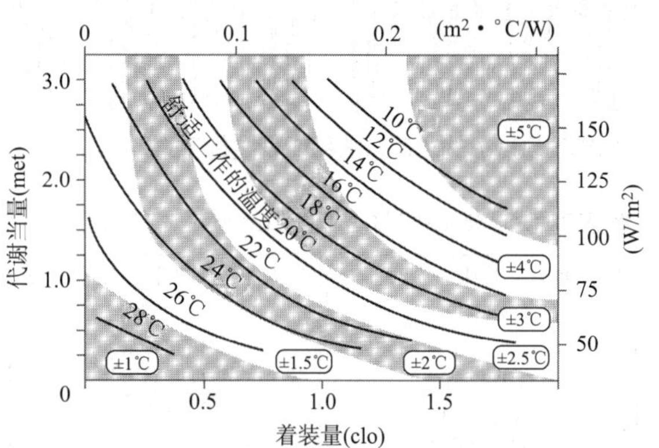

● 图2-61 气温、代谢量和着装量的关系（Oresen，1987）

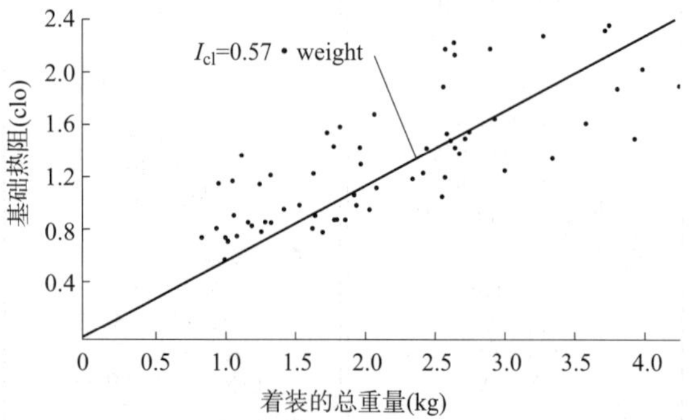

● 图2-62 着装重量和热阻的关系

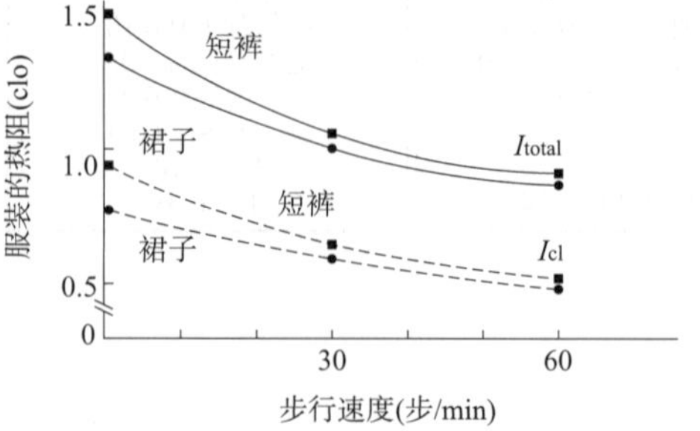

● 图2-63 热阻随步行速度的变化（女性服装）

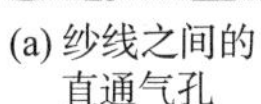

(a) 纱线之间的直通气孔

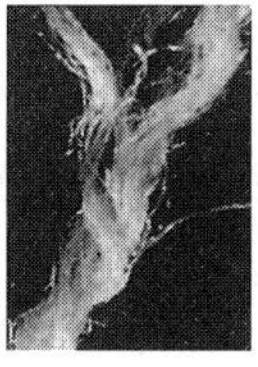

(b) 纤维之间的细分化气孔

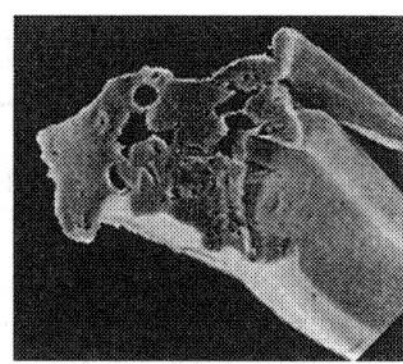

(c) 纤维内部的独立气孔

● 图2-64　织物内的含气形态

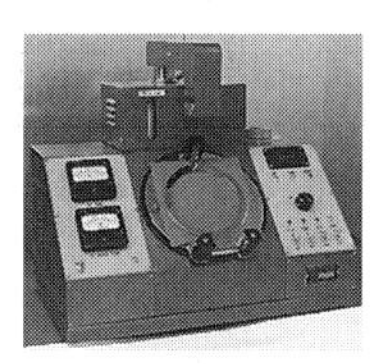

(a) 冷却法装置

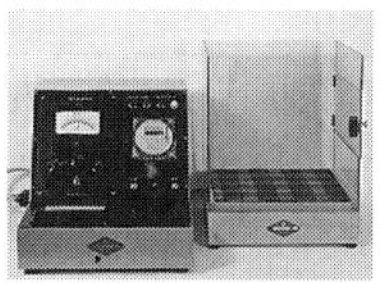

(b) 恒温法装置

(c)热金属板实验法装置

● 图2-65　织物热阻的测量方法

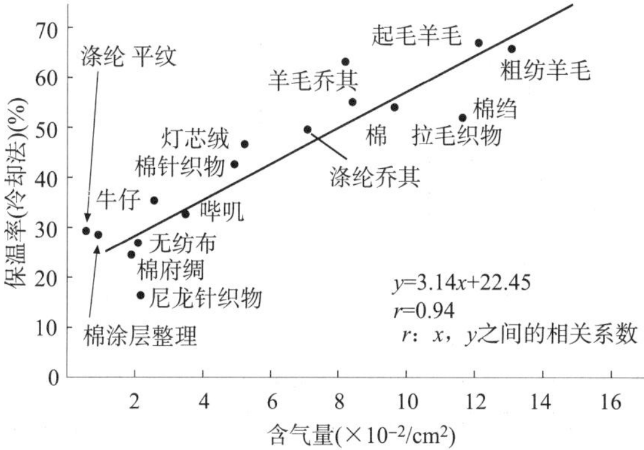

● 图2-66　织物单位面积的含气量和保温率（田村）

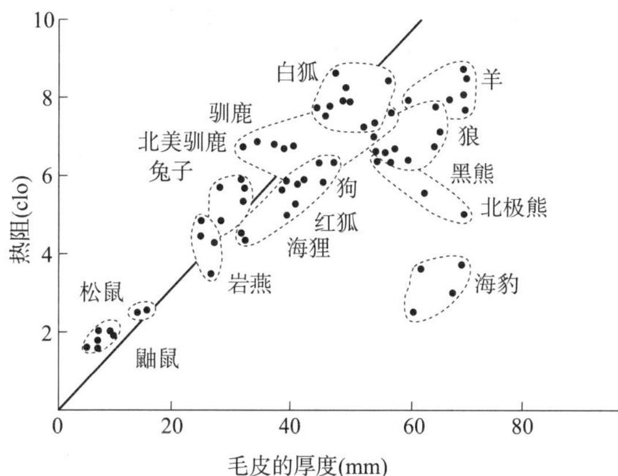

● 图2-67　动物冬天毛皮的厚度和隔热性能［普雷希特（H.Precht）等人，1973］

的基础热阻I_{cl}。这样计算虽然也会产生误差，但根据使用目的不同，可作为简易的预测方法使用。另外，服装的克罗值随人体姿势和活动的改变发生变化，所以从立位状态的数据来讨论服装热阻的变化程度是有必要的（图2-63）。

6.4　影响服装热阻的因素

服装是以纤维为主要原料制成的，但服装的热阻并不只是由纤维的性质决定的。从各种物质的导热系数来看，参照表2-9所示，纤维是导热系数相对较小的物质。但是，静止空气的热导系数更小，是热的不良导体。另外，水的导热性能是空气的23倍，因此，服装的热阻是由纤维内部、纤维间（图2-64）、衣服各层间等皮肤与服装间以各种形式存在的空气和水分的量及其活动性所决定的。

根据以上原则，影响服装热阻的原因，首先是服装面料的热阻，其次是各层服装之间所包含的空气量，最后是影响服装状态的因素，如服装的覆盖面积、覆盖部位、松量、开口、重叠方式、服饰配件的使用方式等。

（1）面料的热阻

①热阻的测量方法。测量面料热阻的方法大致分为两种，一种是测量表示相对数值的保温率，另一种是测量表示绝对数值的热阻。JIS中规定的冷却法和恒温法，以及TIV（thermal insulation value）法是测量保温率的方法，热金属板实验法（传热系数法）是测量热阻的方法（图2-65），传热系数法是在将面料两面用金属板覆盖的状态下测量热阻的方法，其他方法是将面料的一侧暴露

在大气状态下进行热阻的测量。需要注意的是两者的性质不同。

②面料的含气形态与热阻。由于空气的传热系数比纤维小，所以面料的热阻与含气量（面料中一定面积所含有的空气量，含气率×厚度）几乎成正比（图2-66）。但是，当其含气形态处于面料正反面贯通的直通气孔时，由于气流使面料中的空气加速流动，因此在有风的环境下热阻容易降低。当含气形态为纤维间的细小气孔或纤维内部的独立气孔时，由于空气处于静止状态，热阻比较稳定，所以即使在有风时也表现出很好的保温性。图2-67显示了动物冬天毛皮的厚度与隔热性能的关系。

③面料对热辐射的反射、吸收、透过性。面料的热阻因面料表面的颜色、疏密程度等而变化（表2-13）。这是由于热辐射的反射、吸收、透过性造成的，一般黑色面料的吸收性强，白色的反射性强。由于镀铝面料具有显著的反射性能，因此可用于消防服和遮阳布等。辐射是电磁波的一种，根据波长的不同，其反射、吸收、透过性能也不同，可以根据使用目的应用于服装上。

（2）静止空气层的形成与效果

静止空气层的形成方式因服装的形态和穿着状态不同而不同，因此服装的热阻也会发生变化。

①不同覆盖面积和覆盖部位的效果。服装覆盖人体表面就会在覆盖部位形成相对静止空气层，这样可以抑制热量的散失。服装覆盖的人体表面积称为覆盖面积，一般用占人体总表面积的百分比表示。表2-14是使用石膏绷带法测量的成年

● 表2-13　遮阳伞的防暑效果

不同点	面料 括号内的单位是mm²/cm²	照射头部的辐射热量
气孔密度	罗缎（2.23），白	4.0
	仿鲨鱼布（4.17），白	4.1
	棉府绸（8.34），白	6.5
细布的颜色差异	仿鲨鱼布 黑	3.5
	白	4.1
粗布的颜色差异	人造丝平纹 白	7.5（1.00）*
	黄	6.2（1.65）
	青	6.0（1.77）
	红	5.4（2.07）
	黑	5.2（2.50）
组合效果	表：银　里：白	0.02
	白　黑	0.8
	黑　白	3.1

＊括号内是以白色作为1.00时的吸热比。

● 表2-14　人体各部位的体表面积比（%）

部位		日本女性		美国女性
头颈部	头部	4.5	8.4	7
	面部	2.9		
	颈部	1.0		
躯干上部	上	7.2	37.4	35
	中	7.6		
	下	5.1		
躯干下部	上	11.2		
	下	6.3		
上肢	上臂	7.9	18.5	19
	前臂	5.9		
	手部	4.7		
下肢	大腿	15.8	35.7	39
	小腿	13.4		
	足部	6.5		

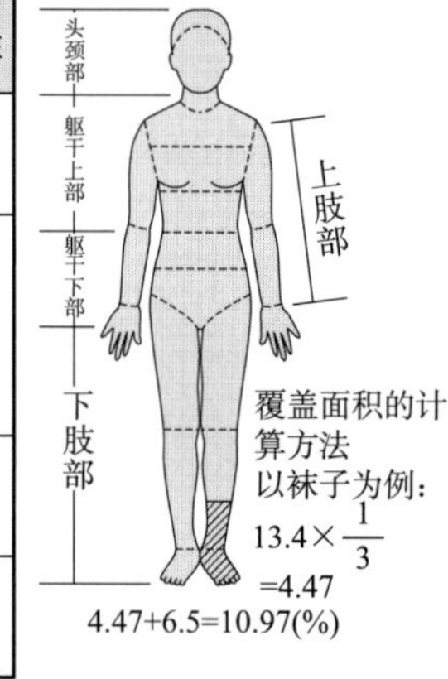

● 表2-15　各种服装的覆盖面积（%）

服装	覆盖面积	服装	覆盖面积
比基尼泳衣	13.9	长袖连衣裙+袜子	86.9
连衣裙泳衣	32.0	大衣+靴子	86.9
T恤+短裤	41.35	头盔帽+滑雪服	99.5
短袖衬衫+短裤	70.55		

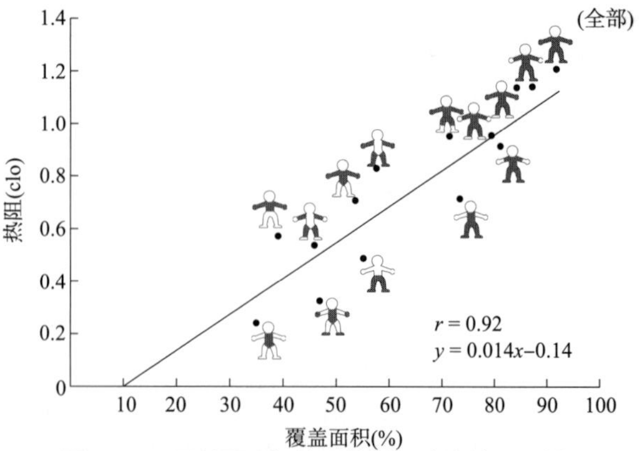

● 图2-68　覆盖面积与热阻的关系（岩崎、田村，1985）

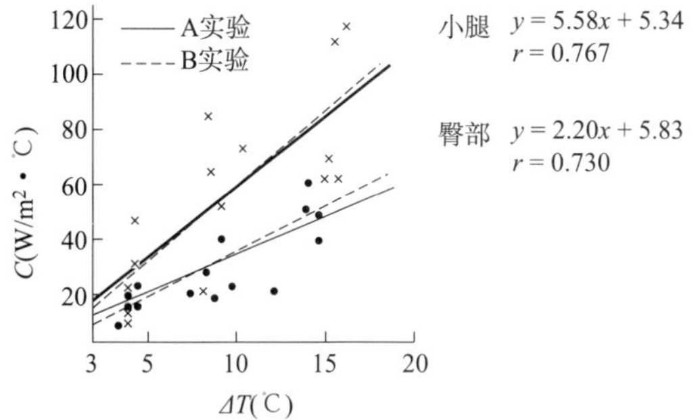

● 图2-69 表面温度与环境温度的差（ΔT）与对流热传热量（C）的关系

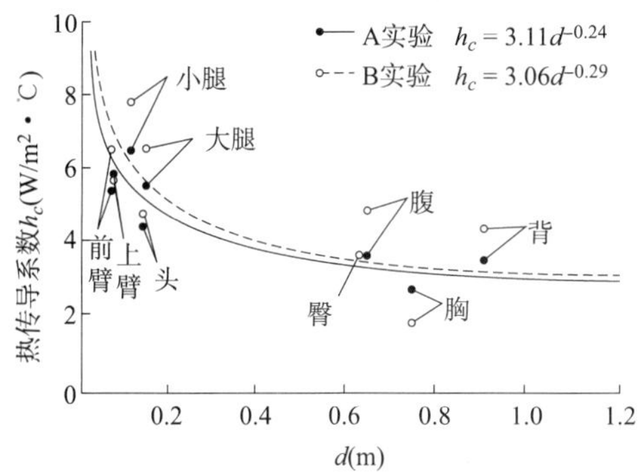

● 图2-70 局部的曲率半径×2（d）与对流传热系数（h_c）的关系

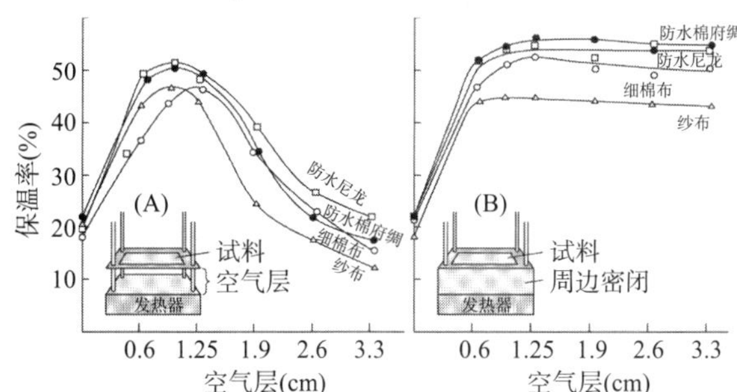

● 图2-71 服装内空气层和保温率（岩崎、田村，1987）

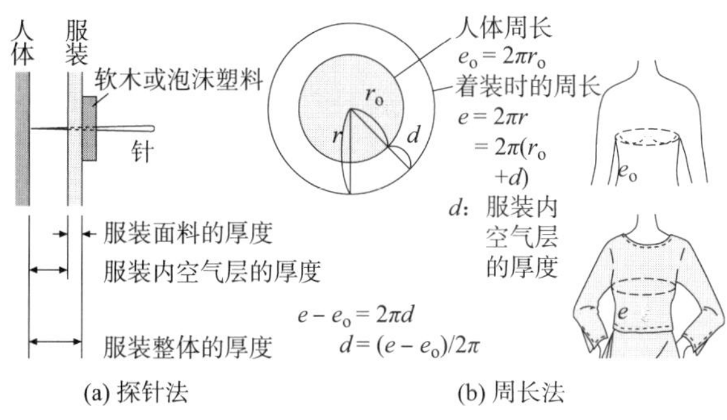

● 图2-72 服装内空气层的测量方法一

女性人体各部位体表面积比的平均值。以此为基础，就可以求出各种着装状态下的覆盖面积，从表2-15可以知道日常着装的覆盖面积在40%～95%的范围变化。

图2-68显示的是由同一材料制作的覆盖面积和覆盖部位不同的贴身服装穿着在暖体假人上时，覆盖面积与服装热阻的关系。根据图2-68可看出，覆盖面积的增大与热阻成正比，在同一材料下，如果服装内没有空气层，可以推测覆盖面积为50%的服装保暖性约是覆盖面积为100%的1/2。但是，详细来看，即使是同一覆盖面积，根据人体部位和形状的不同，服装的保暖效果也会稍有差异。例如，四肢的覆盖效果大于躯干部，上肢的覆盖效果大于下肢。这是因为身体曲率半径越小的部位（越细的部位）传热越大，该部位的散热调节能力越大（图2-69、图2-70*）。从物理上来说，在夏天，比起裸露身体，裸露四肢更凉爽**（**从生理上和感觉上来说，露出躯干部比较凉爽，这是由于躯干部和四肢部的温度感受性有差异）。

* A实验：暖体假人全身的表面温度设为33℃时。

* B实验：暖体假人表面温度的设置近似于28℃环境下人体皮肤温度分布的情况时。

②衣内空气层的作用。服装的松量越大，人体与服装之间的空气层就越厚。图2-71是利用保温性测试模型研究空气层的厚度对服装热阻的影响效果。在边缘空气层开放的装置（A）中，随着空气层的增加保温率增加，但如果进一步增加空气层，保温率反而降低。即空气层的变化和保温率的变化存在极大值，存在保温效果

最好的最佳空气层。

极大值前保温率的增大是由于静止空气层的增加隔热效果好，极大值后保温率的降低是空气层产生对流的缘故。该最佳空气层的值，按照网眼布、麻布、平纹布、防水尼龙的顺序，即随着透气性的减小而增大，表明面料的透气性越大空气层越小，越容易形成对流。

另外，图2–71所示边缘空气层闭合的装置（B）中则不容易产生对流，保温率极大值可以保持在空气层的很大范围内。这与下文描述的开口效果相关联，表明服装在边缘闭合的情况下能更好地发挥保温效果。

总之，在一般姿势下，肩膀、肩胛骨、胸部、大腿正面等部位，由于服装的自重而不易保持衣内空气层。在这些部位，可以用褶边、领子、丝巾等不需要自重的方法来保持空气层，从而增加保暖效果。服装内空气层的测量方法如图2–72、图2–73所示。图2–74显示了站立时皮肤表面距离与温度、气流的关系。

③开口的效果。构成服装内空气出入口的领口、袖口、下摆等称为服装的开口。开口相当于房屋的窗户，开口的大小和形状影响服装内热量、水分和空气的移动。服装的开口大致可分为向上开口、水平开口和向下开口。与开口效果（烟囱效应）密切相关的是人体表面的空气流。由于体热而变暖的体表空气产生向上流动的自然对流，所以服装向上开口的开合尤为重要。另外，打开上、下开口则可以产生烟囱效应（图2–75）。

④重叠的效果。叠穿也是增加静止空气层的有效手段。叠穿时，如果服装外层

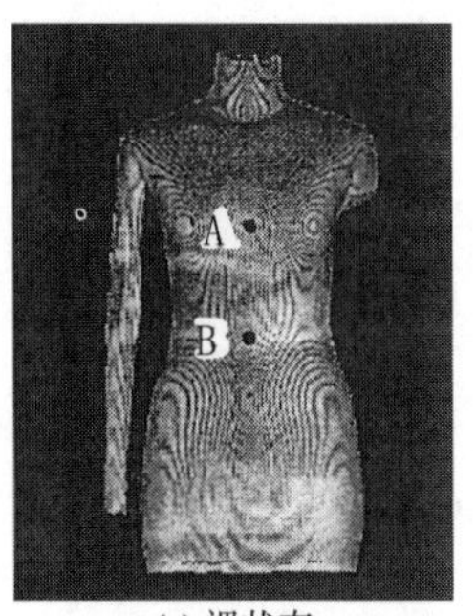

(a) 裸状态

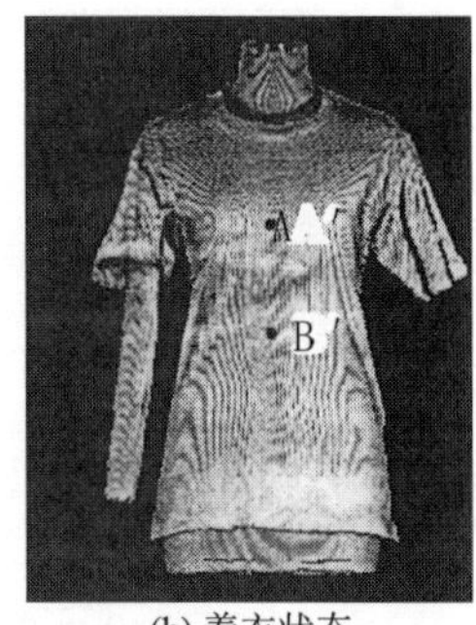

(b) 着衣状态

从测量点的坐标求出厚度(z方向)的差

		$z'-z$
A (0, 510, 84)	A′ (0, 510, 84)	1mm
B (0, 350, 90)	B′ (0, 350, 96)	6mm

● 图2–73　服装内空气层的测量方法二（激光三维测量法）

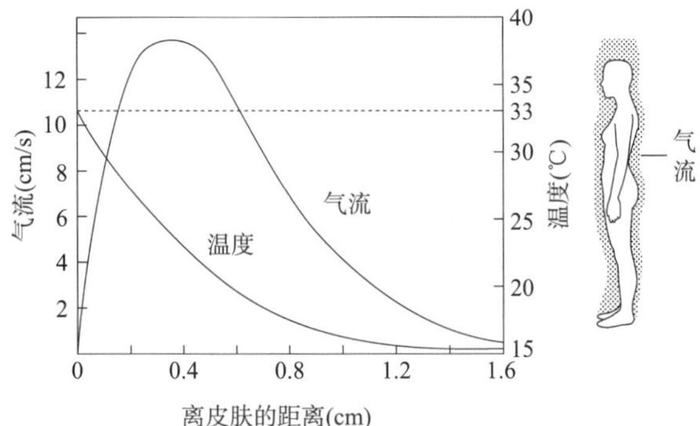

● 图2–74　站立时皮肤表面与服装的距离与温度、气流的关系

试料棉		（竖置）	45°	（横置）
紧贴		0.005	0.005	0.005
服装空气层1.5cm	两端开	0.013	0.015	0.021
	两端闭	0.026	0.029	0.030
	上端闭	0.030	0.029	0.027
	下端闭	0.026	0.024	0.027

● 图2–75　开口的效果（烟囱效应）与棉布的热阻（℃/W · m^2）（花田）

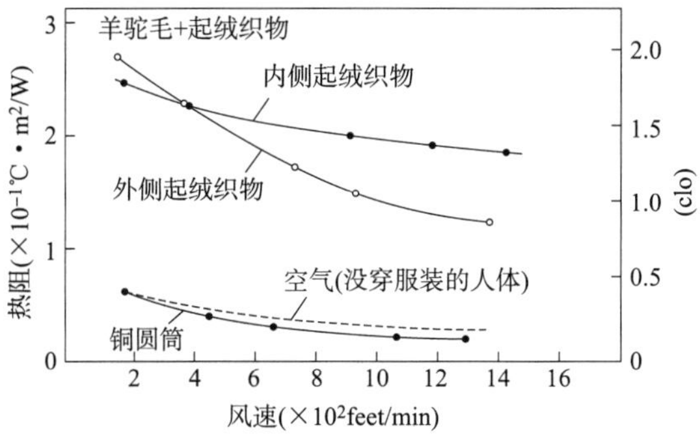

● 图2-76　皮毛的正面和背面穿着对热阻的影响（Winslow等人）

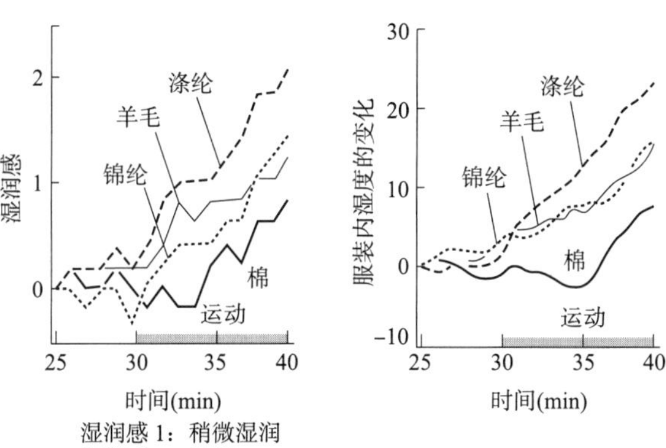

● 图2-77　服装内的湿度和湿润感

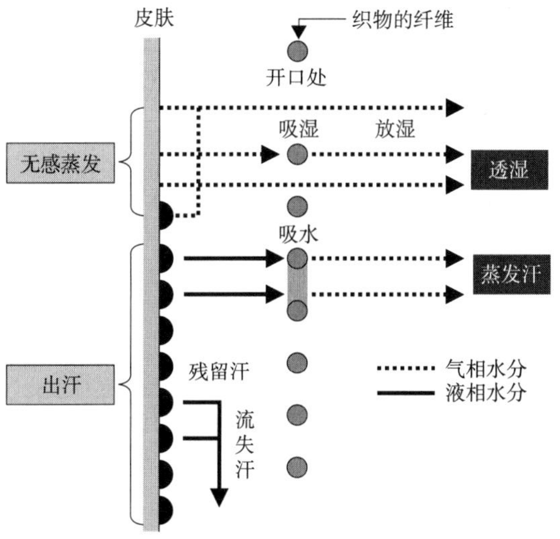

● 图2-78　汗液的散失路径

尺寸大于内层尺寸，服装间被压缩的空气就会减少。

另外，在户外有风的地方，内层最好穿着蓬松结构面料的服装，外层穿着组织紧密的防风性面料的服装。在御寒用的毛皮服装中，将毛面朝里，使用绗缝，外侧是致密层，这是使空气不易流动的一种方法（图2-76）。

6.5　皮肤向外界的水分移动

人的皮肤表面不断地因无感蒸发或出汗而散失水分。这些水分被服装阻挡，服装内湿度就会上升。图2-77是穿着不同材质T恤和裙子的受试者在30℃的室内蹬自行车时，衣内湿度和湿润感的变化。从图中可以看出，服装内湿度上升时，湿润感也随之增加。

图2-78从皮肤排出的水蒸气（气相）或液体（液相）水分通过服装向外传输的路径示意图。

（1）气相水分的散失路径

气相水分的释放路径有两种：一是通过服装的开口或构成面料的纤维与纤维的缝隙向外释放，二是被纤维吸收和被纤维吸收后再次释放。被纤维吸附、吸收称为吸湿，通过纤维间隙以及经过纤维内吸湿再释放到外部统称为透湿（图2-78）。

（2）液相水分的散失路径

汗水等液相水分的散失包括在皮肤表面蒸发后成为气相水分，散失路径与无感蒸发相同，还包括在液相状态下被面料吸收，或者被吸收后通过蒸发从面料表面向外界散失水分，还有就是停留在皮肤以及从皮肤流落的水分。被面料吸收的液相水分称为吸水。在人体出汗中，经过皮肤或面料蒸发的汗水叫蒸发汗，停留在服装上的汗水叫附着汗，留在皮肤上的汗水叫残留汗，流下掉落的汗水叫流失汗（图2-78）。在体内散热方面，蒸发汗对潜热有效，其他形式的汗水对潜热是无效的。并且，人体表面的湿度上升时会产生不舒服的闷感，所以服装，尤其是与皮肤接触的服装，需要具备良好的吸湿、透湿性，吸水、透水性能。图2-79展示的是着装实验中出汗量的测定。

另一方面，衣服还具有阻止外部雨雪的作用，所以对液态水分的泼水性和防水性也有要求。

6.6 与穿着舒适性相关的面料水分特性

（1）吸湿性

①含水量的测量。气相水分被纤维表面和内部吸附、吸收的性质叫作吸湿性。如图2-80所示，将面料放置于一定温度（105±2℃，除易融化纤维以外）的干燥机中3h以上，间隔15min测量前后的质量差，当前后质量差在质量的1%以内时的质量，就是绝对干燥质量W_o。在大气中放置8～24h达到平衡状态时，即面料吸湿后的质量用W表示。纤维吸收水分的质量与绝对干燥质量之比为含水量（water regain），用下式表示：

$$含水量=\frac{W-W_o}{W_o}\times 100\%$$

在不同的相对湿度条件下，面料（以棉为例）所对应的含水量变化曲线如图2-81所示。相对湿度从低湿向高湿变化和从高湿向低湿反向变化时，即使同一面

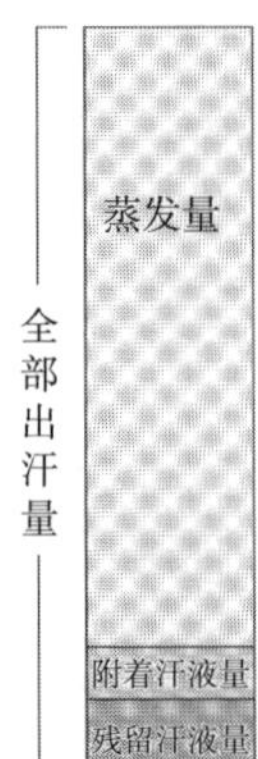

：体重减少量
(实验前穿衣体重
-实验后穿衣体重)

(着装体重
=裸体重量
+服装重量)

：服装的重量增加(1)
：毛巾的重量增加(2)
(3)

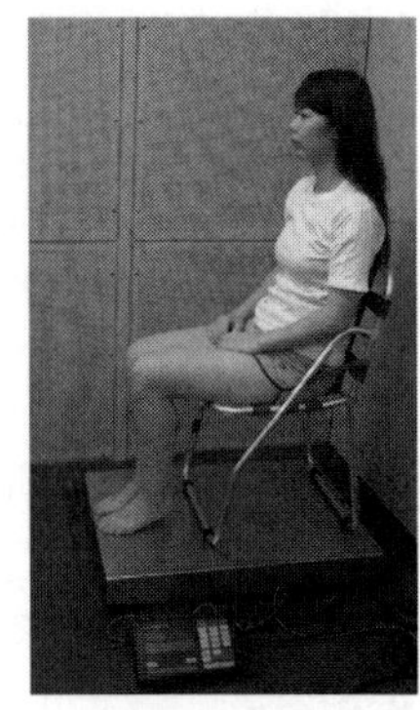

人体天平(测量人体的汗液蒸发量)

(1) 实验后服装重量-实验前服装重量。
(2) 用毛巾擦拭皮肤上的汗液后，毛巾的重量增加=实验后毛巾重量-实验前毛巾重量。
(3) 在大量出汗的情况下，在椅子下放置放有油的托盘，可以接受流落下的汗液。

● 图2-79　着装实验中出汗量的测定

试料布

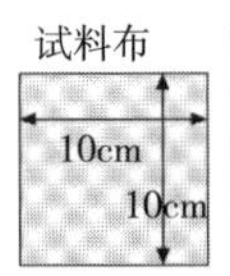

将试料预先干燥，然后在20℃、65%RH的恒温恒湿室中放置8～24小时，用天平测量标准状态的质量。

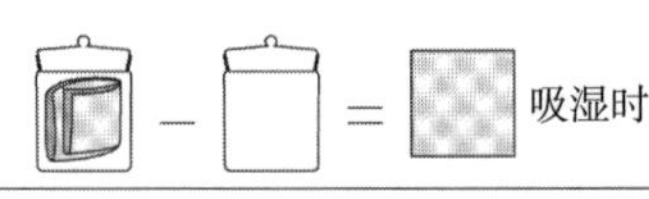

吸湿时质量W(g)

在105℃的干燥机干燥至质量几乎不发生变化(易熔化纤维为80℃)，冷却后测量质量。

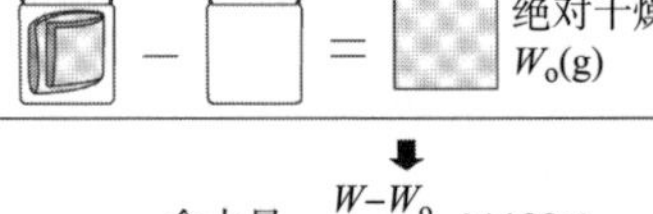

绝对干燥质量W_o(g)

$$含水量=\frac{W-W_o}{W_o}\times 100\%$$

注：因为是微量水分的测量，所以在测量时要戴手套，注意不要用手直接接触试料瓶。

● 图2-80　面料含水量的测量顺序

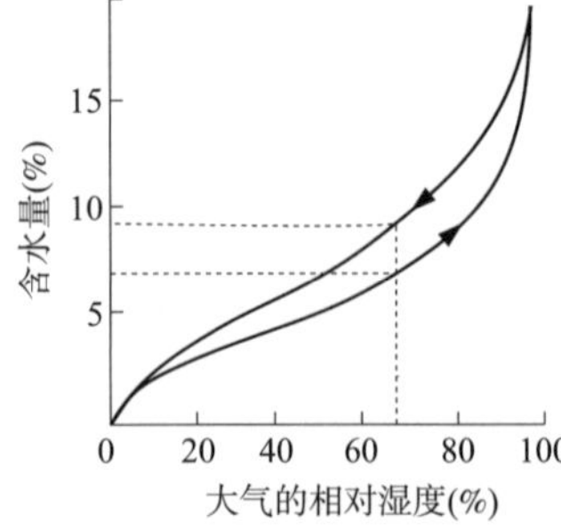

含水量如左图所示，吸湿时和放湿时的变化不同。
这就是为什么图2-80的含水量测量要定时进行预干燥的原因。

● 图2-81　棉的吸湿、放湿曲线

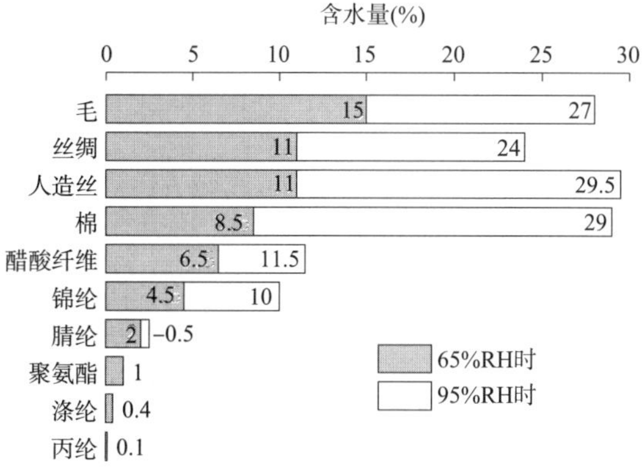

● 图2-82　主要纤维的含水量

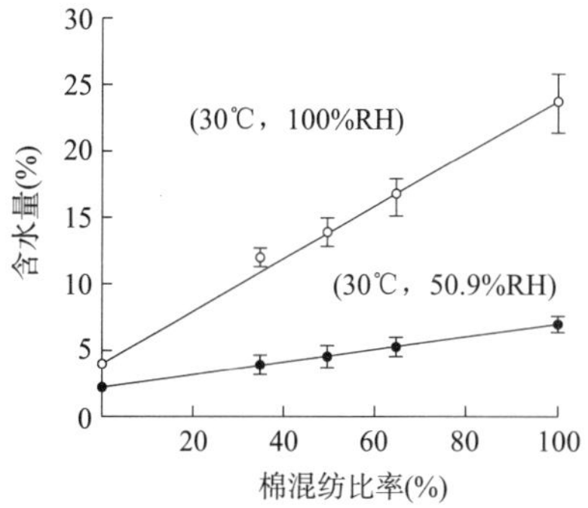

● 图2-83　棉、腈纶的混纺比例和含水量（丹羽）

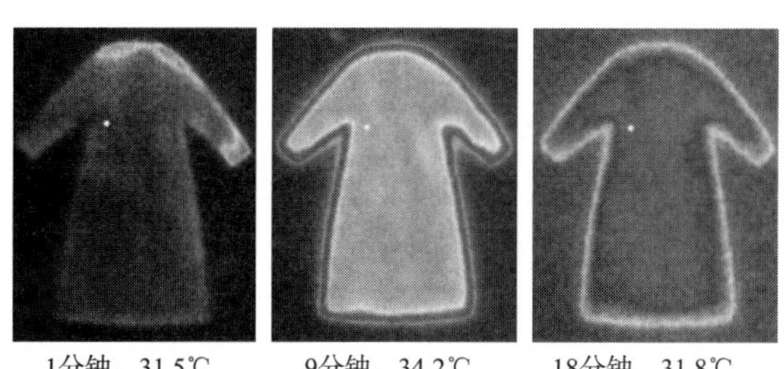

在气温30℃下，湿度30%→90%的室内，悬挂的羊毛服装由于吸收热引起的服装表面温度的变化。

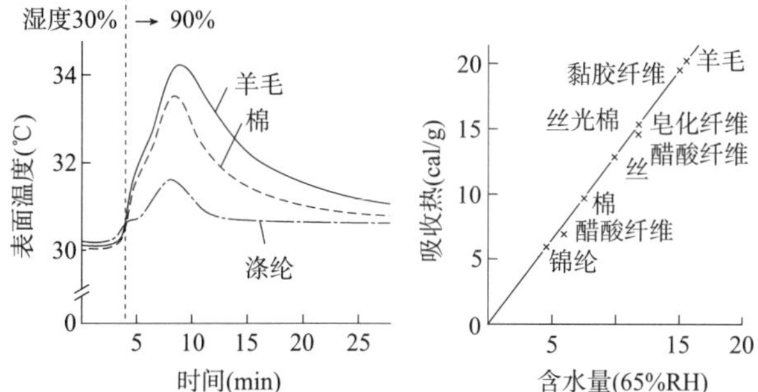

● 图2-84　吸收热的产生　　● 图2-85　含水量和吸收热

料，其含水量也是不同的，表现出所谓的滞后现象。因此，在测量含水量时，要将待测面料进行预干燥（JIS）。另外，通常所说的含水量是指在标准状态（20℃，65% RH）下的含水量。

②各种纤维的含水量。图2-82展示了10种主要纤维的含水量。含水量是由纤维自身的性质决定，而不是由面料的组织、纱线的粗细、纱线的密度等结构特性决定。即包含亲水基较多的亲水性纤维的吸湿性较大，而亲水基较少的疏水性纤维的吸湿性较小。但是，吸湿速度受与面料松紧程度相关的结构特性的影响。

一般在标准状态下，天然纤维、再生纤维的吸湿性较高，毛的吸湿性最高。但是当大气相对湿度超过90%时，人造丝和棉的吸湿曲线急剧上升，超过毛（图2-82）。合成纤维大多吸湿性较差，锦纶在合成纤维中含水量是最大的，但其值不到毛的1/3。涤纶几乎没有吸湿性。合成纤维具有轻、不易磨损、易干等诸多优点，但由于吸湿性较差，常与天然纤维混纺。这种情况下，其含水量是两种混纺纤维含水量的混纺比率的加权平均值（图2-83）。

③吸收热。纤维吸收水分时产生的热量（图2-84）被称为“吸收热”。含水量和吸收热之间存在比例关系，面料的含水量越大，产生的吸收热就越多（图2-85）。在湿度急剧变化的环境下，调节服装内气候和寝具内气候时，应该考虑吸收热的性质。

（2）吸水性

①吸水性的测量。面料的吸水性包括吸水速度和表示吸水程度的平衡吸水量两方面含义。在炎热条件下，吸水速度和平衡吸水量都是影响服装舒适性的重要因素。吸水速度的测量方法有芯吸法、滴水法、沉降法（JIS），平衡吸水量的测量有接触法（图2-86）。

②各种面料的吸水性。面料的吸水是纤维间孔隙和纱线间孔隙等吸收水的现象，即使纤维本身没有吸湿性，只要纤维表面容易润湿，形成适度的纤维间隙就会吸水。由于面料的吸水是一种毛细现象，因此与纤维本身的亲水性相比，反而受纤维的表面状态、纱线密度、织物组织、表面加工等结构特性的影响更大。

图2-87是通过芯吸法研究面料吸水高度随时间的变化曲线。从图中可看出，毛的吸湿性最大，但几乎不吸水，这是因为毛表面覆盖着不易被水润湿的疏水性角质层（图2-88）。

相反，即使是几乎没有吸湿性的腈纶或涤纶，将表面加工成多孔结构，如图2-88所示，也会表现出非常好的吸水性。吸水性取决于纤维的表面状态，与吸湿性是不同的性质。棉制品的吸湿性、吸水性都很好，但如果表面经过树脂加工或柔软加工，即使是棉也可以完全不吸水。

③吸水性聚合物。对于婴儿和成人使用的纸尿裤、生理用品等，以及需要保持吸收大量液态水分的衣料，就要使用能吸收其体积数倍水的吸水性聚合物。

（3）透湿性

①透湿性的测量。透湿性是指气相水分从面料的一侧传输到另一侧的性质，包

吸水速度测量方法

〈芯吸法〉

试料布：2.5 cm×20cm

方法：将垂直悬挂的试料布下端1cm放入20±2℃ 的蒸馏水中，测量10min后水的上升高度(mm)。观察10min内吸水高度随时间的变化，可以知道吸水速度。另外，如果在试料布表面预先撒上水溶性染料，则更容易观察水的上升。此外，最好在下端安放重物。

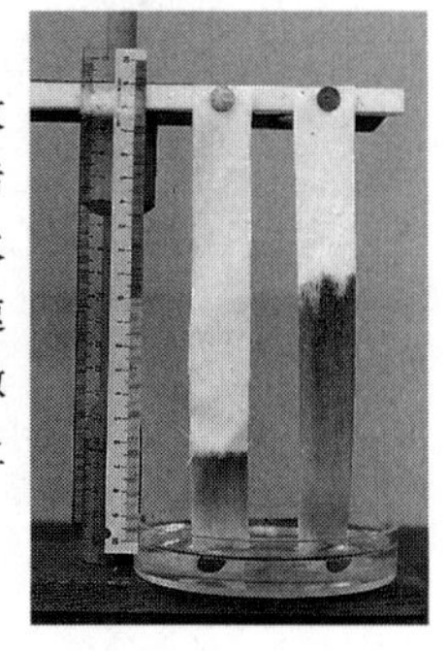

吸水量测量方法

〈接触法〉

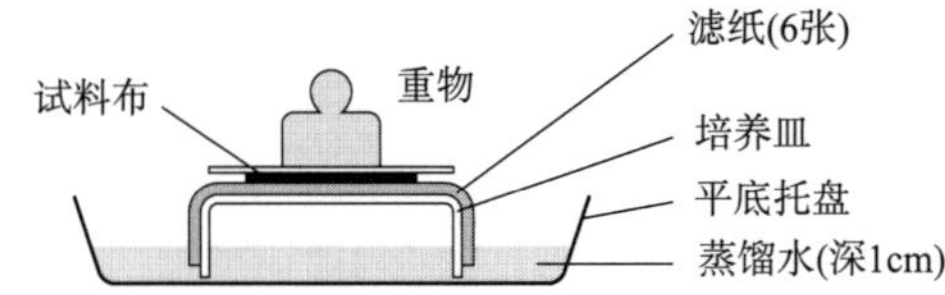

试料布：7cm×7cm

方法：在培养皿上用6张滤纸重叠缠绕，用胶带固定好。将其放入1cm深的装有蒸馏水的平底托盘中，放置至滤纸表面因毛细效应而均匀湿润为止。将事先测量过重量(W_0[g])的试料布放置在湿滤纸上，用一定的重物压置30s后，再次测量试料布的重量(W[g])。

$$吸水率=\frac{W-W_0}{W_0}\times 100\%$$

$$吸水量=\frac{W-W_0}{面积}(g/cm^2)$$

$$\frac{W-W_0}{体积}(g/cm^3)$$

● 图2-86　吸水性的测定方法

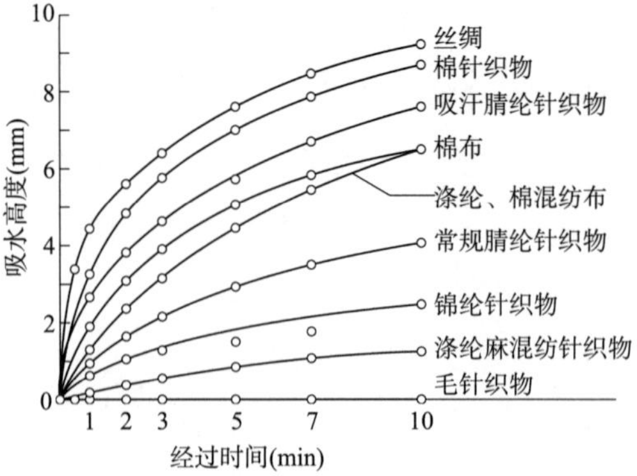

● 图2-87　面料的吸水高度（芯吸法）

(a) 羊毛的角质层

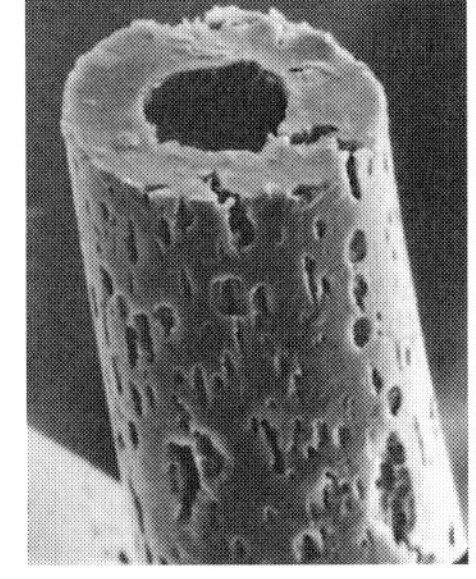
(b) 涤纶的多孔加工

● 图2-88　影响吸水性的纤维表面结构

<烧杯蒸发法>
将蒸馏水加入烧杯至离杯口1cm处，将测试面料(15cm×15cm)覆盖在上面，用橡皮筋固定周边。在20℃、65%RH的室内放置一定时间后，测量减少的重量(W)，与没有试料时减少的重量(W_0)进行比较，通过下式求出透湿率：

<烧杯吸收法>
在烧杯内加入干燥剂($CaSO_4$等)，将测试面料覆盖在上面，与烧杯蒸发法在相同条件下放置。测量干燥剂吸收空气中的水分后增加的重量(W_0)和没有试料时增加的重量(W)，通过下式求出透湿率：

$$透湿率=\frac{W_0-W}{W_0}\times 100\%$$

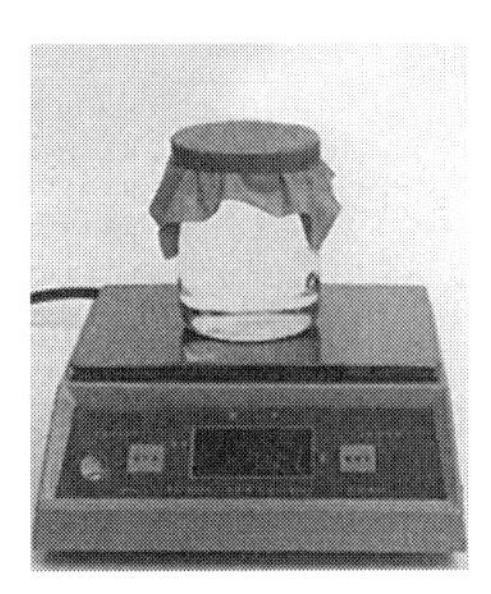

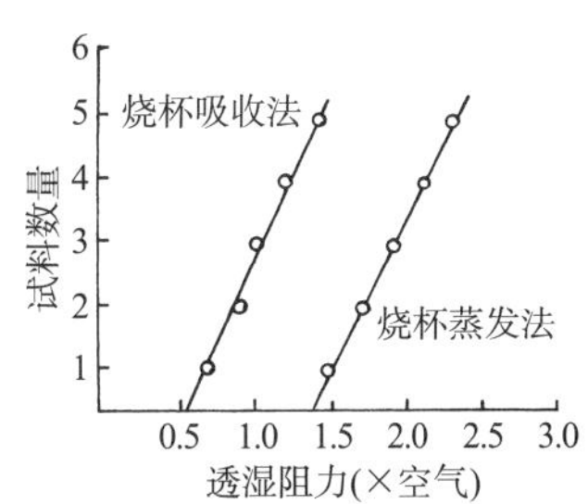

<密闭空间湿度变化观察法>
将干燥室形成一个有限空间，测量该干燥室内的湿度随时间的变化。

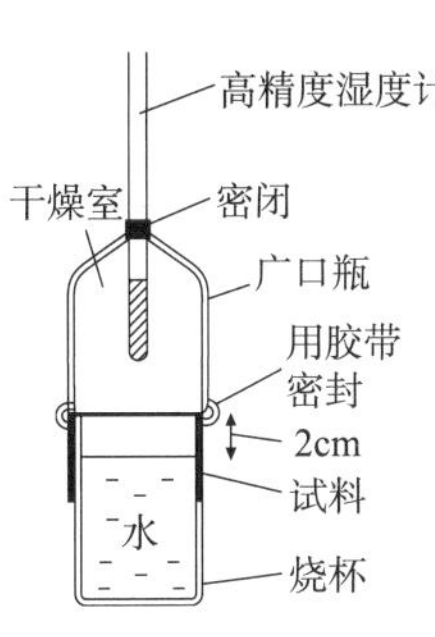

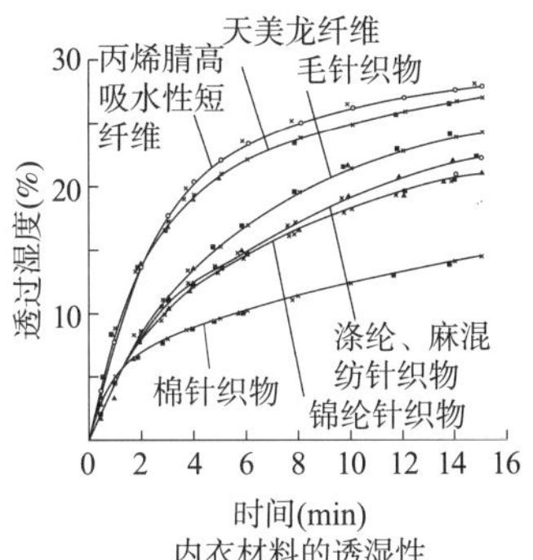

内衣材料的透湿性

● 图2-89　透湿性的测定方法

括通过纤维与纤维之间的间隙，以及通过纤维内部先吸湿后放湿（即透过纤维本身）两个方面。

透湿性的测量包括蒸发法和吸收法（JIS），如图2-89所示，通过测定湿度变化来观察面料在密封空间内扩散的水分，是在较短时间内测量透湿性的简便方法。

②各种面料的透湿性。纤维在面料中所占的体积比与面料透湿阻力的关系如图2-90所示。像棉这种亲水性纤维，即使纤维的体积比增大，透湿阻力也不会发生太大变化。而与棉不同，锦纶和玻璃纤维这样的疏水性纤维，纤维体积比较小时的透湿阻力与亲水性纤维几乎相同，但体积比增加后，面料密度增加，透湿阻力急剧增大。疏水性纤维比亲水性纤维的面料更易受到纤维编织结构的影响。夏装面料如乔其纱、麻等纱线间都有很多直通气孔，含气率在75%以上，也就是纤维体积比在25%以下。

③放水性（干燥性）。放水性是指面料吸水后的易干燥性，它是调节服装内气候的重要因素。吸水后的面料不单使保温性能明显下降，而且吸收的水因大气冷却，接触皮肤后会有不舒服的接触冷感。内衣、运动服等不仅需要良好的吸水性，也需要良好的放水性，使其可以快速干燥。

放水性的测定方法是将充分吸水的面料安装在干燥时间测量装置上，放置在标准状态（20℃，65％RH）的室内，测量从不滴水到自然干燥的时间（JIS）。

④防水性。防水性分为耐水性和泼水性，测量装置如图2-91、图2-92所示。耐水性是指在水压下，防止水渗透

或透过面料的性质，也就是所谓的防水性。泼水性是指面料表面不沾水的性质。这两种都是防止外部雨、雪、雾等渗透到服装内，保持舒适的服装内气候所必需的性质。但是，如果由于外界水分无法透过，使来自人体的水分也无法透过，那就会产生不舒适感。表2-16展示了泼水度判定。

雨衣、消防服、农药防护服、纸尿裤外层等都要求具备耐水性或泼水性，但是又会使服装内气候恶化的矛盾。采用水蒸气能通过而水滴无法通过的防水透湿面料可以有效解决这一问题，目前已在很多服装上使用（图2-93）。

6.7 服装的蒸发阻力（湿阻）

服装的蒸发阻力和热阻一样，除了面料的水分特性外，还受到服装形状和服装组合（即覆盖面积、服装空气层、开口部位、叠穿等）因素的影响。

（1）服装湿阻的测量（出汗暖体假人测量法）

测量单件服装和整套服装的湿阻如图2-94所示，可以使用湿润的暖体假人（在1：1大小的暖体假人身上覆盖贴身湿润的针织面料服装）。近年来，针对暖体假人开发了可以从内部排出水和水蒸气、可活动、局部出汗等功能，用来进行水分传递的定量化与舒适性的相关研究（图2-95）。测量服装湿阻时，给出汗暖体假人穿上服装，达到稳定状态时，测量蒸发散热量H_e（W/m^2），假人表面的饱和水汽压P_s*（kPa），外界环境的水汽压P_a（kPa），根据下式求出服装的湿阻R_e（$m^2 \cdot kPa \cdot W$）。另外，表示皮肤的湿

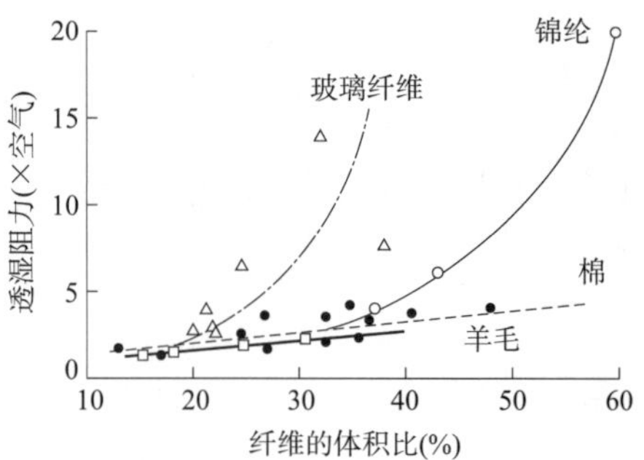

● 图2-90 纤维的体积和透湿阻力（Fourt，1947）

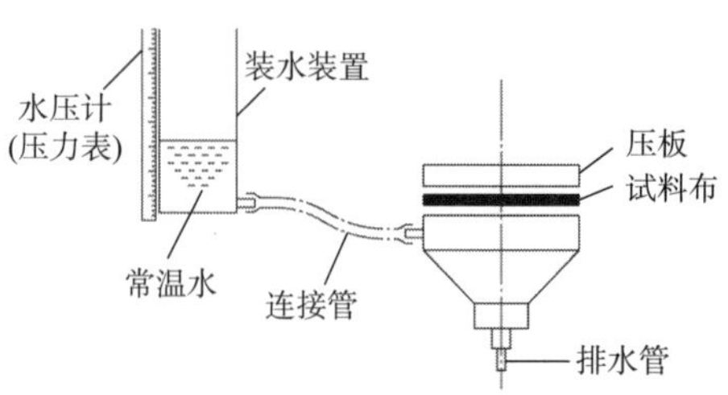

● 图2-91 耐水性实验装置（静水压）

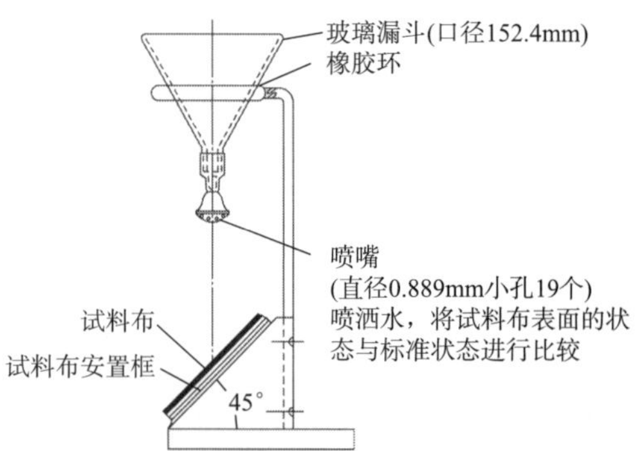

● 图2-92 泼水度试验机

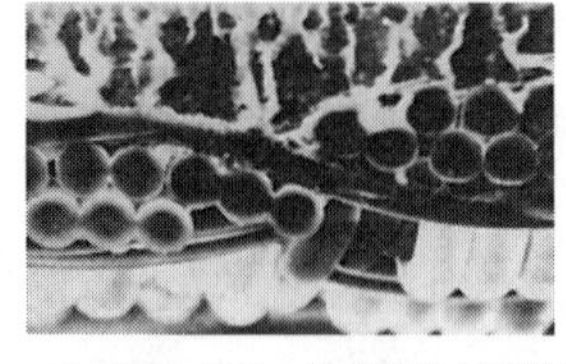

● 图2-93 透湿防水面料的结构

● 表2-16 泼水度判定表

点数	状态
100	表面附着不湿润
90	表面附着少量湿润
80	表面上有水滴状湿润
70	表面部分润湿
50	整个表面润湿
0	表里完全润湿

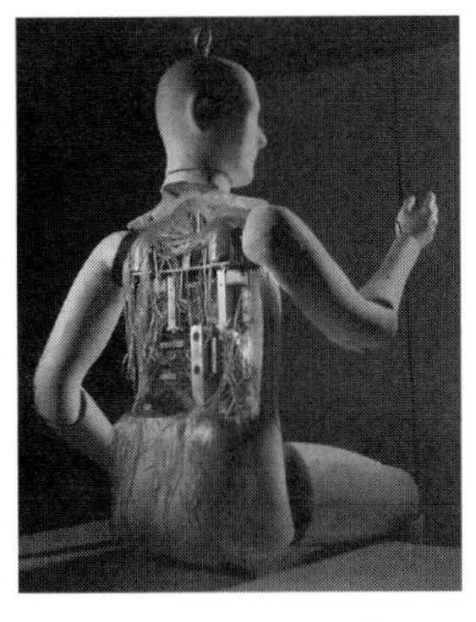

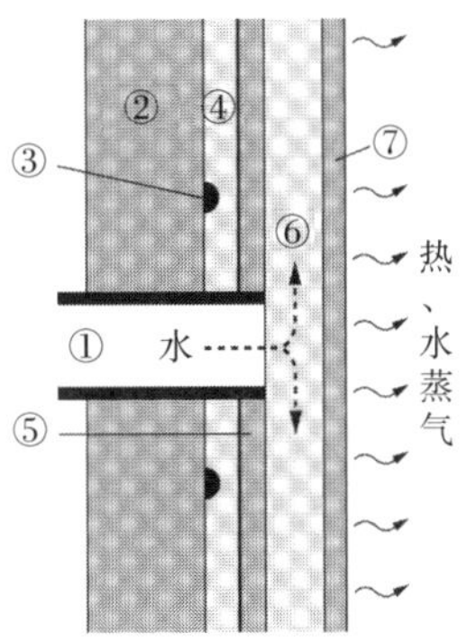

① 毛细管　② 塑料　③ 电热丝　④ 导热性硅　⑤ 硅胶薄膜　⑥ 针织模拟皮肤　⑦ 透湿防水膜

● 图2-94　出汗暖体假人（芬兰的科佩留斯）

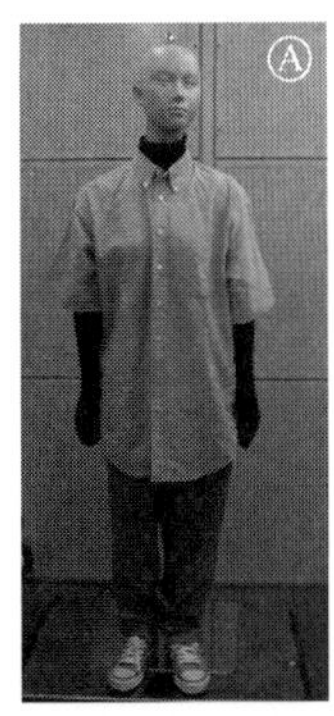

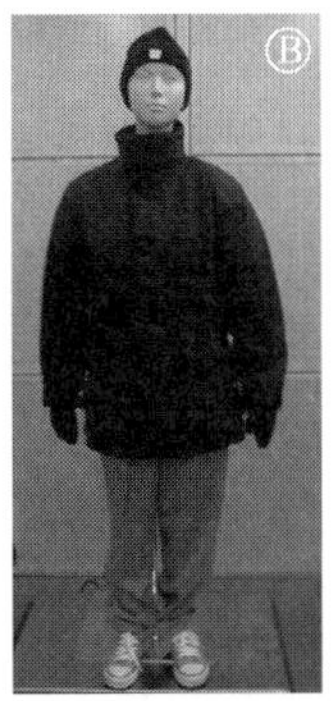

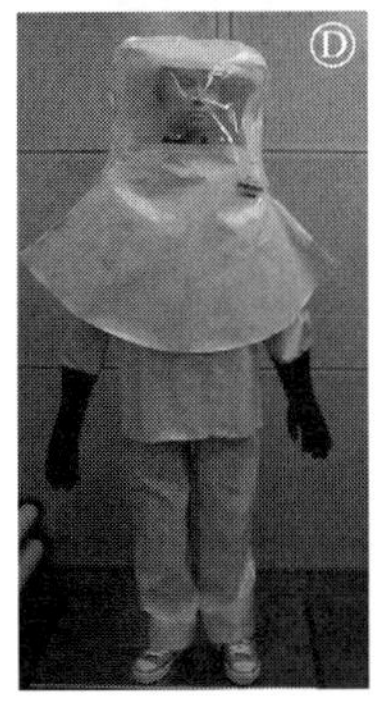

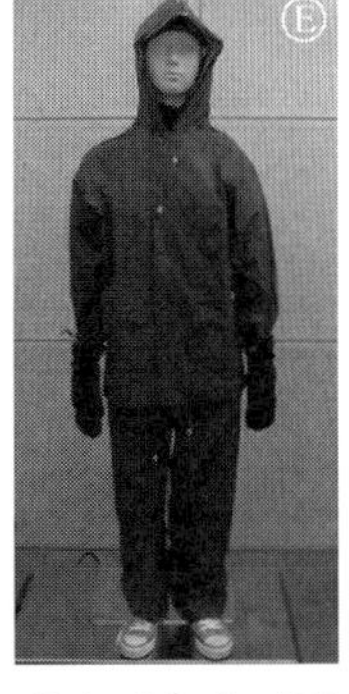

Ⓐ 室内夏装
Ⓑ 冬季户外服装
Ⓒ 防火服装
Ⓓ 化学防护服
Ⓔ 寒冷防风、防火组合服装

● 图2-95　出汗暖体假人与各种防护服

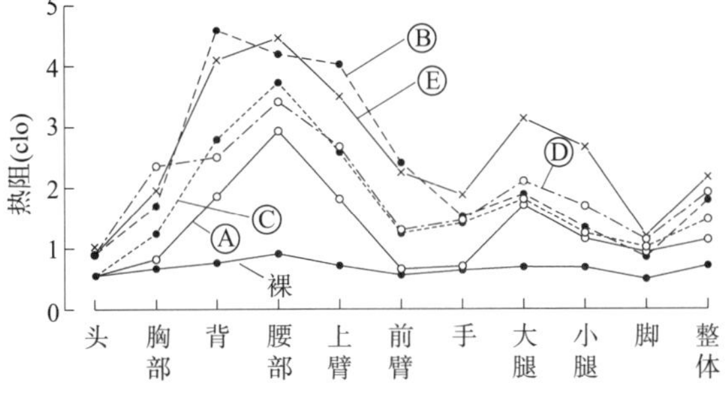

● 图2-96　防护服各部位的热阻

润率（实际蒸发量与皮肤表面全部被水浸湿时的蒸发量之比），对于完全被水浸湿的湿润暖体假人，w=1。此时，蒸发散热量用h_e[W/（kPa・m^2）]表示，则：

$$H_e = h_e（\bar{P}_s - P_a）$$

$$H_e = h_e w（P_s^* - P_a）$$

由于服装的湿阻是蒸发热导率的倒数，则：

$$h_e = \frac{1}{R_e}$$

$$H_e = （\frac{1}{R_e}）\times w（P_s^* - P_a）$$

因此，服装的湿阻为：

$$R_e = \frac{w（P_s^* - P_a）}{H_e}$$

当w=1时，

$$R_e = \frac{（P_s^* - P_a）}{H_e}$$

（2）各种服装的湿阻

利用图2-95的出汗暖体假人测量的各种防护服不同部位的热阻，如图2-96所示。各种服装均在背部、腰部、上臂、大腿、小腿（称呼可参照图2-97的右侧图）的热阻值较大。这是由于这些部位的空气层比较厚，以及从下向上的气流在腰部、上臂、大腿部位储存的缘故。另外，胸部和手腕由于靠近服装的开口，热量容易散失，所以热阻值相对较小。服装Ⓔ的每个部位热阻都很高，这是由于多件服装叠加穿着的原因使整体服装的热阻值较高。

图2-97展示了各种防护服的湿阻。与由普通纤维构成的Ⓐ～Ⓒ相比，使用薄膜的服装Ⓓ和服装Ⓔ的湿阻更高，因为服装Ⓓ和服装Ⓔ外层服装的水分透过

性很低。

（3）预测服装的气候适应性

当人体体温调节的产热量M和散热量（通过皮肤的散热$H=H_a+H_e$与通过呼吸道的散热H_{res}之和）相等时，如果将服装的热阻R_d和湿阻R_e分开，那么人体穿着服装的舒适条件可以由以下公式求得：

$$M-H_{res}=H=H_a+H_e$$

$$H=\frac{(\bar{t}_s-t_a)}{R_d}+\frac{w(P_s^*-P_a)}{R_e}$$

$$t_a=\bar{t}_s-R_d[H-\frac{w(P_s^*-P_a)}{R_e}]$$

此时，如果利用暖体假人测量安静状态下服装热阻R_d、湿阻R_e，以及活动状态下的热阻R'_d、湿阻R'_e，就可以通过以下公式来预测出该服装适合的环境温度上下限$t_{a\cdot\max}$和$t_{a\cdot\min}$。

$$t_{a\cdot\max}=36-R'_d\frac{H'-w(44.6-P_a)}{R'_e}$$

$$t_{a\cdot\min}=32-R_d\frac{H-0.06(35.7-P_a)}{R_e}$$

式中，$t_{a\cdot\max}$中的36、w、44.6分别是运动时的$\bar{t}_s$、w、P_s^*，$t_{a\cdot\min}$中的32、0.06、35.7分别代表安静状态下的$\bar{t}_s$、w、P_s^*。基于此研究结果，亚洲民族服装的气候适应环境条件的预测结果如图2-98、图2-99所示。根据这样的关系式，可以定量地研究各种服装的环境条件适应范围，同样也可以反过来研究适应各种气候条件所需的着装。

不过，最终通过人体进行穿着测试还是非常重要的。

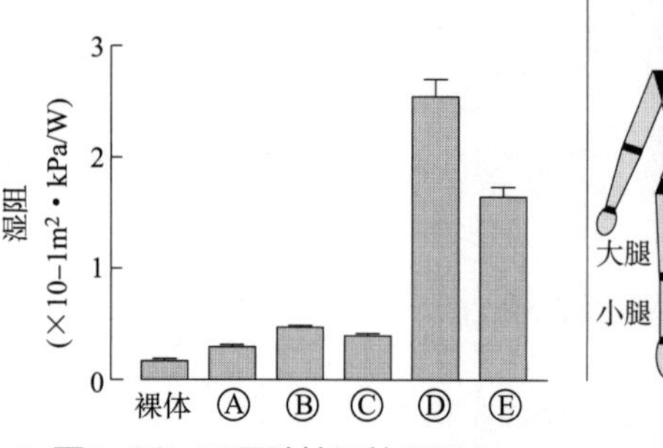

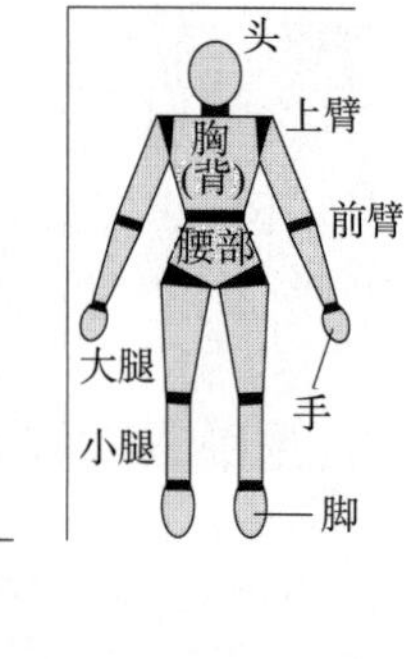

● 图2-97 不同防护服的湿阻

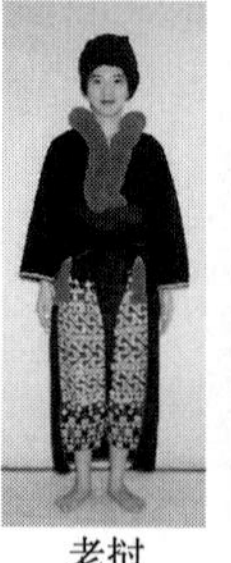

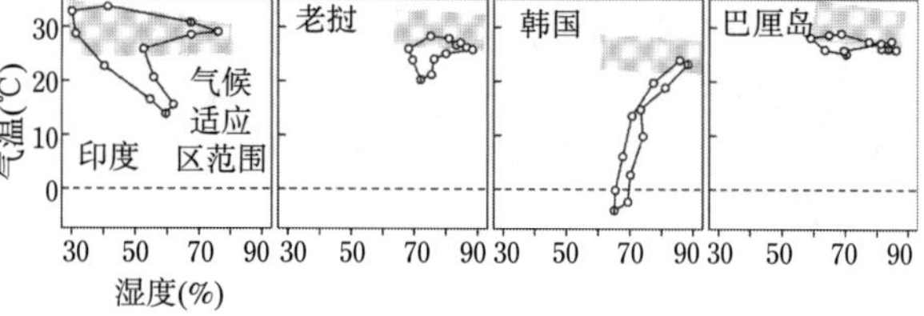

● 图2-98 亚洲民族服装与气候

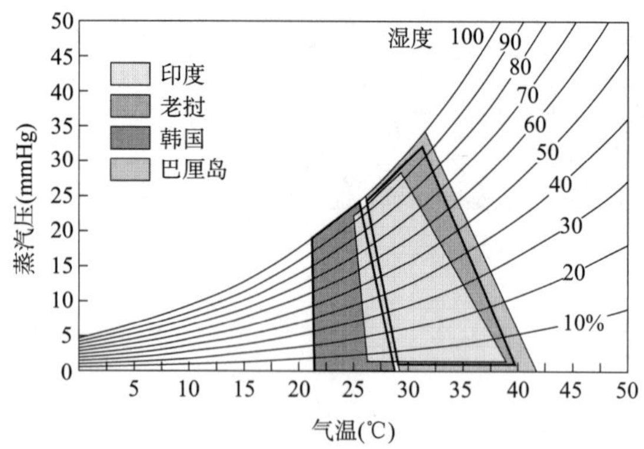

● 图2-99 亚洲民族服装及其气候适应范围

第3章 服装压力与活动舒适性

● 图3-1 方便行动的解决方法（北斋漫画）

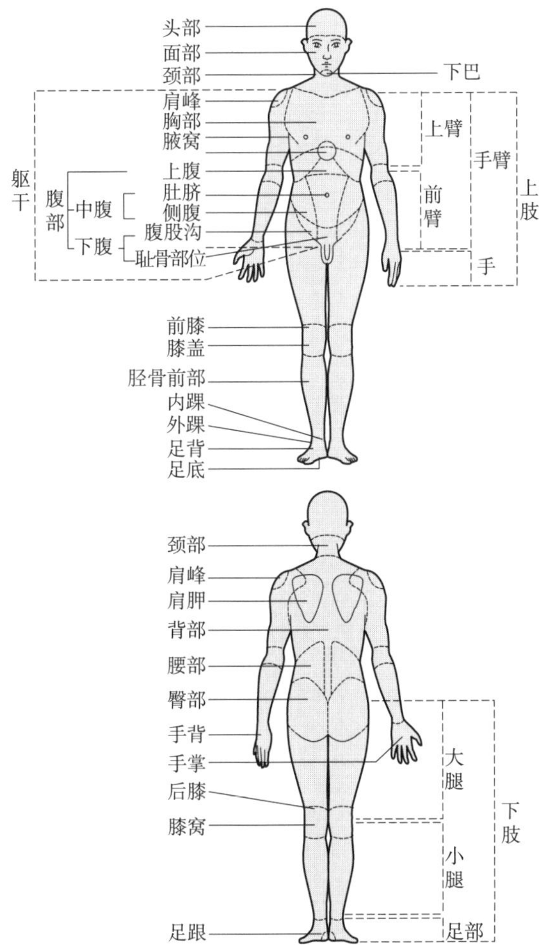

● 图3-2 人体分区与各部位名称

服装的活动机能性会影响穿着者的疲劳感和工作效率，对穿着舒适性有很大影响。特别是对于需要较大动作的工作服和运动服来说，便于活动的舒适性是设计服装时最优先考虑的问题（图3-1）。服装带来的运动拘束与以下几个方面有关，一是由于人体运动变形产生的面料拉伸、弯曲、剪切、弯折，以及它们的复合应力；二是人体形变与面料形变之间的相对偏移导致的摩擦阻力；三是由于服装重量等引起的服装压力。因此，为了追求活动舒适性，首先要理解人体的构造和运动的类型，以及随着运动而产生的形体变化，其次要理解服装材料的变形应力和摩擦特性，以及服装压力对人体的影响等。

1 人体的形状与运动变形

1.1 人体的形状

人体由消化系统、循环系统、神经系统等具有各种功能的器官组成，与人体运动关系密切的运动器官有骨骼系统、肌肉系统以及皮肤（解剖学上不包括皮肤，但是从服装的立场出发需要加以考虑）。在描述或讨论人体时所需的人体分区及各部位名称如图3-2所示。表示人体的基准面和方位的用语如下。

①正中矢状面：正中矢状面是将直立的身体沿纵向中央线等分为左右两部分的面，也叫正中面。与正中矢状面平行的面叫作矢状面。

②水平面：水平面是将直立的身体水平分割的面。

③额（冠）状面：额状面是把身体分成腹侧和背侧的面。

④头侧/尾侧：头侧/尾侧是指直立身体的上方/下方。

⑤腹侧/背侧：腹侧/背侧是指直立身体的前方/后方。

（1）骨骼

骨骼是人体的支架。人体骨骼有200多块，通过软骨和结缔组织连接而成。在骨头的连接中，包括骨与骨之间几乎不动的不动连接和相互移动的可动连接，后者被称为关节。构成人体的主要骨骼及代表性关节的名称如图3–3所示。人体的运动是由关节连接的两块骨头上附着的肌肉通过收缩，骨头被动地以关节为轴产生旋转的方式进行的。此时，骨头的运动方向和可动范围取决于作为其运动轴的关节面的形状，还会随着收缩肌的走向和周围结缔组织的状态而变化，并受到限制。图3–4展示了代表性关节的种类及运动方向。

（2）肌肉

附着在骨骼、皮肤和韧带上进行随意运动的肌肉称为骨骼肌。一般情况下，骨骼肌的两端呈腱状，附着在不同的两块骨头上。肌肉靠近躯干中心的部分称为起点，远离中心的部分称为止点，靠近起点的部分称为肌头，中间部分称为肌腹，靠近止点的部分称为肌尾。肌头分为两部分的肌肉称为二头肌，肌腹多个相连的肌肉称为多腹肌。全身表层主要肌肉的名称见图3–3，人体代表性肌肉的形状和种类见

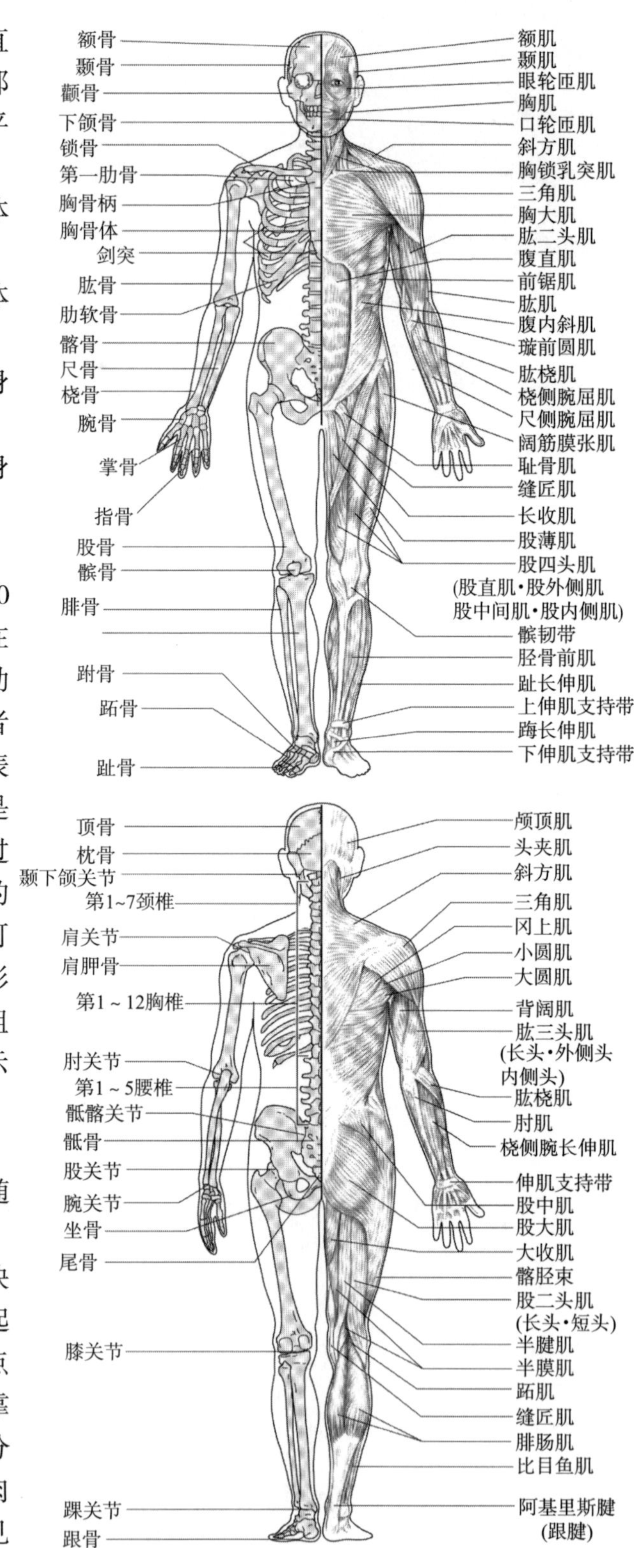

● 图3–3　代表性骨骼、关节、肌肉的名称

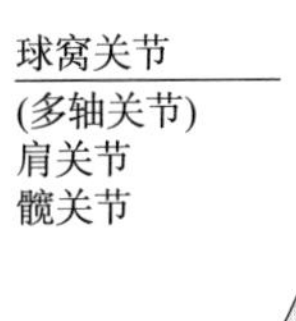
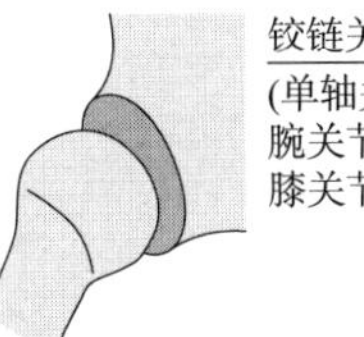

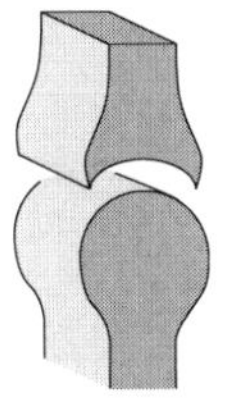

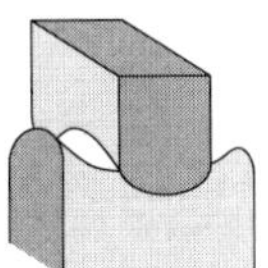

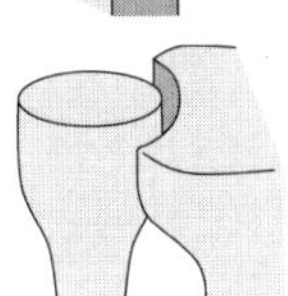

● 图3-4　关节的种类（示意图）

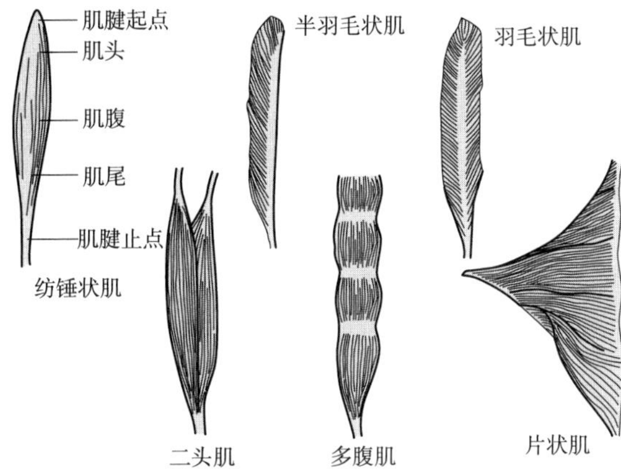

● 图3-5　肌肉的形状和种类

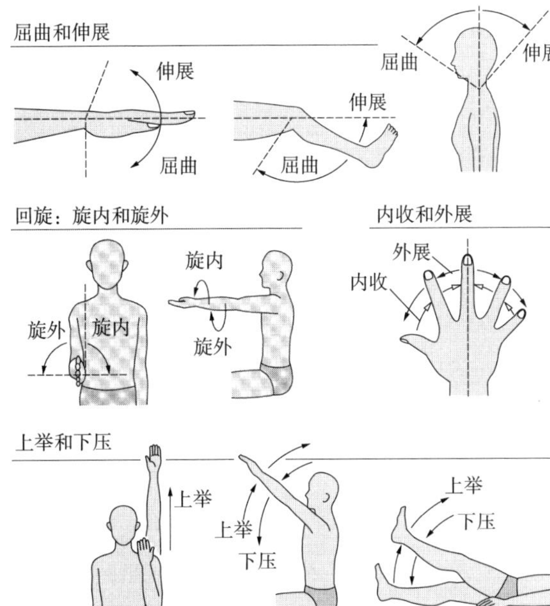

● 图3-6　运动的种类

图3–5。

肌肉收缩能产生运动，但在大多数情况下，运动不是单一肌肉的收缩，而是多个肌肉连动后产生的滑动。主要负责产生运动的肌肉称为原动肌，协助与原动肌同方向运动的肌肉称为协同肌，协助与原动肌反方向运动的肌肉称为拮抗肌。

1.2　运动的种类及活动区域

肌肉收缩产生的运动类型有以下几种（图3–6）。

①屈曲和伸展。两块骨形成的角度向0°靠近的运动称为屈曲，反方向的运动称为伸展。

②内收和外展。肢体向身体中心线靠近的运动叫内收，相反的运动叫外展。比如手指，其他手指向中指靠拢是内收，相反则为外展。

③回旋、内旋和外旋。肢体或躯干绕垂直轴进行的运动称为回旋，肢体向内侧旋转称为旋内，反方向的旋转称为旋外。环转或画圆运动是屈伸和回旋的复合运动。

④上举和下压。向上方举起称为上举，而降低则称为下压。

各关节的平均活动区域如表3–1～表3–5所示。

1.3　运动过程人体外形变化的因素

如前所述，运动按照肌肉收缩→骨骼旋转运动→身体运动的顺序产生。因此，将运动时人体外形变化的主要原因分为伴随收缩的肌肉变形和以关节为中心的骨的位置移动两个方面来考虑更容易理解。另外，最终决定人体外形的是根据骨骼和肌

● 表3-1 头部运动及活动范围

颈部	活动范围	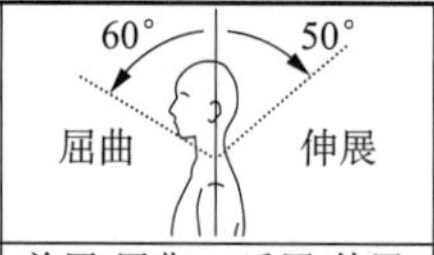 60° 50° 屈曲 伸展	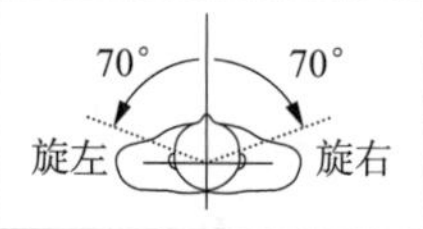 70° 70° 旋左 旋右
	运动类型	前屈(屈曲)、后屈(伸展)	回旋、旋左、旋右
	基本轴	冠状面中央线	背面
	移动轴	连接鼻孔和头顶的线	连接鼻梁和枕骨结节的线
	活动范围	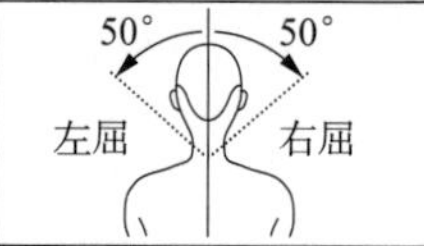 50° 50° 左屈 右屈	
	运动类型	侧屈、左屈、右屈	
	基本轴	连接第7颈椎和第5腰椎的线	
	移动轴	连接第7颈椎和头顶的线	

● 表3-2 上肢运动及活动范围

上肢	活动范围	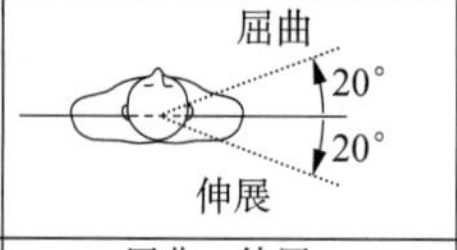 屈曲 20° 20° 伸展	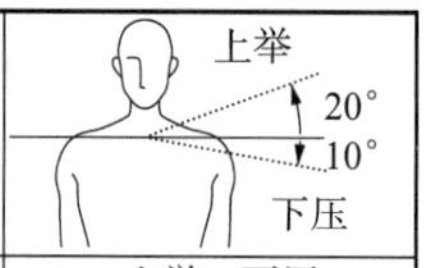 上举 20° 10° 下压
	运动类型	屈曲、伸展	上举、下压
	基本轴	通过头顶的冠状面	通过肩峰的水平线
	移动轴	连接头顶和肩峰的线	连接肩峰和胸骨上边缘的线
肩关节（包含肩胛骨）	活动范围	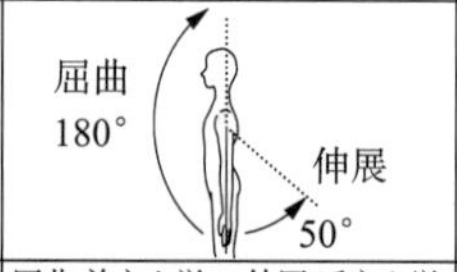 屈曲 180° 伸展 50°	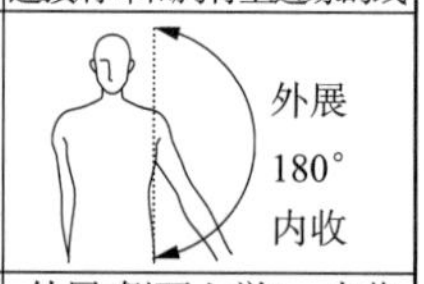 外展 180° 内收
	运动类型	屈曲(前方上举)、伸展(后方上举)	外展(侧面上举)、内收
	基本轴	通过肩峰的垂直线	通过肩峰的垂直线
	移动轴	肱骨长轴	肱骨长轴
	活动范围	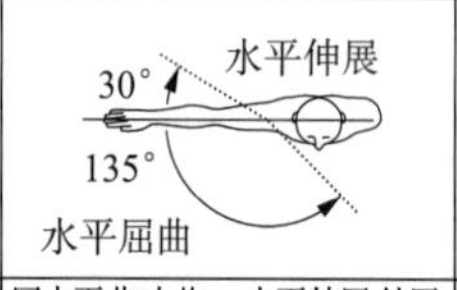 水平伸展 30° 135° 水平屈曲	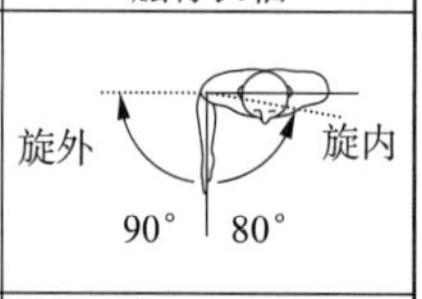 旋外 旋内 90° 80°
	运动类型	屈水平曲(内收)、水平伸展(外展)	旋内、旋外
	基本轴	通过肩峰的冠状面	通过肱骨长轴的矢状面
	移动轴	肱骨长轴(水平移动)	尺骨长轴

● 表3-3 下肢运动及活动范围

股关节	活动范围	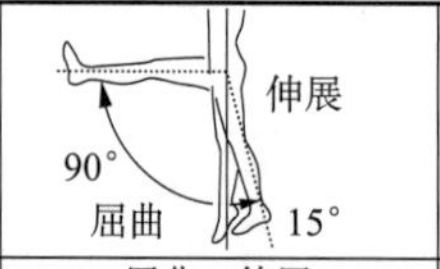 伸展 90° 屈曲 15°	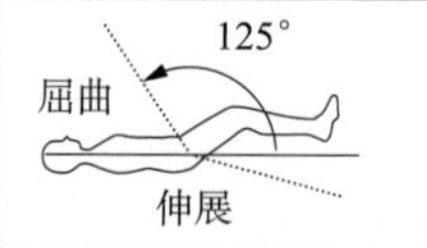 125° 屈曲 伸展
	运动类型	屈曲、伸展	屈曲、伸展
	基本轴	与躯干长轴平行的线	与躯干长轴平行的线
	移动轴	连接大转子点和股骨外侧髁的线	连接大转子点和股骨外侧髁的线
	活动范围	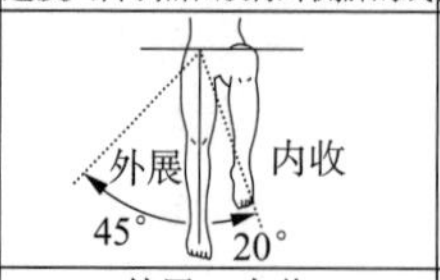 外展 内收 45° 20°	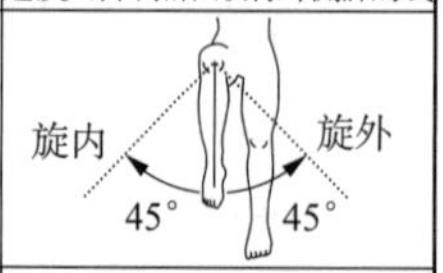 旋内 旋外 45° 45°
	运动类型	外展、内收	旋内、旋外
	基本轴	左右髂嵴连接线的垂线	膝盖弯曲90°时从膝盖放下的垂线
	移动轴	髂嵴与膝盖中点的连接线	胫骨长轴

● 表3-4 脊椎运动及活动范围

胸腰部	活动范围	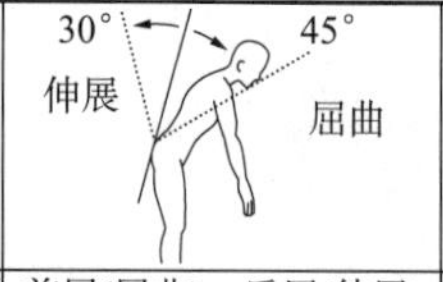 30° 45° 伸展 屈曲	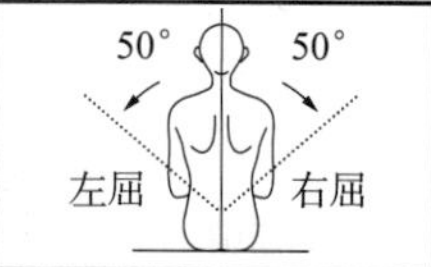 50° 50° 左屈 右屈
	运动类型	前屈(屈曲)、后屈(伸展)	侧屈、左屈、右屈
	基本轴	穿过第5腰椎的垂线	穿过第5腰椎的垂线
	移动轴	连接第7颈椎和第5腰椎的线	连接第7颈椎和第5腰椎的线

● 表3-5 手腕、腿、手和足的运动及活动范围

肘关节	活动范围	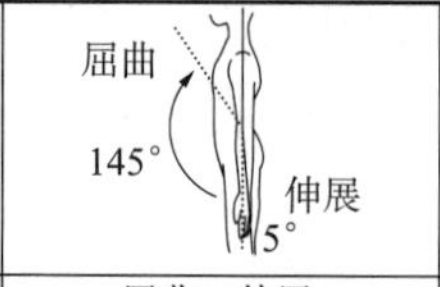 屈曲 145° 伸展 5°	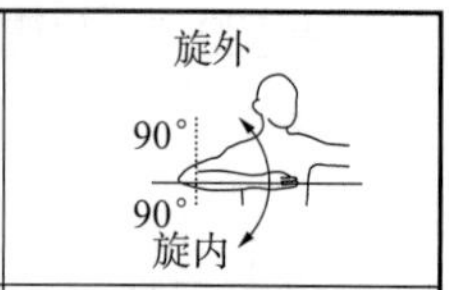 旋外 90° 90° 旋内
	运动类型	屈曲、伸展	旋外、旋内
	基本轴	肱骨长轴	穿过肘端的水平线
	移动轴	桡骨长轴	尺骨长轴
	活动范围	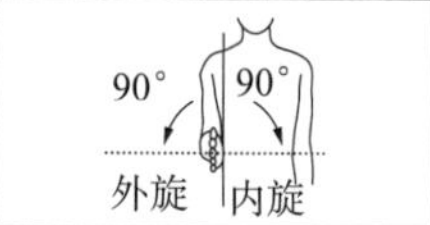 90° 90° 外旋 内旋	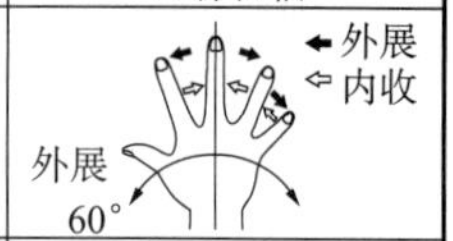 外展 内收 外展 60°
	运动类型	内旋、外旋	外展、内收
	基本轴	与地面垂直的面	第3掌骨
	移动轴	包括伸出的拇指的手掌表面	1、2、4、5指轴
手部	活动范围	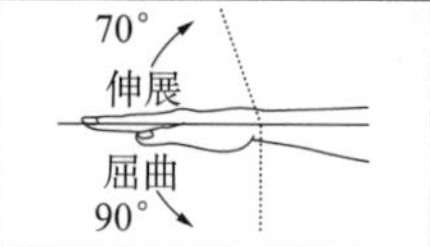 70° 伸展 屈曲 90°	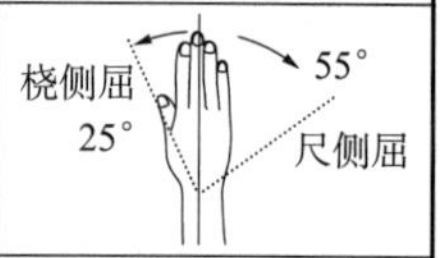 桡侧屈 25° 55° 尺侧屈
	运动类型	腕伸展、腕屈曲	桡侧屈(外展)、尺侧屈(内收)
	基本轴	桡骨长轴	前臂长轴
	移动轴	第2掌骨	第3掌骨
膝关节	活动范围	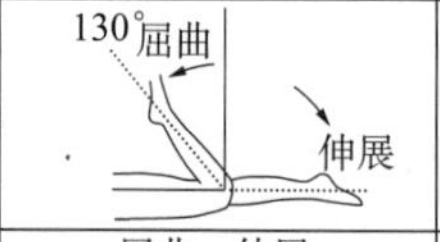 130° 屈曲 伸展	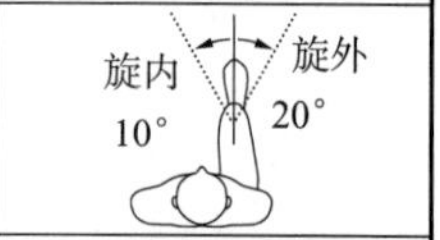 旋内 旋外 10° 20°
	运动类型	屈曲、伸展	旋内、旋外
	基本轴	连接大转子点和股骨外侧髁的线	膝盖90°屈曲位时脚的长轴
	移动轴	腓骨上端与腓骨下端的连线	脚的长轴
脚部	活动范围	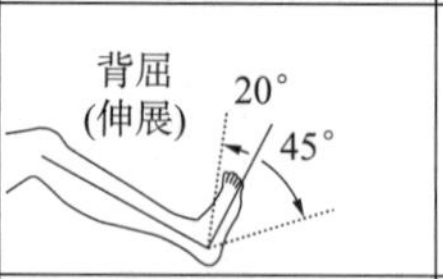 背屈(伸展) 20° 45°	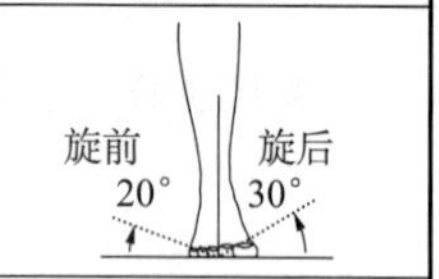 旋前 旋后 20° 30°
	运动类型	背屈、跖屈	旋前、旋后
	基本轴	到小腿长轴的垂线	水平面
	移动轴	第5跖骨	足底面
	活动范围	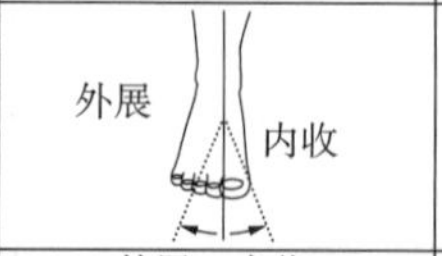 外展 内收	
	运动类型	外展、内收	
	基本轴	第1、第2跖骨间的长轴	
	移动轴	趾轴	

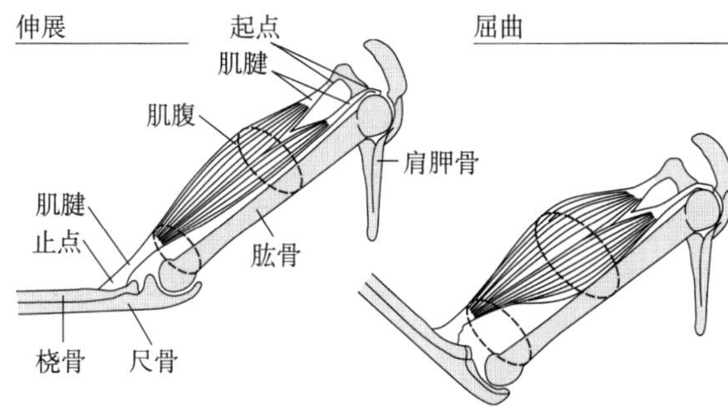

● 图3-7　伴随着肌肉收缩的人体外形变化

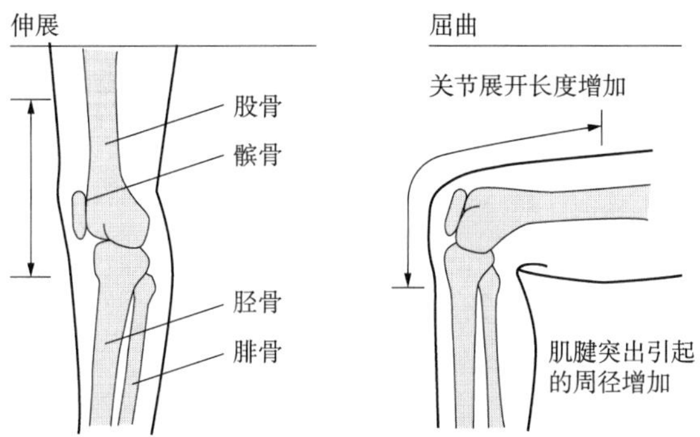

● 图3-8　关节开合引起的人体外形变化

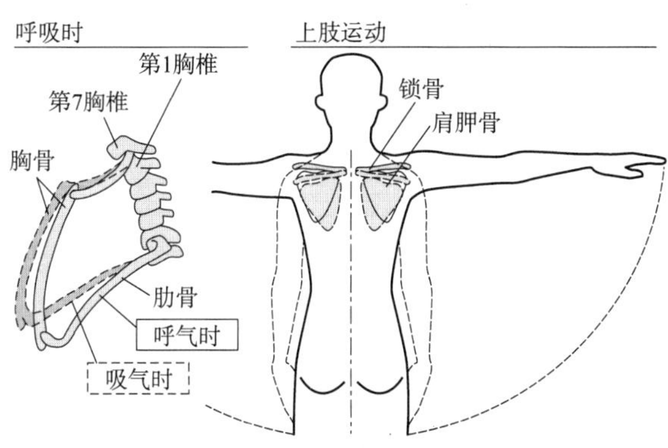

● 图3-9　骨的位置移动引起的人体外形变化

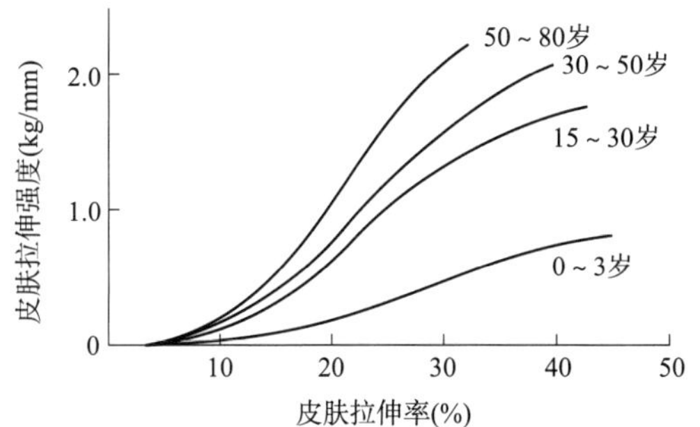

● 图3-10　皮肤的拉伸强度曲线

肉的变形而变形的皮下脂肪和皮肤。所以我们可以尝试把运动时的人体外形变化分为肌肉、骨骼、皮肤三个方面的变形来探讨。

（1）肌肉收缩、肌腱隆起引起的变形

肌肉收缩后，其肌腹膨胀隆起，体表面发生变化。根据肌肉的走向，肌肉起点和止点附近附着的肌腱隆起，使身体的周长增大（图3–7）。

（2）关节的开闭、骨的位置移动引起的变形

骨的尺寸和形状不会随运动发生变化。但是，由于运动时两块骨的位置关系会发生变化，因此使人体的围度和长度产生很大的变化（图3–8）。肘、膝、手指、手腕、踝关节的屈伸所伴随的体表长度变化，是由构成关节的骨骼位置变化引起的。另外，肋骨在呼吸时由于上下运动使胸廓断面发生变化，锁骨和肩胛骨也在肩部上下运动时发生位置上下移动，使躯干长度发生变化（图3–9）。而且肩胛骨也会随着上肢的运动进行旋转运动，因此在肩部周围会产生明显的人体外形变化。

（3）皮肤的变位与变形

人体皮肤可以阻止因体内肌肉膨胀和骨骼位置移动引起的变形，并通过独立的运动机制产生变形。皮肤的真皮组织中有很多弹性纤维，皮肤的伸缩量、伸缩方向因身体部位而不同。另外，真皮中弹性纤维的量随着年龄的增长而减少，因此皮肤的伸缩性也随着年龄的增长而降低。随着年龄增长而增加的皱纹取代了皮肤的伸缩性。图3–10显示了不同年龄段皮肤拉伸强度曲线。

皮肤上有各种各样的褶皱和凹槽。观察手指、肘、膝等运动时变形较大的关节部位，可以看到皮肤在屈侧呈沟状，伸侧呈褶皱状，随着关节的开闭，褶皱和沟也会开闭。另外，皮肤上有细小的三角形和不规则多角形的如同绉布纹理的褶皱，这些褶皱也会随着运动而开闭。对于皮肤伸缩性下降的老年人，这些褶皱会明显加深。

人体皮肤还会随着运动与下层产生变位（错位）。皮肤与下层的骨、关节囊、肌肉等之间处于宽松的结合状态，位置可以相互产生错位。因此，皮肤并不是直接局部地接受骨骼和肌肉的变形，而是分散吸收到其周围的皮肤。在皮肤上用竖起的手指上下左右移动皮肤，就可以得到该位置的皮肤位移量。

1.4　运动过程中人体外形变化的测定方法

通常，测定运动引起的人体外形变化量所采用的方法是，在人体表面标记上测量点和基准测量线后，测量正常姿势站立时和进行各种动作状态时人体表面标记处的数值，两者的差就是运动所引起的变形量和变形率。目前测量人体外形变化的主要方法如表3-6所示。此外，用于测量体表观察不到的皮下脂肪分布及其运动变化的方法有超声波断层摄影法、激光三维动作分析法、根据加速度计的振动分析法等（图3-11、图3-12）。

1.5　运动过程中的人体外形变化

（1）躯干的变形

躯干会根据躯干中心脊柱的运动以及与躯干相连接的头部、上肢、下肢的运动而产生变形。

①头部运动的影响。头部运动中，回旋运动主要为第1颈椎、第2颈椎间进行，后屈运动为第2颈椎到第7颈椎间进行，前

● 表3-6　运动引起的人体外形变化的测量和观察方法

分类	测量对象	测量方法
实验法	高度、围度、宽度	马丁人体测量法
	水平、垂直、截面	排针（滑动）规尺法
	体表展开	石膏绷带法，纸模法，胶带粘贴法
摄影法	体形投影	单照相法，剪影法
	等高线图	立体摄影法，莫尔条纹表面形态测量法，三维测量法（图3-11）
	时间—动作分析	记录动作法，计时周期图法，频闪摄影法，三维动作分析法（图3-12）
间接测量法	着装变形量	交叉切割法、印章法、织物（合成纤维）纱线变形测量法

测量装置

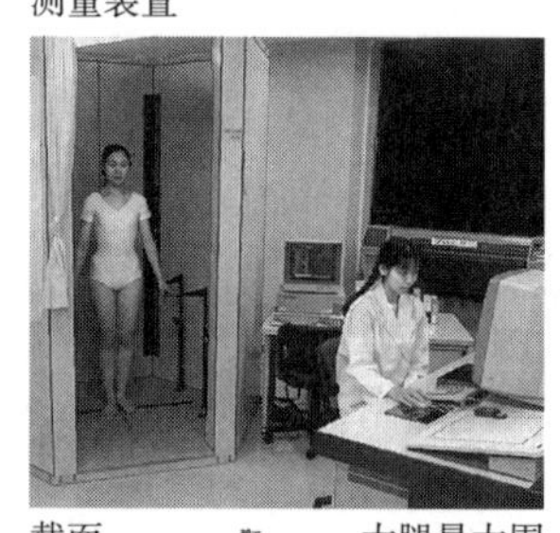

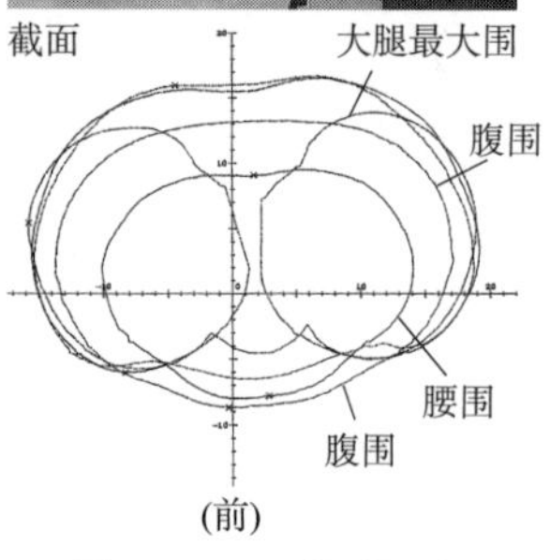

● 图3-11　三维测量法

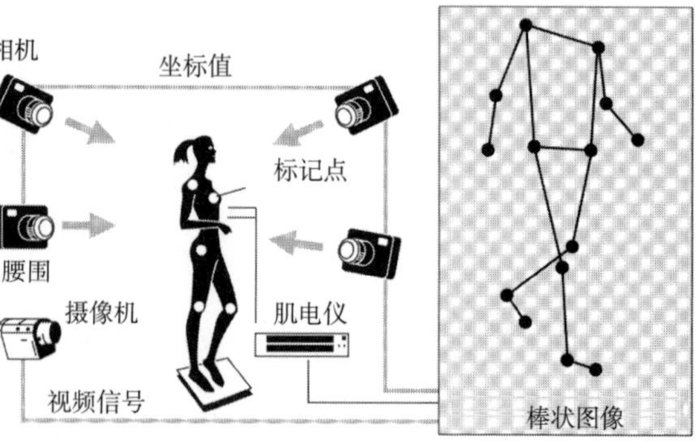

● 图3-12　三维动作分析法

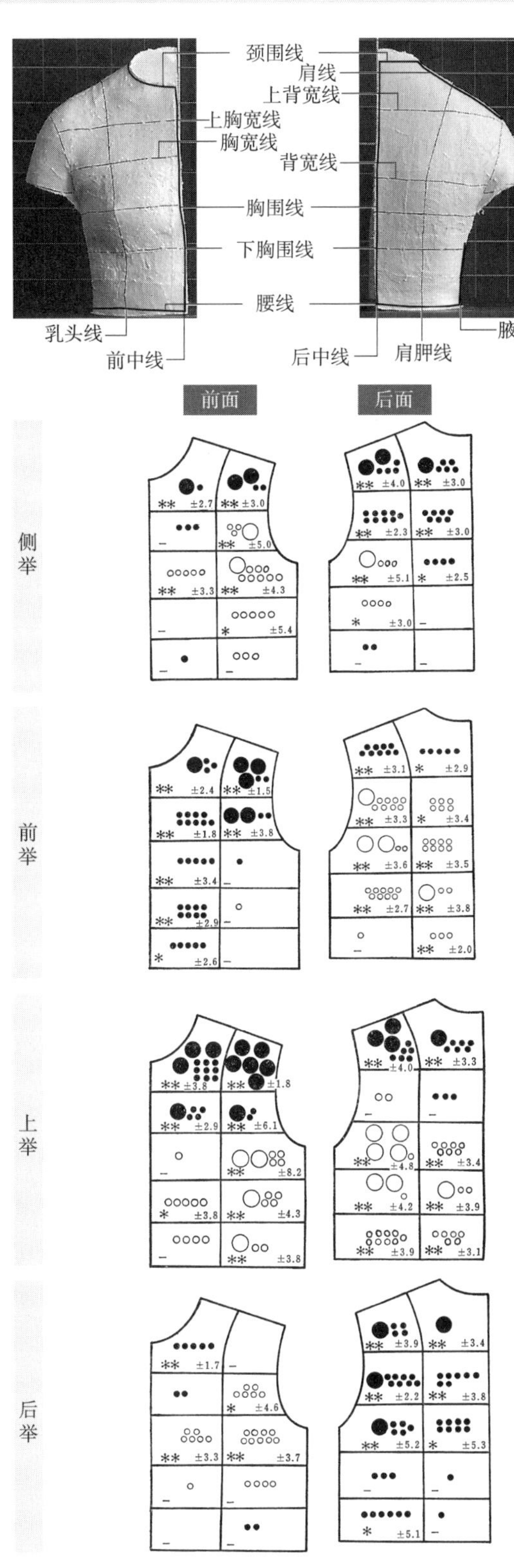

● 图3-13　躯干上部体表面积随上肢运动的变化

屈运动在第7颈椎、胸椎之间进行。因此，根据运动方向的不同，对躯干部分的影响方式也会不同。一般来说，不管在哪种运动中，屈侧的垂直方向会收缩，水平方向会伸长，但在前屈和后屈运动时，后屈时的变化量更大。全周径（围度）的变化包括回旋运动在内仅为2～3cm。

②上肢运动的影响。上肢在肩胛骨没有开始运动时，例如上肢外展50° 以下时，躯干不会发生大的变形。但是，在更大的运动范围时，由于伴随着肩胛骨的上升、回旋、水平移动等，通过肚脐点水平线上方的皮肤表面会发生显著变形。如果观察每个部位的体表变化，从图3-13、图3-14可以看出，在长度方向上无论哪种动作，正中线附近的变化都是很小的，离腋窝线越近伸长率越大。在宽度方向上，肩宽在任何动作中都显示收缩。在前腋点、后腋点下方的水平位置，根据上肢的运动方向，胸宽和背宽的尺寸，或者前周径和后周径呈现相反的变化。上肢前举时，前面收缩，后面伸展，后举时则相反。外展时前后面均呈现伸展，其变化程度在前腋点、后腋点附近最大，离中心线越近以及在腋下越靠近腰围线，受上肢运动的影响就越小。另外，由于这些水平方向的伸缩是前后抑制的，所以总周径几乎没有变化。皮肤面积的变化综合了垂直、水平两个方向的变化，以后腋点附近为中心有41%的伸展。

③下肢运动的影响。髋关节运动会

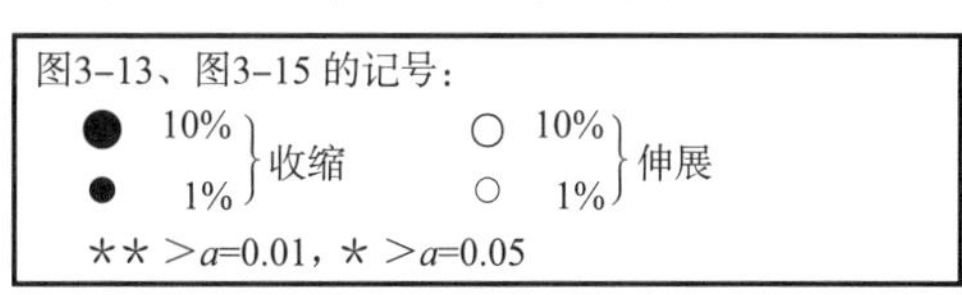

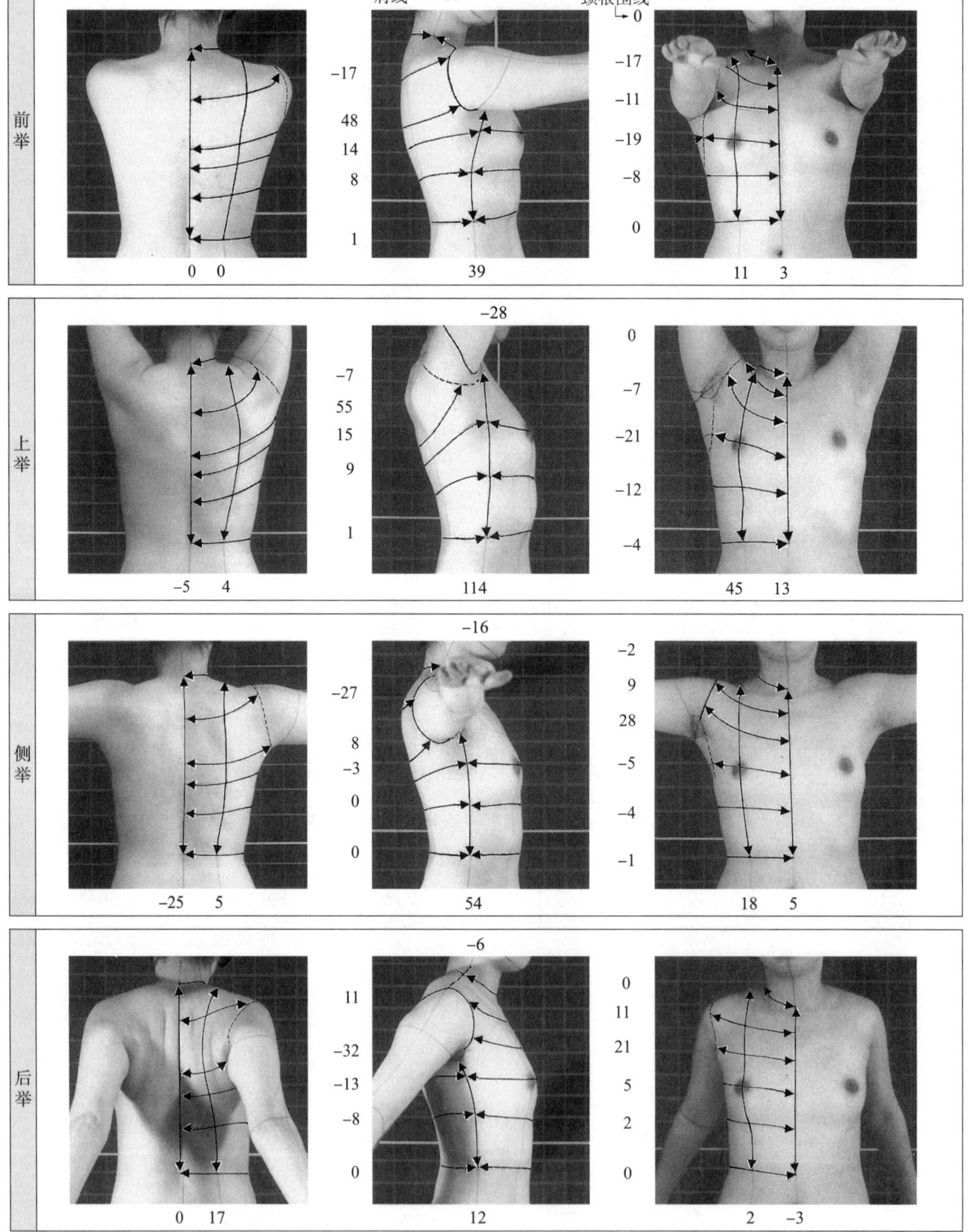

各画面旁边的数字表示体表宽度方向的尺寸变化，各画面下方的数字表示体表长度方向的尺寸变化。标准都是上肢下垂的基本姿势。

● 图3-14 躯干上部体表面的尺寸随上肢运动的变化（单位：mm）

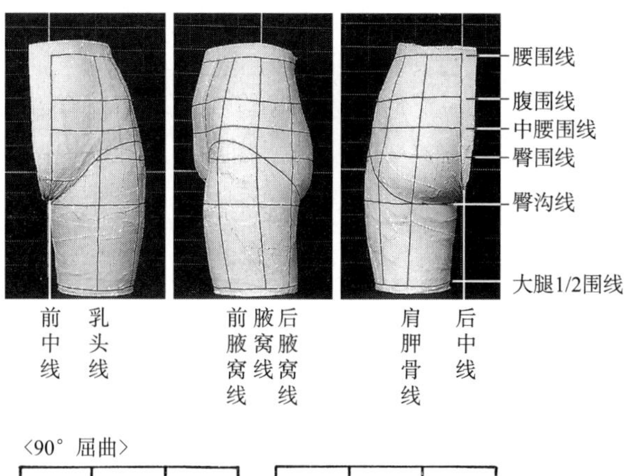

〈90° 屈曲〉

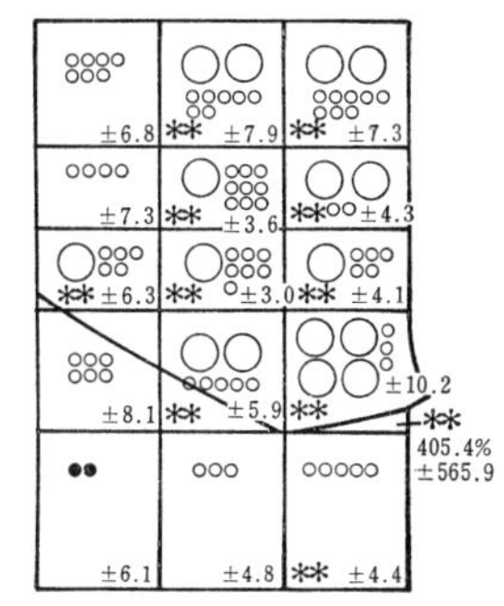

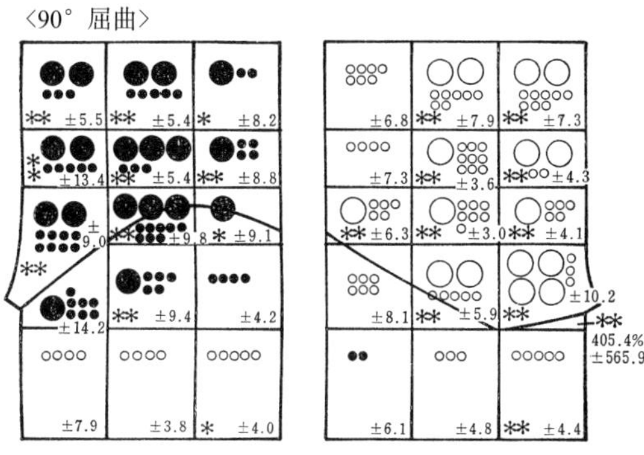

● 图3-15　躯干下部体表面积随下肢运动的变化

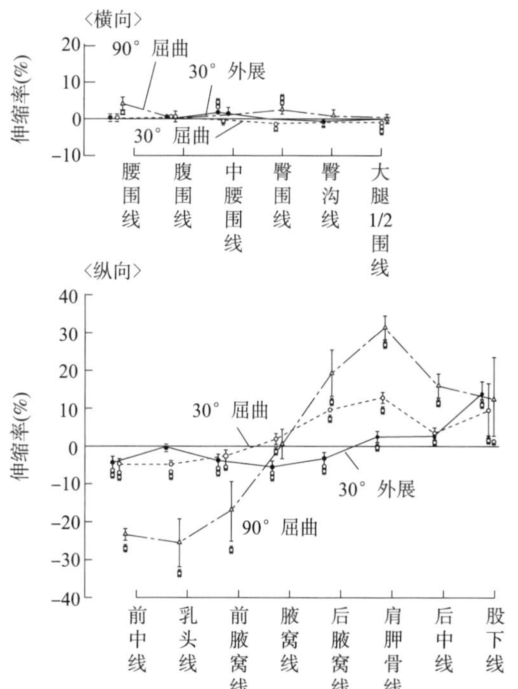

● 图3-16　躯干下部的围度、长度随下肢运动的变化（田村等人）

对腰围线以下的部位产生影响。根据图3-15可以看出，髋关节屈侧在垂直方向收缩，水平方向伸长，但在伸侧则呈现相反的变化。无论哪个部位，关节的屈曲度增加越大，伸缩量就越大。一般来说，长度方向的变化比围度方向的变形量要大。由髋关节运动引起的人体外形变化，在从腹股沟通过臀沟的线上呈现出最大值，随着接近腰围线，变化急剧减少。躯干下部的围度、长度随下肢运动的变化如图3-16所示。

④胸廓及脊柱运动的影响。胸廓的呼吸运动有两种形式。在胸式呼吸中，深呼吸时胸围增大，腰围减少；而在腹式呼吸中，胸、腹围都会增加。成年女性多采用胸式呼吸，男性及儿童多采用腹式呼吸。脊柱的屈曲、伸展、回旋都是以腰椎部为中心进行的，因此腰围附近的变化较大。回旋时的主要变形是水平方向位置的偏移，围度整体的变化很小。另外，脊柱运动多伴随有肩关节、髋关节的运动。

（2）四肢的变形

四肢部位的变形是由肘、膝、手腕、脚踝等关节的屈曲、伸展引起的，通过关节的屈曲，长度方向的屈侧收缩，伸侧伸长，围度方向的屈伸两侧都伸长。

全身贴身穿着合体并且纱线未被拉伸变形的薄针织服装，观察受试者做广播体操时的局部纱线的伸长率与上述各部位最大伸长率的对应关系，可以知道服装各部位所需的松量最大值（参见图3-31）。

2　便于活动的服装条件

如果服装具有与皮肤相同的力学特性，就不会限制身体活动。因此，作为影响活动便利性的服装条件，可以考虑表3-7所示的与三个皮肤运动机制相对应的服装条件。

● 表3-7　皮肤运动机制与服装运动适应性的关系

皮肤运动机制	服装的运动适应性
皮肤弹性	织物的伸缩性
皱褶（皱纹）的开合	省道、褶、开衩等设计
皮肤之间的错位	松量和低摩擦引起的滑动

2.1　拉伸强度和弹性

与皮肤伸缩性相对应的条件包括面料的拉伸强度和弹性两个方面。

面料拉伸引起的伸长和拉伸阻力，以及回复率对服装运动功能性的影响最大。面料的拉伸强度和伸长率的关系，可以通过各种拉伸测试仪进行测量，用应力—应变曲线（stress-strain curve）表示。如图3-17所示，曲线的上升位置、斜率和之后的形状表示了面料组织的密度、纱线交织的弯曲状况、纤维的伸长特性、弹性极限等。不同强度、伸长特性的各种纤维及面料的应力—应变曲线如图3-18、图3-19所示。在图3-19中，由于平纹布与锦纶面料相比组织更松，所以曲线的上升较缓慢。但是，棉纤维比锦纶更不易伸长，因此其曲线的斜率比锦纶更加平缓。另外，在45°方向上，两块面料的曲线初期上升都很缓慢，这与面料剪切变形有关，无纺布受方向性的影响较少，容易伸展。

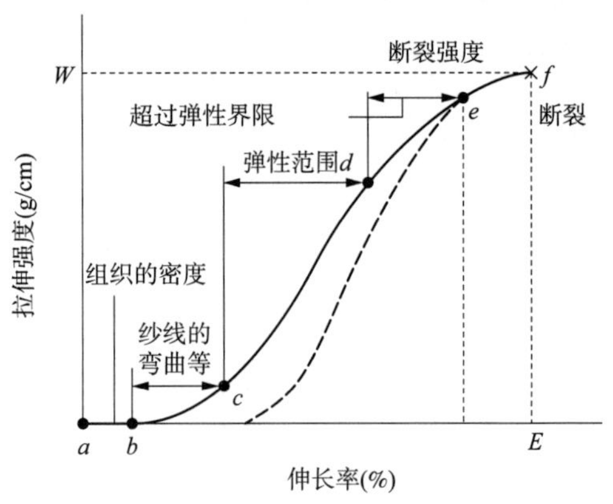

● 图3-17　面料的应力—应变曲线

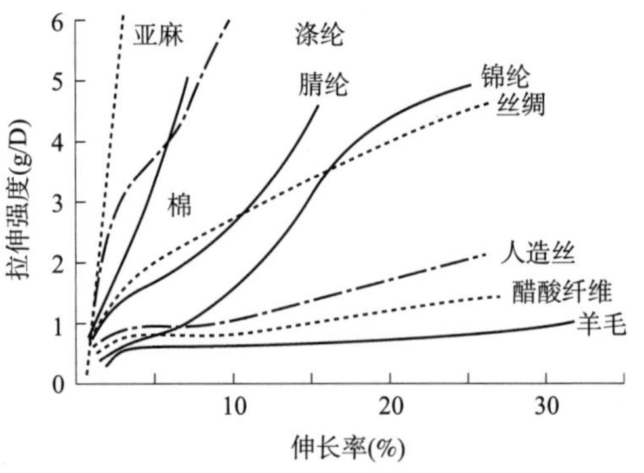

● 图3-18　各种纤维的应力—应变曲线

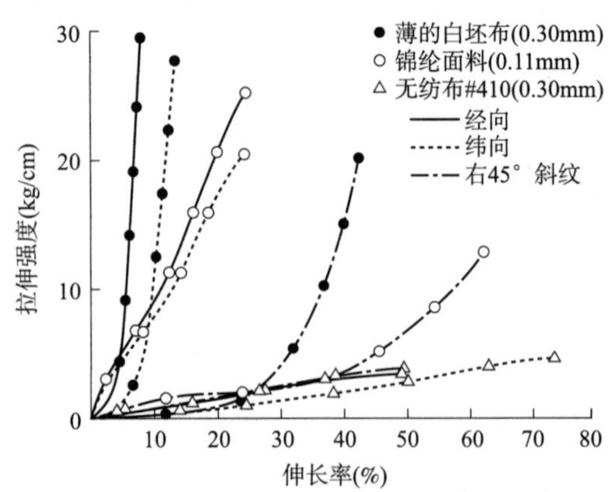

● 图3-19　各种面料不同布纹方向的应力—应变曲线

2.2　摩擦阻力

运动时皮肤和服装，或者服装和服装之间发生错位时，产生错位所做的功可以通过摩擦阻力和错位量的乘积得到。摩擦阻力通过施加在表面的垂直压

倾斜法

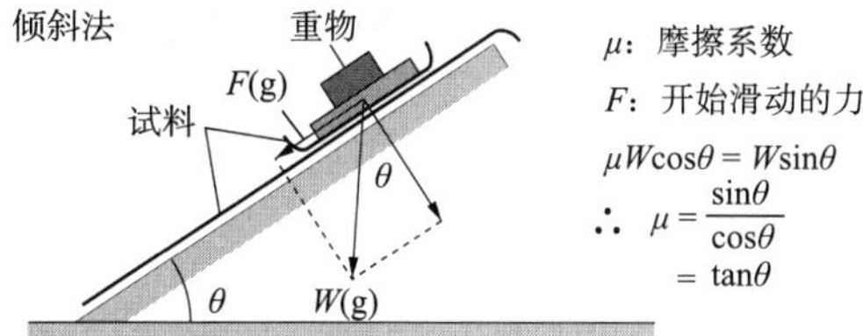

牵引法

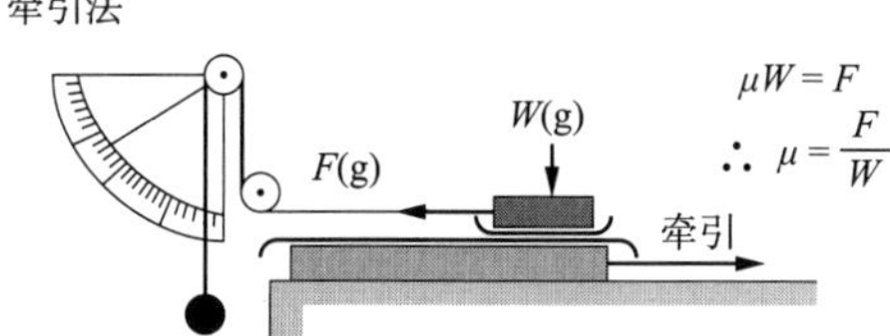

● 图3-20　摩擦系数的测量

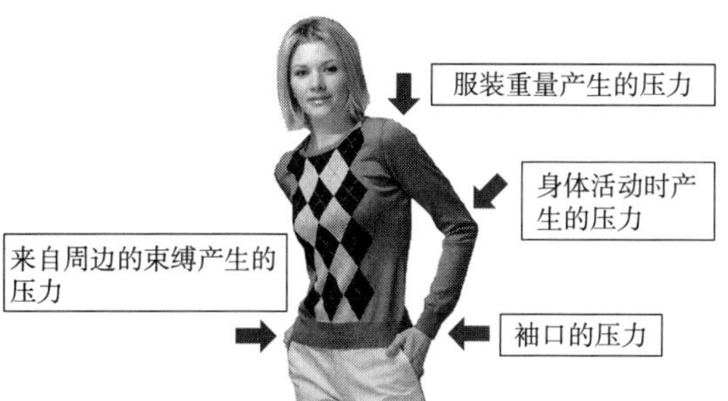

● 图3-21　着装时的服装压力

● 表3-8　日常服装和运动服装的重量（单位：g）

种类		着装的内容和各服装重量	总重量
日常服装	夏季	文胸（38.8）+内裤（25.5）+衬衫（121.5）+裙子（291.6）+袜子（19.3）+鞋（410.1）	906.8
	春秋季	文胸（38.8）+内裤（25.5）+衬裙（108.6）+上衣（143.0）+裙子（339.3）+毛衣（274.2）+袜子（22.8）+鞋（357.5）	1309.7
	冬季	文胸（41.1）+内裤（25.9）+衬裙（115.1）+束腹短裤（67.2）+内衣（98.8）+衬衫（151.6）+裙子（373.7）+外套（951.2）+手套（32.9）+毛衣（284.3）+袜子（26.1）+鞋（595.5）	2763.4
运动服装	泳衣	短裤（25.5）+泳衣（66.9）+帽子（23.5）	115.9
	马拉松服装	文胸（38.8）+内裤（25.5）+跑步上衣（78.7）+短裤（80.1）+袜子（5.0）+鞋（175.0）	448.1
	网球服	文胸（38.8）+内裤（25.5）+polo衫（172.0）+网球裙（173.4）+袜子（45.6）+鞋（480.7）	936.0

力和面积以及摩擦系数的积求得，垂直压力通过面料的张力和该部位的曲率求得。因此，如果垂直压力和面积相同，那么摩擦系数越大，服装的约束就越大。图3-20显示的是摩擦系数（μ）的求解方法。一般来说，皮肤和面料之间的摩擦系数湿润时比干燥时高，所以出汗时运动会更受限。另外，鞋和地面的摩擦系数与步行时的能量代谢量有关，摩擦系数过小会使人容易滑倒，运动机能性降低。鞋底面的摩擦阻力是影响鞋运动机能性的重要因素。

3　服装压力与人体生理、心理反应

3.1　服装压力产生的原因

服装压力是指服装和人体之间产生的压力，影响着服装的运动机能性和舒适性。服装压力的产生可以从服装重量、束缚、动作引起的人体变形这三个因素考虑（图3-21、图3-22）。

（1）服装重量产生的服装压力

如表3-8所示，我们所穿服装的重量因季节和穿着目的而异。冬天日常服装的重量大约是夏天服装的3倍，由于服装重量作用在服装的支撑部分，特别是肩膀和腰部，所以能感觉冬天服装压力大，身体受到拘束。另外，在游泳和速滑等挑战性的运动中，服装的重量很大程度上影响着运动机能性和运动效率，因此，要通过减少覆盖面积和研发新型材料，来尽可能实现服装和鞋子的轻量化。另外，像消防服等穿着目的特殊的服装，受款式形态和服装材料限制的影响，有时服装重量会达到10kg。过重的服装重量会导致人体活动机能降低，所以工作服的轻量化很重要。除此之外，对于肌肉力量弱的婴幼儿、老年人、肢体障碍人群等，也需要特别考虑服装的重量。

（2）束身服装的服装压力

说起束身服装，历史上有紧身胸衣和日本的腰带等。将身体的一部分从周围收紧而产生的张力称为环箍应力。环箍应力在服装的功能上是很有必要的，例如，袜子和短裤的橡皮筋、裤子的腰带、文胸的下围等，具有将衣服固定在身体上，防止其滑落和上滑的作用。另外，束腹短裤、长筒袜、紧身衣、泳衣等可以使服装与身体贴合，具有调整体型、抑制振动、减少水和空气阻力等作用。

虽说由环箍应力产生的服装压力是必要的，但如果过大就会对身体产生很大的影响。为了避免后续中因服装压力过大而对人体产生生理影响，在服装设计上需要考虑服装压力这个因素。

（3）动作过程产生的服装压力

人在白天，甚至在睡觉的时候，身体均会改变姿势或活动，很少保持静止。因此，即使是完全贴合人体的服装，当人体活动产生形变时，服装的一部分被拉伸，这时的张力就会产生服装压力。服装压力会限制人体的活动，服装与人体之间产生了消耗的力，即向外做无益的无用功。因此，我们就会觉得这样的服装穿着不舒服，容易使人感到疲劳。

服装重量产生的服装压力

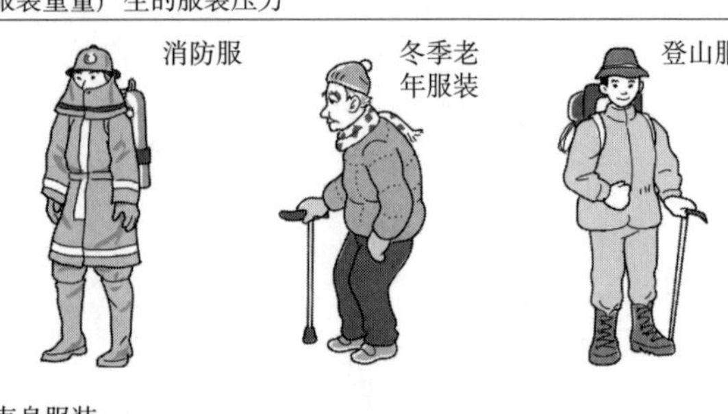

束身服装

动作产生的服装压力

● 图3-22　各种服装压力

用橡胶球和压力计是测量服装压力的传统方法。

将装有一定量空气或水的密封橡胶球连接到压力计。当橡胶球插入服装和人体之间时，就可以测量服装的压力。

这种方法虽然简便且可以直接测量服装压力，但由于橡胶球的插入，会使服装材料发生变形，就无法测量真正的服装压力。另外，由于橡胶的特性，存在测定值有误差等缺点。

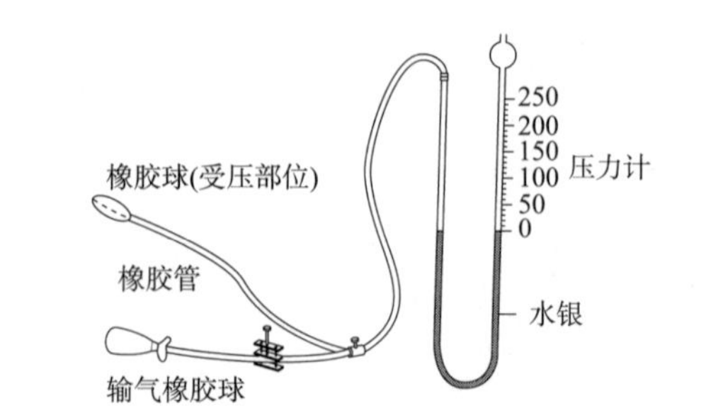

3.2 服装压力的测量

服装压力是指因服装的变形而产生的张力。施加在人体某一点的服装压力P（g/cm^2）和在服装上产生的纵向、横向张力T_1、T_2（g/cm），以及人体纵向、横向的曲率半径r_1、r_2（cm）之间，成立以下关系（图3-23）：

$$P=\frac{T_1}{r_1}+\frac{T_2}{r_2}$$

因此，如果能够测量服装穿着时的变形率和张力，以及该部位的曲率半径，就可以通过上式计算出该部位的服装压力。

（1）服装形变和产生张力的测量

服装形变的测量方法，可以使用图3-24所示的圆形印章法。在穿着前的服装上盖上直径为l_0（cm）的圆形印章，测量穿上它时圆的纵向、横向的长度l（cm），穿着后面料的伸长率L可以通过下式求出。并且，穿着后进行某种动作时面料的伸长率也用相同方法求出。

$$L=\frac{l-l_0}{l_0}\times 100\%$$

另外，使用面料拉伸测量仪可以求出如图3-25所示的面料拉伸强度曲线，同时，利用图3-26的方法可以从外部测量人体的曲率半径。

现在，如果穿着使用图3-25中面料A和B制作的裤子，做某一动作时裤子的膝盖部（假设$l_1=l_2=6$cm）纵向伸长10%，横向伸长5%，此时面料A的服装压力约为35g/cm^2，面料B约为8g/cm^2，面料A的约束性为B的4倍以上。一般织物的拉伸强度曲线为更难伸长的C曲线，

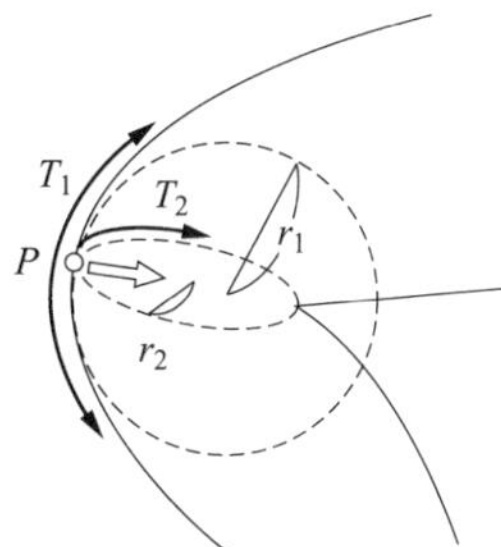

● 图3-23 人体曲率半径的求解方法

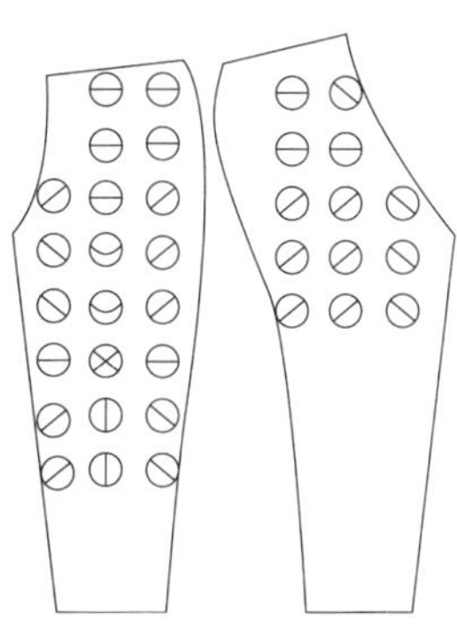

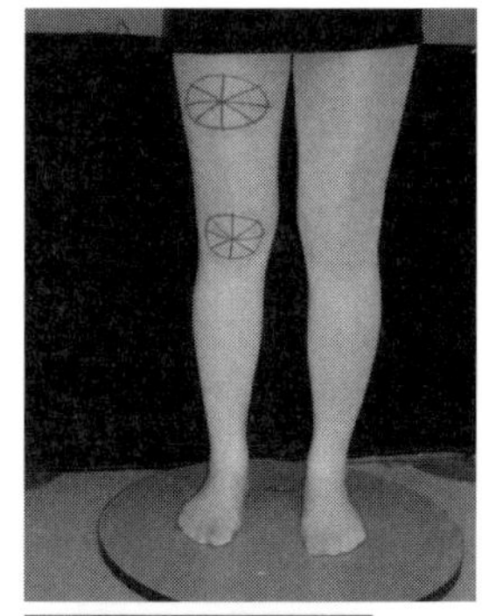

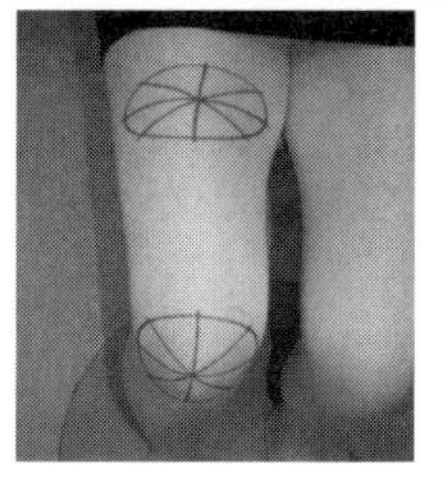

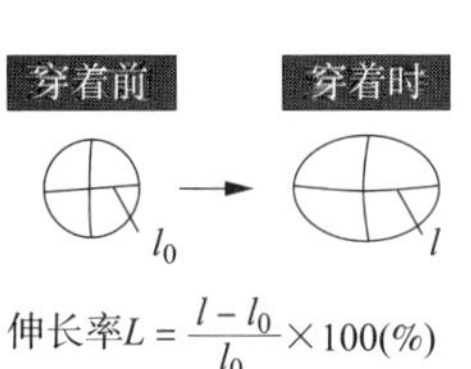

● 图3-24 着装、动作产生的服装变形量的观察与测量（Kirk，1966）

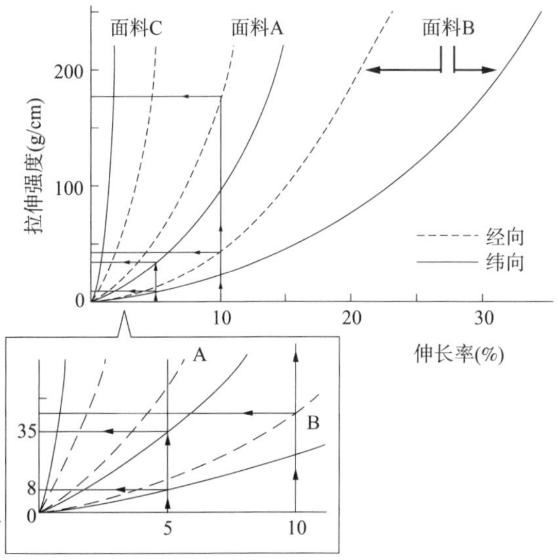

● 图3-25 面料的拉伸强度曲线

因此，在裤子上使用面料B这种伸缩性好的涤纶纱线的双面针织物，可以显著减少服装的约束性。

腰部用腰带系紧后，张力在任何部位都相等，但由于侧面部分的曲率半径最小，所以侧面会受到很大的服装压力。这也是肘、膝、上臂的前面等部位容易感受到服装约束的原因。

一般情况下，面料在经、纬两个方向同时拉伸时，与单方向的拉伸强度不同。如前面所述的裤子膝盖部位那样，由于在通常穿着条件下是同时产生经、纬两个方向的伸长，因此想要更精确地预测服装压力，需要求出图3-27所示的经、纬两个方向的拉伸强度曲线。

（2）服装压力的实际测量方法

在服装压力的实际测量中，一般使用应变仪（电阻丝式应变元件）。应变仪具有因电阻变形而变化的性质。将装有应变仪的传感器插入服装内，或将装有空气或水的小型气球连接到应变仪上，应变仪就会因服装压力而变形，由此所施加的压力就可以通过电阻的变化来测量（图3-28）。该方法能够实现传感器的小型轻量化，精度也为1～5g/cm²，与其他测量方法相比精度较高。另外，应变仪的传感器根据大小、形状不同，其反应特性也不同，因温度、表面软硬度、仪表精度变化等原因产生的各种测量误差也不少。在测量时，进行精确的校准很重要。

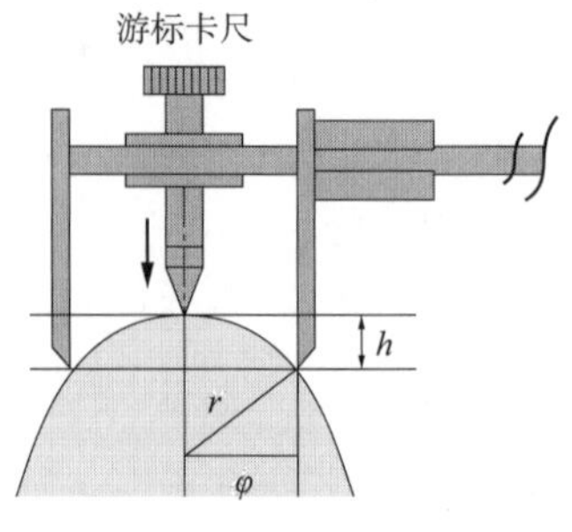

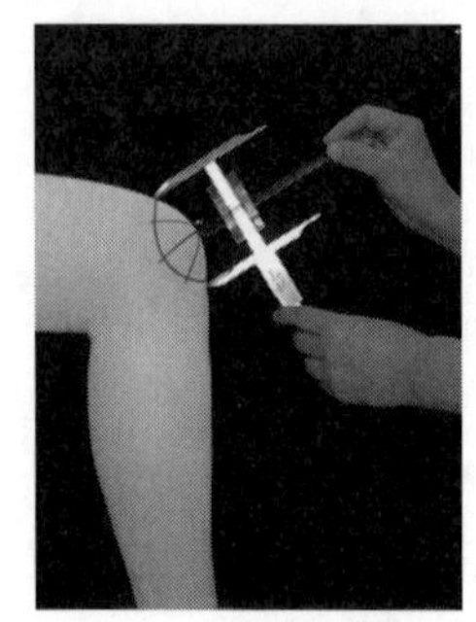

将两脚在2φ的宽度上固定，通过中央的滑动尺读取h值。然后在公式中代入h、φ，就可以求得r。

$$r=\frac{1}{2h}(\varphi^2+h^2)$$

● 图3-26　曲率半径的测量

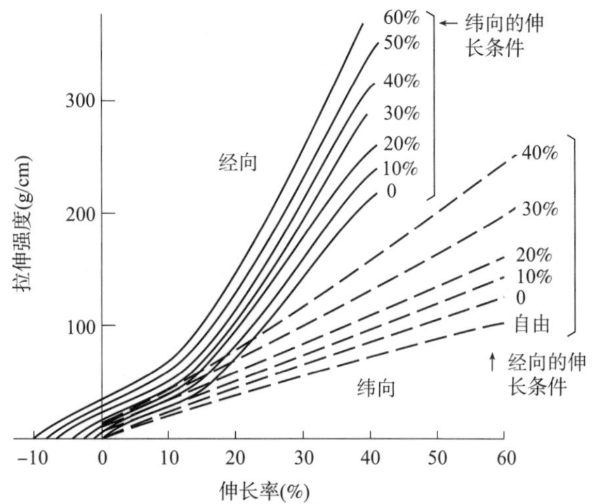

● 图3-27　双向的拉伸强度曲线

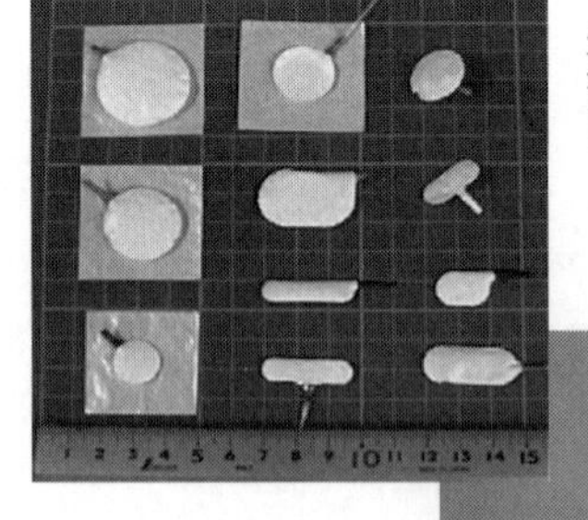

受压部位气囊的形状根据测量部位、测量对象的不同而有所区分。

空气气囊式服装压力测试仪，气囊的内部压力被传递到仪器主机，从而可以测量服装压力。

● 图3-28　空气气囊式服装压力测试仪

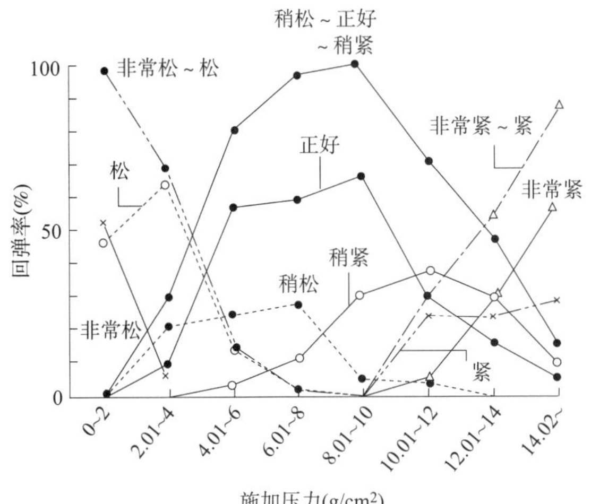

● 图3-29 服装压力与压感

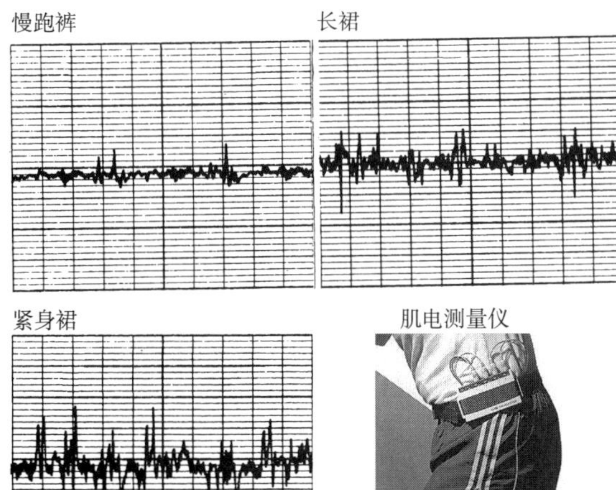

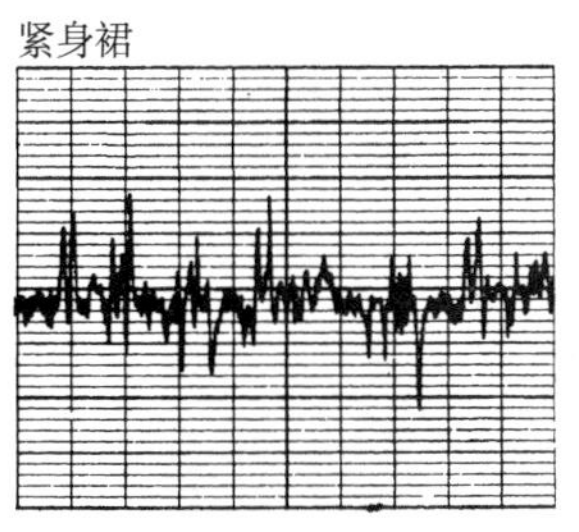

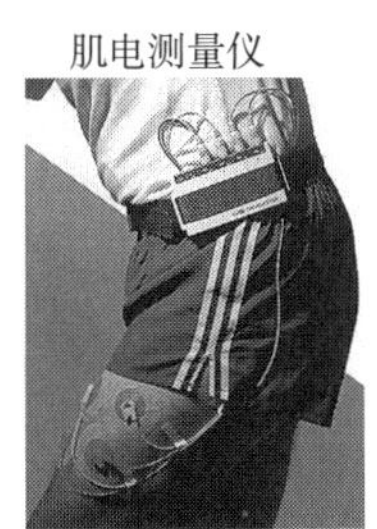

● 图3-30 踏步时着装引起的肌电图的变化

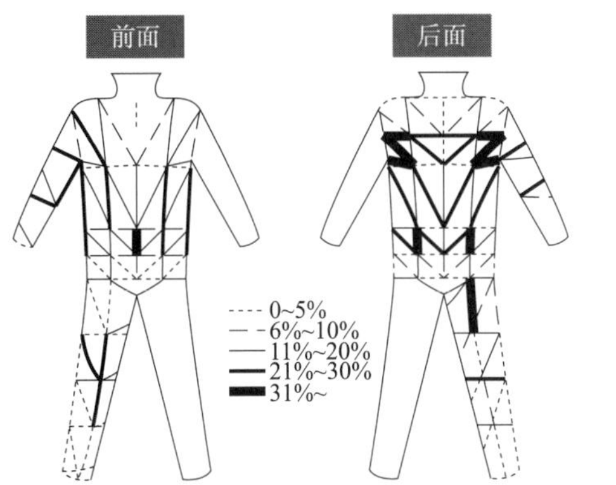

● 图3-31 广播体操时各部位线的伸长率（大野）

4 服装压力对人体的影响

4.1 服装压力与压感

在设计各种弹性服装时，有必要事先了解服装压力在多少时是舒适的，以及在多少数值以上时会感到难受。服装压力和压感的关系，根据部位的不同，以及穿着目的不同而不同。在不附加任何条件时，在大腿部位缠上各种强度的弹性圈状布，根据压感的调查结果（图3-29），服装压力为4～10g/cm²时，舒适率达到顶峰，也就是说存在最佳服装压力。研究报告显示，长筒袜中大腿部为3～6g/cm²，小腿、脚踝部约为7g/cm²、10g/cm²，腰带和紧身裤中腹部为5～10g/cm²是最佳值。一般情况下，上半身的服装压力容许范围比下半身低。

4.2 服装压力造成的运动约束和肌肉负荷

如果服装重量增大，就相当于人身上背负着相应重量的行李进行运动，因此肌肉负荷就会增加（图3-30）。另外，人体活动时产生的服装压力和由此带来的运动限制，会使服装和人体之间产生消耗的力，即向外部产生不必要的做功，这也会增加肌肉负荷。图3-31显示了广播体操时各部位线的伸长率。

虽然在日常生活中这样的肌肉负荷不被在意，但是在挑战极限纪录的运动中、在注重作业性质和效率的工作服等中具有重要意义。因此，在运动服的开发中，为了减轻肌肉负荷，对纤维材料轻量化和伸缩性的开发等是重要研究课题。另外，在人的体力和肌力下降的情况下，即使在日常服装中，服装的重量和活动束缚也会成为负担。一般来说，人体的生理功能随年龄变化而变化，例如，人在60多岁时的呼吸量约为50多岁时的60%，肺活量减少到65%。随着年龄增大，即使是轻微的运动也容易呼吸急促，因此应对身体的负荷变差。在对60多岁的人进行的问卷调查中，对不勒身体的服装、易穿脱的服装、轻便的服装的要求变高，这也是因为老年人比年轻人更强烈地感觉到了服装压力的负荷。

同样的肌力下降也适用于病人和身体障碍者。在所谓的通用设计中（包括老年人、身体障碍人群在内的所有人都能舒适、生动、美丽地生活的生活环境设计），服装的轻量化和运动限制性的降低是重要的视点。另外，有研究指出，公文包或手提包会对手臂和肩部产生很大的压力，日常生活中习惯性的拿法会影响姿势和人体外形左右的差异，进而致使脊柱弯曲。

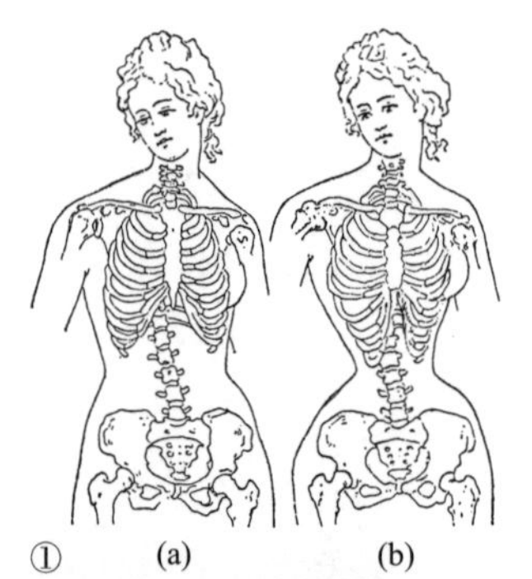

① (a)为正常胸廓。(b)是由于紧身胸衣，肋骨弓被压缩变窄的胸廓。紧身胸衣会导致内脏粘连等疾病(斯特拉茨，1970)。

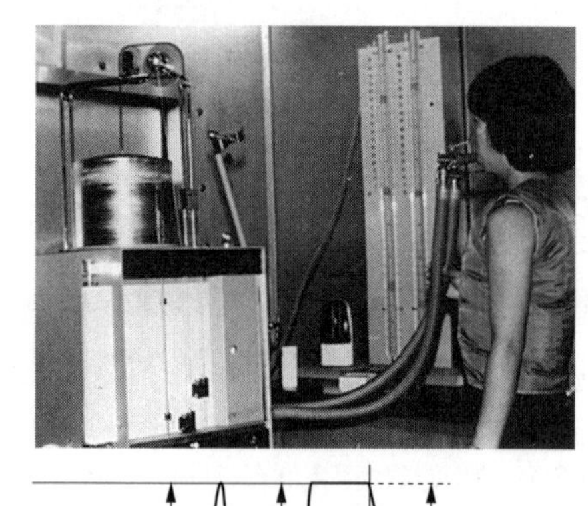

② 腰围只有36cm，腰被极端束紧变细的女性。

● 图3-32　束身服装的危害

4.3　服装压力的危害

历史上服装压力造成的危害，包括19世纪风靡欧洲的紧身胸衣（图3-32）。据记载，由于胸廓被过分地收紧，使肺和肝脏受到压迫，造成胃和肠下垂，呼吸、消化以及血液循环受到阻碍，从而引起便秘、疝气。肺功能测量计和主要测量项目如图3-33所示。

在现代生活中，像紧身胸衣这样过分收紧的服装很少，但根据埼玉县消费生活中心的调查，以刚生产的母亲和20多岁的女性为主，1990—1997年整形内衣引起的纠纷急剧增加。通过一些宣传语“一定能瘦”“能去掉赘肉”“能燃烧脂肪”“产后半年以内不使用调整内衣就不

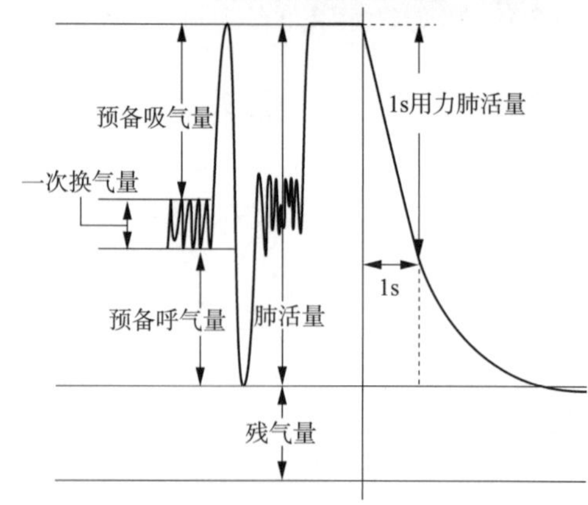

● 图3-33　用于测量肺功能的肺量计和主要测量项目

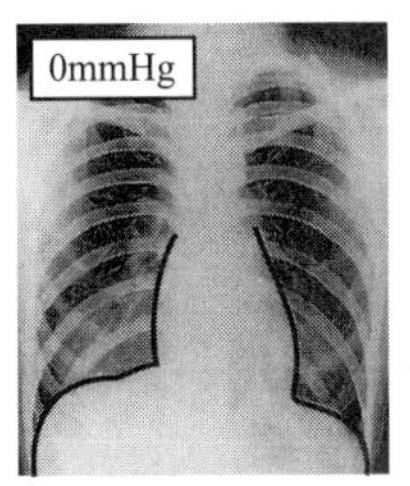

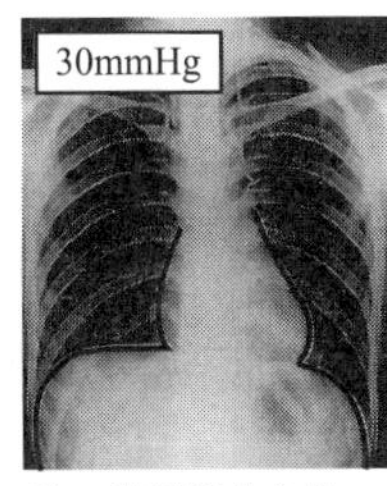

膈膜的宽度减少4.7%
横膈膜上升20mm
心脏的宽度增加7.9%

(a) 30mmHg加压时心脏 · 横膈膜的变化

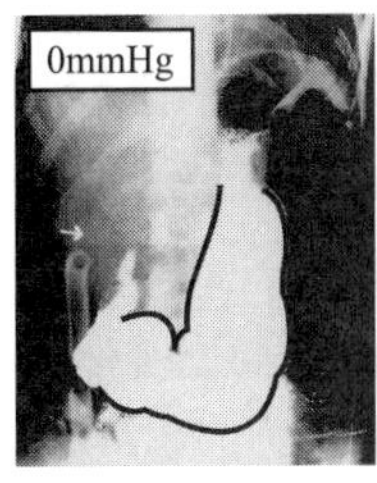

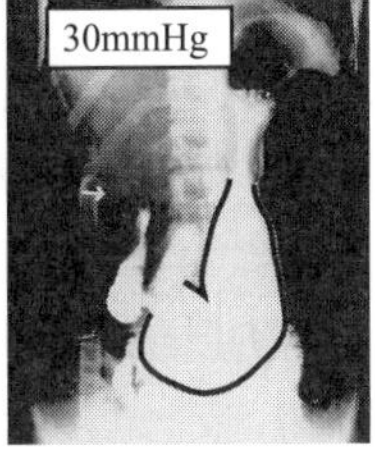

高度上升22mm
宽度减少16mm

(b) 30mmHg加压时胃的形状变化

● 图3-34　加压时内脏的变化

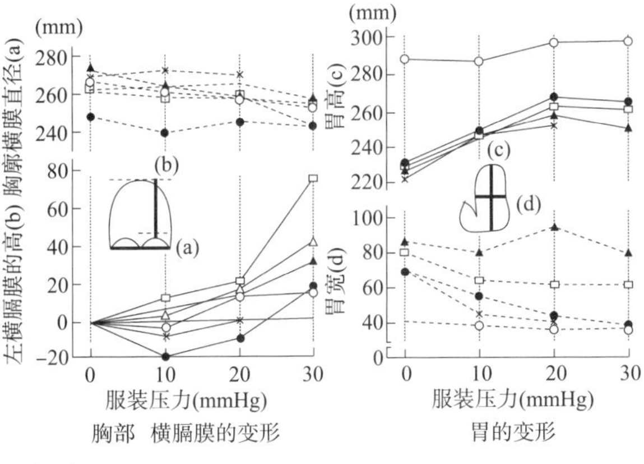

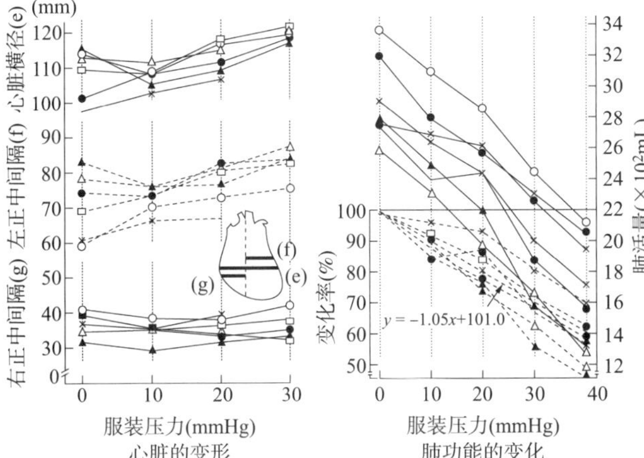

● 图3-35　躯干部位的服装压力对内脏的位置、形态、功能的影响（田村、渡边）（图中的每一条曲线代表一名受试者）

能恢复到原来的体型”等购买的内衣，被投诉着装后身体有皮肤发痒、发炎、过敏、感觉糟糕等不良状况。

20世纪80年代开始流行“身体意识”时尚，到了90年代通过减肥和美容，产生了整形改造身体的风潮，女性的瘦身愿望逐步升级。这种意识增加了因整形内衣而造成的伤害。

关于服装压力的危害有如下研究成果。

（1）胸腹部加压产生的内脏变形

由于腹部没有像胸部一样具有保护内脏的骨骼，因此即使向腹腔部施加较低的压力，内脏的形状和位置也会发生变化（图3-34、图3-35）。例如，胃的高度（长度）和胃的宽度即使在仅10mmHg的服装压力下也会显著地变细变长。另外，间隔胸腔和腹腔的横膈膜在20mmHg以上的压力下会显著上升，与此同时，位于其上部的心脏的形状也在20mmHg以上的加压下呈现压扁的形状，特别是左侧的横宽增大。由于胸廓是由骨骼形成的，因此在30mmHg以上的加压下，才出现横宽下降。

（2）胸腹部加压引起的肺功能下降和容许界限

胸腹部的剧烈收紧会使每次呼吸的换气量减少，呼吸次数增加，导致换气能力降低，从而增加人体负荷。另外，由于横膈膜的上升会缩小胸腔，因此随着服装压力增加至10mmHg、20mmHg、30mmHg时，肺活量会相应减少10%、20%、30%。从川生的有关服装压力的研究来看，服装压力的容许界限为40g/cm^2，但如上述研究成果所示，根据加压部位和加压面积的不同，即使是10 g/cm²的压力也会对人体产生影响，使生理机能下降。

（3）四肢加压

穿着束腹短裤、长筒袜和袜子等时，施加于四肢部位的服装压力主要会产生皮下毛细血管和动静脉压迫的问题。动脉位于相对较深的位置，而且血管壁富有弹性，具有不易变形的结构，静脉位于较表面位置，血管壁薄，容易变形。如果施加30mmHg以上的服装压力，静脉会受到压迫，血液向心脏的回流会变差，但由于动脉在这种程度上不会变形，因此从心脏送出的动脉血会流向四肢末梢部位。其结果是，如果上臂和前臂、大腿和膝盖等部位受到30 mmHg以上的服装压力，那么末梢的手脚容积就会随之增加，形成所谓的充血状态（图3-36）。充血引起的血流阻碍会导致手脚的皮肤温度下降。图3-37显示了血流量和肢体容积变化的测量方法。

这种对循环系统的影响，在周围收紧产生环箍应力的情况下，坐位时的臀部以及站立时的脚底等部位将承受比正常体重还要大的压力，可以通过改变物体构造以及时常进行体位的变换来改善血液循环。在无法进行体位变换的卧床状态下，人体压迫部位的血流受到阻碍，向组织运输的氧气和营养补给被阻断，是压迫部位产生褥疮的主要原因。

4.4 服装压力的益处

腰带和袜子的橡皮筋等利用服装压力将服装固定在身体上。除此之外，适度的服装压力可以在运动时抑制以皮下脂肪为主的皮下组织在身体表面的振动，提高运动机能（图3-38）。

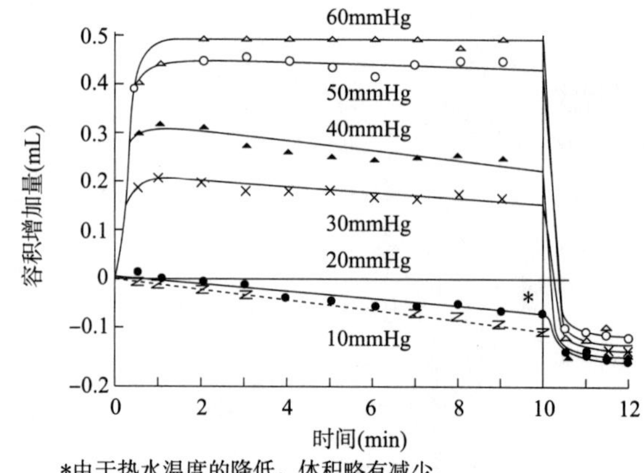

● 图3-36 伴随上臂加压时前臂及手部容积的变化

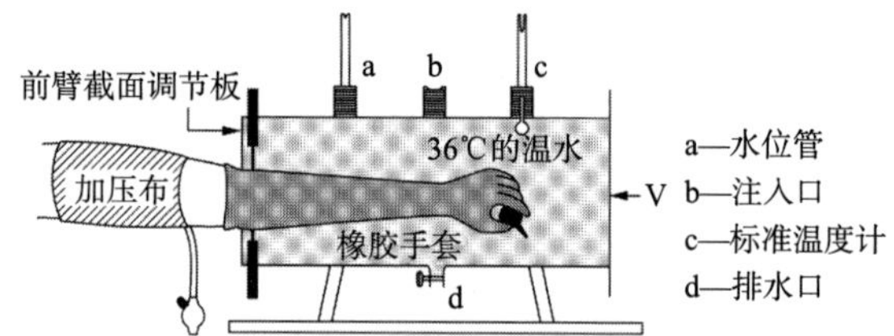

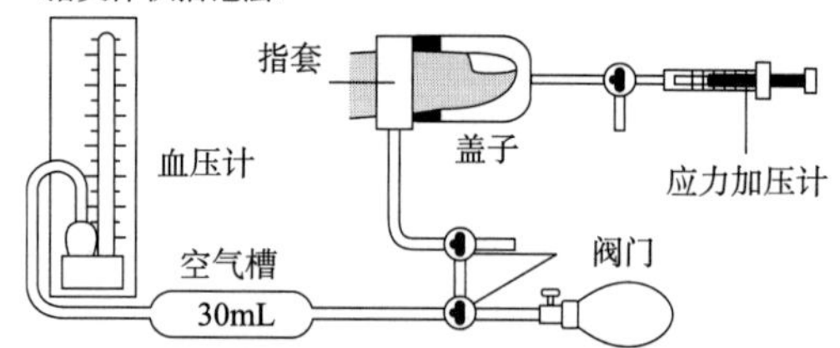

● 图3-37 血流量和肢体容积变化的测量

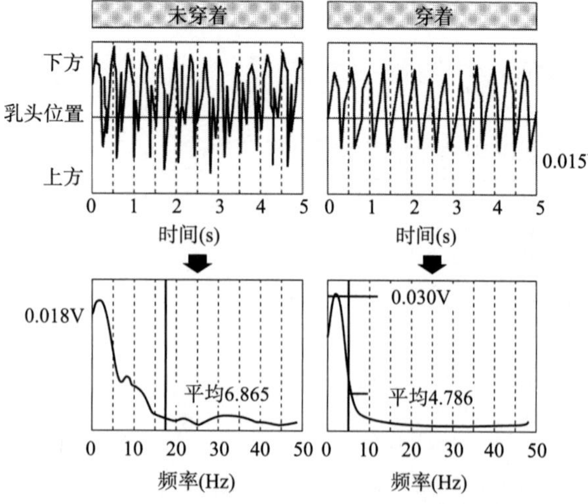

● 图3-38 文胸对胸部振动的影响（田村、斋藤，1994）

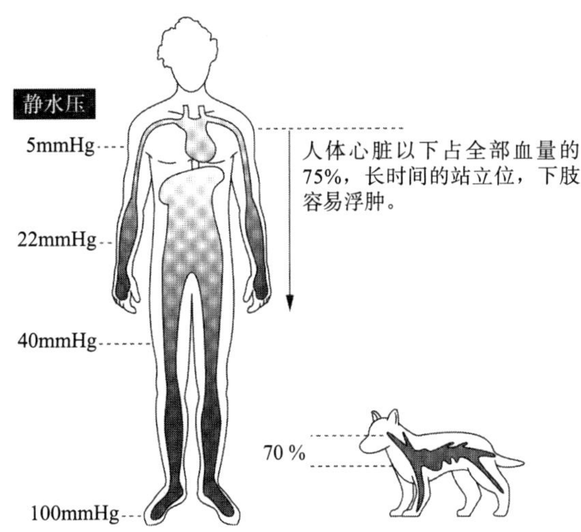

● 图3-39 心脏的位置和静水压

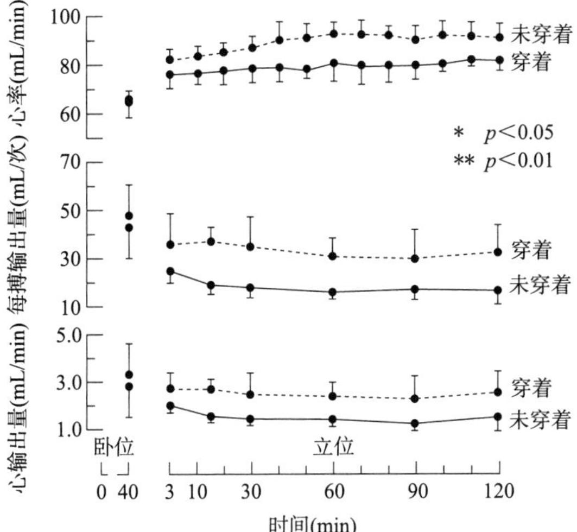

● 图3-40 穿着、未穿着连裤袜时的心率（绵贯）

● 表3-9 服装压力对人体的影响

①压力本身的力学效果： 压缩变形 肌肉负荷增加； 内脏变形 血流减退、皮肤温度降低； 心肺功能减退
②皮肤压力反射—身体自主性反射： 皮肤温度变化，唾液分泌抑制； 抑制出汗，尿中去甲肾上腺素增加； 血流减少； 心率变异性（心脏自主神经系统评价指标）的变化
③中枢神经系统： 安静时脑电波的变化； 事件相关电位的变化（伴随性阴性变化CNV等）

另外，也有报告指出，对下肢部位施加适当的服装压力可以促进全身的血液循环。由于人类长时间保持站立姿势，下肢容易积存静脉血，因此，日常生活中经常会遇到这样的情况，比如，傍晚时比早晨时脚部更易浮肿，从而感觉鞋变得窄小、不舒适（图3-39）。

近年来，下肢静脉长静脉瘤的症状随着年龄的增长而增加。德国从很久以前就开始将穿着从脚踝部逐渐改变服装压力的裤袜作为应对和治疗静脉瘤的方法。根据绵贯等人对长时间保持站立姿势的受试者进行的调查结果显示，穿裤袜的受试者与不穿裤袜的受试者相比，心率降低，心排血量增加。也就是说，穿着适当压力的紧身裤袜可以使下肢积存的静脉血流回心脏，促进全身血液循环（图3-40）。

4.5 服装压力造成的潜在性精神压力

服装压力对人体的影响如表3-9所示。服装压力除了上述直接力学产生的影响，还会以皮肤的压力感受器为媒介对人体产生各种各样的影响（图3-41），近年来开始出现大量对此进行实证的实验和研究成果报告。

有报告称，对下肢的加压会增加上肢的血流，对躯干部、下肢部的加压会降低唾液的分泌量、淀粉酶含量等消化系统的活动（图3-42），进而成为便秘的原因。躯干部、下肢部的服装压力对自律神经活动有影响，但由于压迫的强度不同，对自律神经系统的影响也有差异，因此认为白天有必要选择有利于提高交感神经系统活动的服装，睡眠时选择有利于提高副交感神经系统活动的服装，利用一天的穿着变化调整合适的服装压力。由于长时间穿着塑身衣会使作为应激指标的尿液中的去甲肾上腺素量增加，因此可被认为是造成肩酸、疲劳等的诱因。

关于该领域更多、更详细的研究，研究者之间仍然还存在一些不同的意见，但在服装压力会对自律神经系统产生影响这一点上的意见是一致的。

一整天因长时间穿着服装所产生的服装压力会使人感到不舒服，同时也可能对穿着者带来潜在的心理压力。已有研究报告指出，这些潜在心理压力会让人体产生肩酸、寒症、疲劳、便秘等症状，甚至还会对免疫系统、中枢神经系统产生影响。虽然服装压力不至于让人变得过分烦躁，但通过考虑日常生活中服装、内衣、袜子等的重量、尺寸、形状是否真正适合穿着对象，可以有效地降低潜在心理压力，从而获得更丰富、更健康的穿衣生活。图3-43展示了束腹短裤的制作及效果测量。

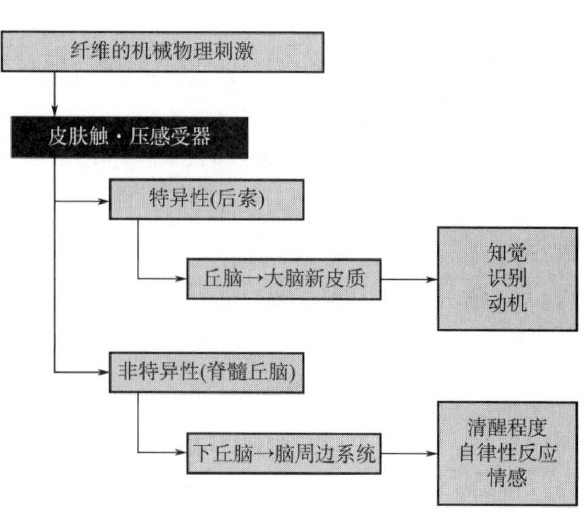

● 图3-41　触觉/压觉的传输

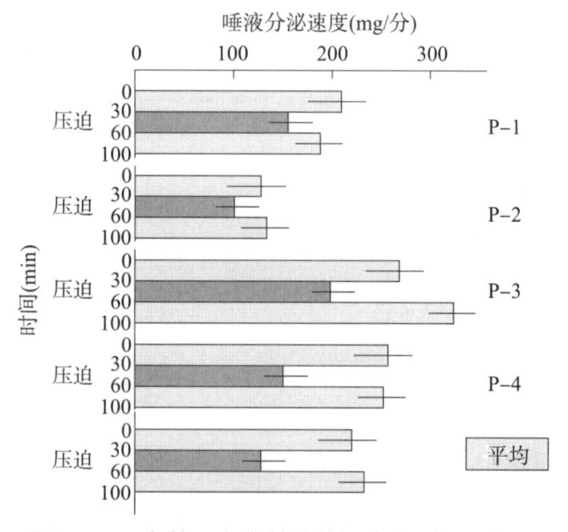

● 图3-42　穿着和未穿着连体塑身衣对唾液分泌速度的影响（登仓等人，1994）

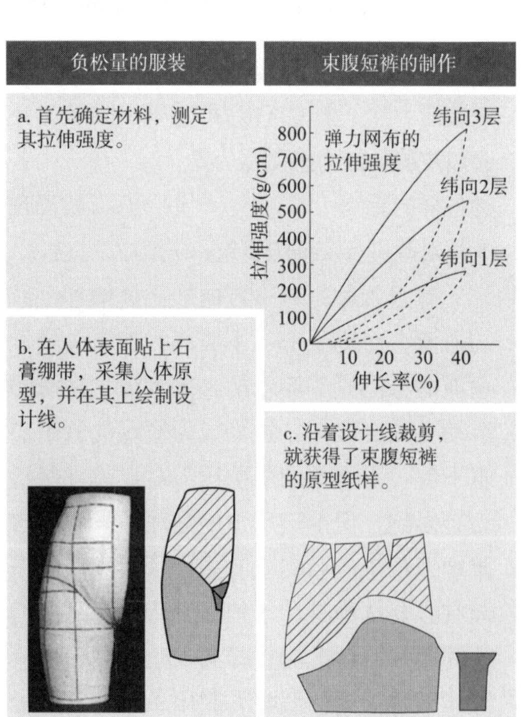

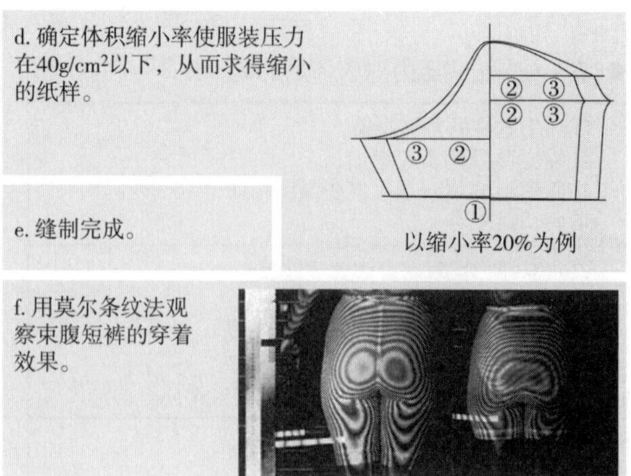

● 图3-43　束腹短裤的制作及效果测量

第4章 皮肤卫生及服装造成的皮肤损伤

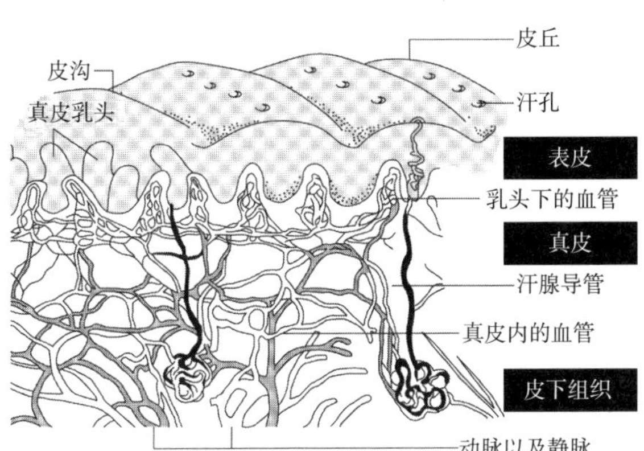

● 图4-1 皮肤的结构（模型）

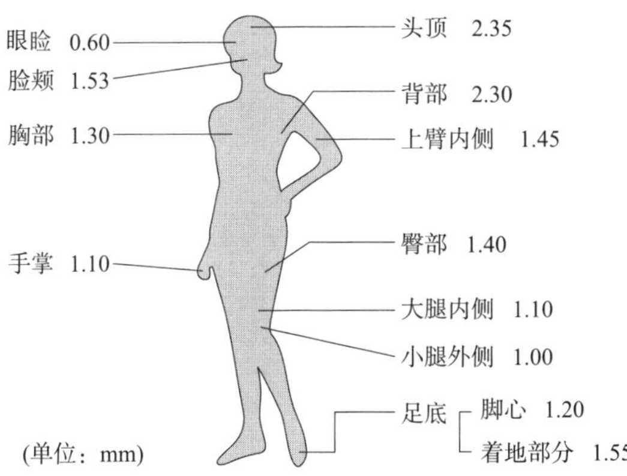

● 图4-2 皮肤的厚度

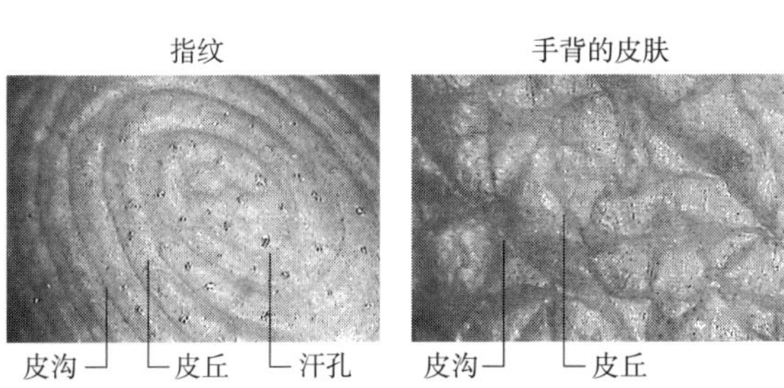

● 图4-3 皮肤表面形态的观察（显微镜下）

1 皮肤的结构与生理

皮肤覆盖全身，在保护身体免受外界伤害的同时，还具有分泌皮脂、出汗等体温调节和感觉器的作用。新生儿的皮肤表面积约为0.25m^2，成年男性约为1.7m^2，成年女性约为1.5m^2，皮肤重量约占体重的16%。皮肤虽然厚度很薄，仅约为1.5mm，但其结构细微且复杂，是人体最大的器官。由于服装与皮肤接触，所以服装的物理性能对皮肤感觉的影响很大。

1.1 皮肤的结构

皮肤的结构分为三层，分别是表皮、真皮和皮下组织（图4-1）。人体各部位皮肤的厚度如图4-2所示。

（1）皮肤的表面特征

在皮肤表面，皮沟不规则的凹槽形成三角形或四角形的花纹，这种花纹叫作皮肤纹理（图4-3）。被皮沟包围的部分叫作皮丘。皮沟在皮肤伸缩时起着像蛇纹管一样的作用，特别是在关节部位，由于皮沟较大且与动作方向正交，因此具有易伸缩的特性。

人的体表被体毛覆盖，但由于无毛部位的手掌和脚底有掌纹，指尖上有指纹，所以抓东西时不易打滑。体毛长于皮沟的交点处，汗孔则开于皮丘处。皮丘整齐排列，皮沟不深，纹理致密的皮肤表现为非常细腻的感觉。皮肤未被服装覆盖的裸露部位容易受到紫外线和干燥等因素的影响，因此随着年龄的增长纹理会变得粗糙。皮肤颜色反映了皮下的黑色素含量以及血流的状态。

皮肤的部位不同，伸展方向也不同。图4–4展示的是在皮肤上开一个洞，研究其延伸方向，该延伸方向称为割线方向。

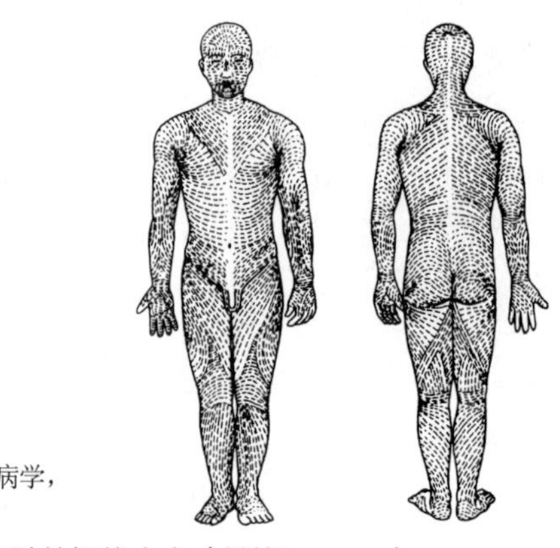

(西山茂夫：皮肤病学，南江堂，1983)

● 图4–4 皮肤的切线方向（兰格Langer）

（2）表皮

表皮的厚度小于0.1 mm，从外向内分别由角质层、颗粒层、有棘层、基底层和乳头层5层上皮细胞组成（图4–5）。

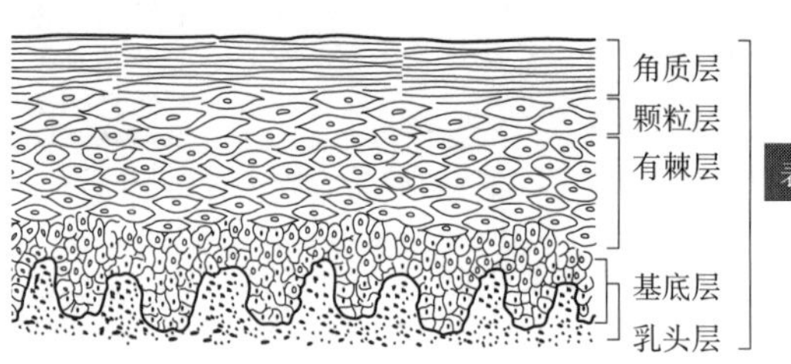

(正津晃：图说临床护理6，学习研究社，1988)

● 图4–5 表皮的结构

基底层的细胞是纵向的长细胞排列成一排，含有黑色素。棘细胞由多层重叠，与梭形的颗粒细胞相连。基底细胞反复分裂，逐渐向浅层推移，然后细胞核消失到达角质层（图4–6）。角质细胞呈层状重叠，含有20%～30%的水分和以氨基酸为主体的天然保湿因子和细胞间脂质，防止外来异物侵入的同时，还能防止体内水分的散失，但会随着水分的逐渐散失，最后逐渐脱离。

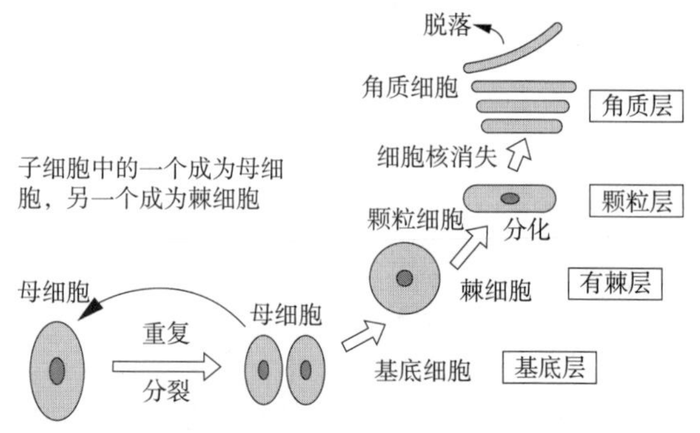

● 图4–6 表皮的新陈代谢

从细胞生成至到达角质层大约需要两周时间，再到剥离需要两周时间，表皮在大约四周时间内再生，这被称为再生肌。据说一天脱落的表皮细胞为6～14g。

表皮的含水量约为15%，如果含水量低于10%，就称为干燥肌肤（皮肤干燥）。干燥肌肤会产生干燥感和皲裂，这是造成瘙痒的原因。

皮肤表面被皮脂腺分泌的皮脂所覆盖，即皮脂膜。皮脂膜为弱酸性（pH4.0～6.0），起到防止皮肤干燥和一般细菌增殖的作用。皮肤血管如图4–7所示。

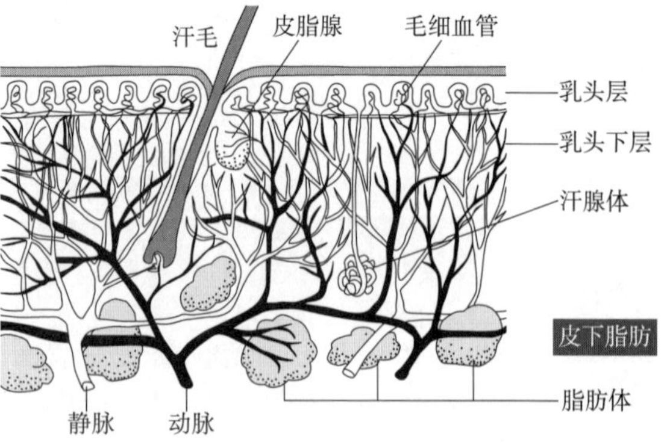

● 图4–7 皮肤血管

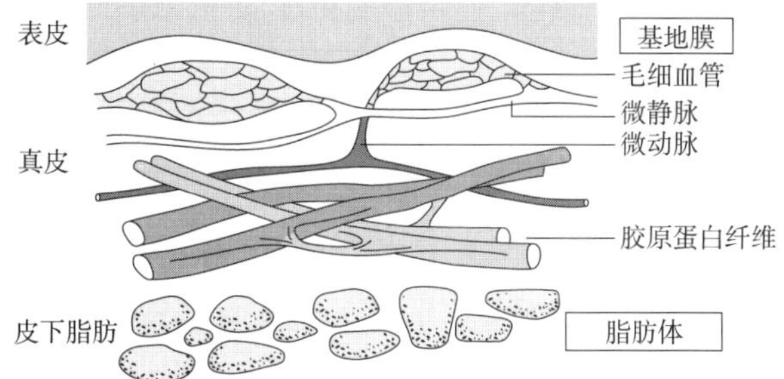

● 图4-8　真皮的成分

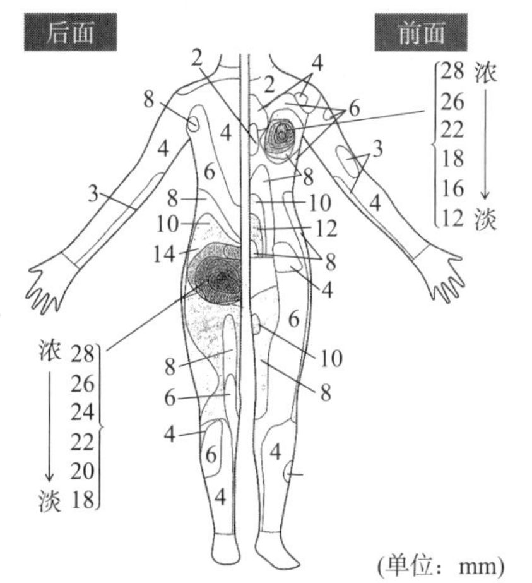

● 图4-9　年轻女性的皮下脂肪厚度分布（齐藤，2004）

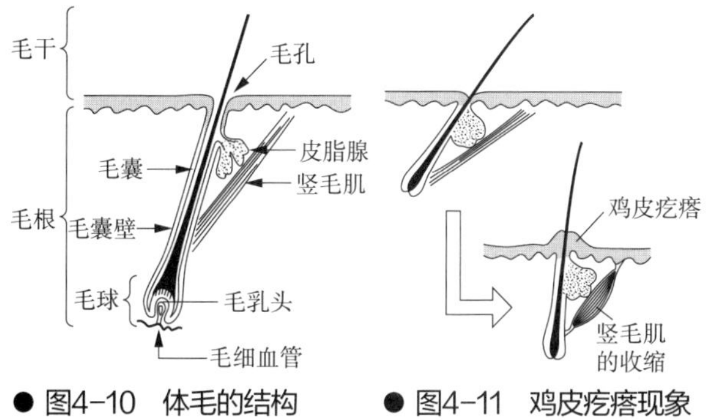

● 图4-10　体毛的结构　　● 图4-11　鸡皮疙瘩现象

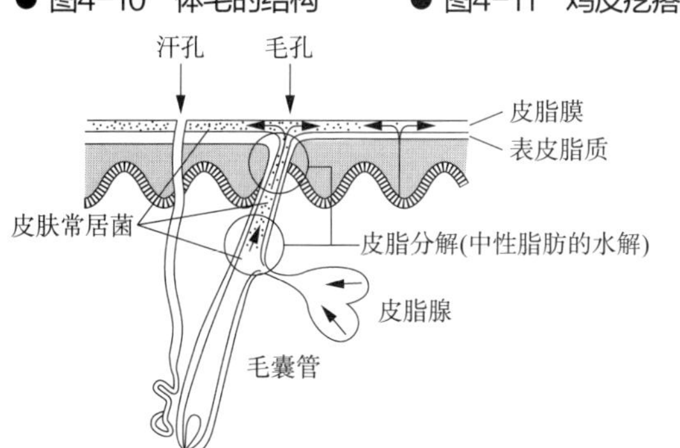

● 图4-12　皮肤常居菌的存在部位

（3）真皮

真皮位于表皮下方，是厚度约2mm的结缔组织，含有大量被称为胶原蛋白的蛋白质纤维和水分（图4-8）。真皮中有许多毛细血管和神经，包括汗腺、毛囊和皮脂腺等组织。表皮的内部呈波纹状突起，起到支撑皮肤横向伸缩性的作用。由于含水分多的纤维较少，所以随着年龄的增长，突起减少，弹性减弱。

（4）皮下组织

皮下组织位于真皮的下层，含有大量的皮下脂肪，富有弹性。皮下脂肪厚度的个人差异性和部位差异性较大（图4-9）。皮下脂肪热导率小，起到防止体热散失及缓冲外力的作用。脂肪组织被胶原纤维包裹，如果该纤维与皮肤表面呈水平方向排列，则皮肤容易偏移。

（5）体毛

覆盖体表的体毛柔软且较短。如果包含头发在内，全身体毛数量约为140万根。睫毛以外的体毛从皮肤表面斜着生长。每个部位体毛的方向都是固定的，与皮肤的割线方向一致。

体毛露出表面的部分称为毛干，被毛囊包裹在真皮中的部分称为毛根（图4-10）。毛根上的皮脂腺打开，毛根和表皮之间有竖毛肌。竖毛肌收缩时，毛直立，毛囊根部收缩隆起。寒冷时或紧张时全身竖毛肌大范围发生收缩，产生鸡皮疙瘩现象（图4-11）。

（6）皮肤常居菌

皮肤上生存着大量的常居菌，平时与皮肤共存，不会造成危害（图4-12）。常居菌在毛囊内分解皮脂，对外来菌的侵入起到防御等作用，对人体有益。但是，当人体对感染的抵抗力下降时，常居菌也会急剧增殖，引发机会性感染（表4-1）。

1.2　皮肤的生理

（1）汗腺

汗腺中有外泌汗腺和顶泌汗腺（图4-13）。外泌汗腺的汗管从位于皮下的汗腺体处盘旋成不规则螺旋状，延伸至皮丘（汗孔）处开口。分泌的汗液沿着皮肤表面的皮沟迅速扩散、蒸发。

顶泌汗腺在青春期发育期开始形成，主要分布于腋窝和阴部。顶泌汗腺的分泌量虽然没有男女差异，但存在人种差异，日本人相对较少。顶泌汗腺分泌的汗液黏稠，成分中含有大量蛋白质，即使少量也具有特殊的异味。

（2）皮脂腺

皮脂腺是附着在毛囊一部分上，形状像葡萄串一样的分泌腺，皮脂腺导管开口于毛囊（图4-13）。皮脂腺每天分泌皮脂1～2g，皮脂可以给皮肤表面和毛发提供油分，使其柔软、光滑、发亮，起到防止水分从皮肤蒸发的作用。

皮脂腺的数量因身体部位而异，特别在头部、面部、背部等身体中央部位和屈曲面较多，在四肢和末端部位较少（图4-14）。另外，分泌量男性比女性多，在青年期旺盛，随着年龄的增长而降低（图4-15）。

（3）神经末梢和皮肤感觉

皮肤的真皮内分布着神经末梢，常见的有梅斯那氏小体（Meissener corpuscle）、鲁菲尼氏小体（Ruffini corpuscle）、帕二氏小体（Pacini corpuscle环层小体）、麦克尔触盘和游离神经末梢（图4-16）。皮肤可

● 表4-1　皮肤常居菌的种类和特征

常居菌
（1）表皮葡萄球菌：非致病性或弱致病性 （2）微球菌：头部、前额部较多，在50%以上的人群中检出，为弱致病性 （3）痤疮丙酸杆菌：别名痤疮杆菌，弱病原性、厌氧性、嗜脂性。多在皮脂腺入口和毛囊内检出。通过产生的脂肪酶生成游离脂肪酸，引起继发性炎症。与粉刺、顶泌汗液产生的狐臭、色素的生成有关
暂时性
（1）金黄色葡萄球菌：致病性，会引起湿疹、化脓、食物中毒等症状。异位性皮炎在健康皮肤中也常被检出 （2）革兰氏阴性杆菌：包括肠道细菌、绿脓杆菌等，致病性。如果生物体的抵抗力低下，就会导致湿润皮肤表面二次感染 （3）白色念珠菌：虽然常存在于口腔和肠道中，但如果生物体的抵抗力降低，就会引发皮肤念珠菌病、黏膜念珠菌病等（腹泻后的尿布疹等） （4）须癣毛癣菌：皮肤絮状菌，致病性。进入角蛋白层，引起头部、指间、脚底等处的白癣病

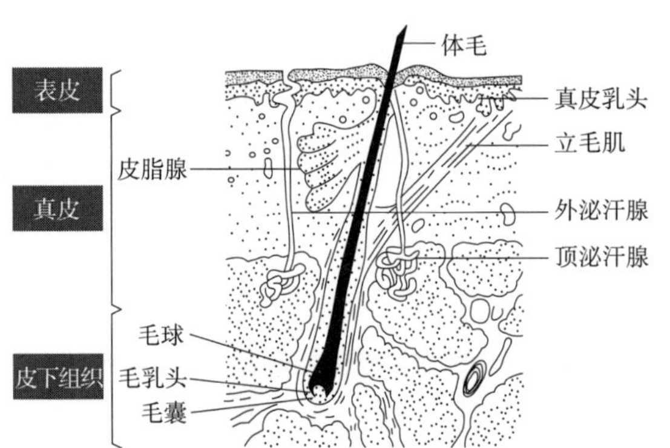

● 图4-13　皮肤的结构与汗腺

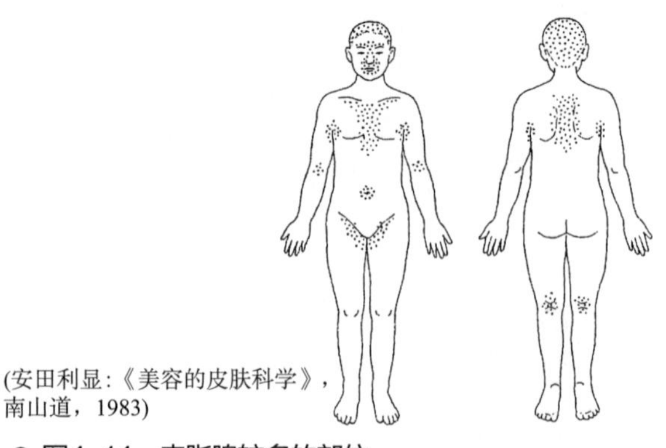

(安田利显：《美容的皮肤科学》，南山道，1983)

● 图4-14　皮脂腺较多的部位

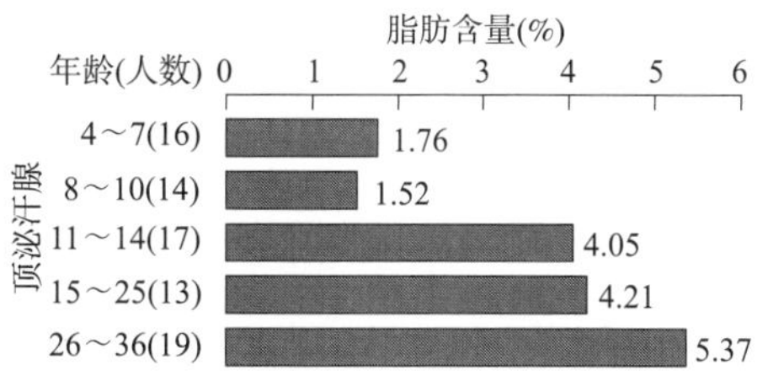

● 图4-15 皮脂分泌随年龄的变化（根据头发脂肪含量测量）

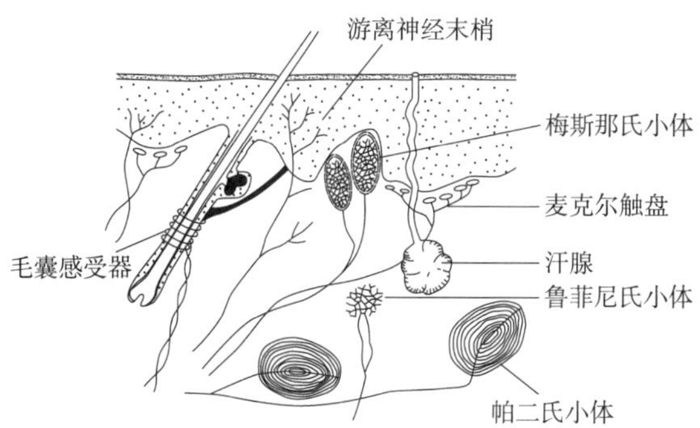

● 图4-16 皮肤的感觉感受器

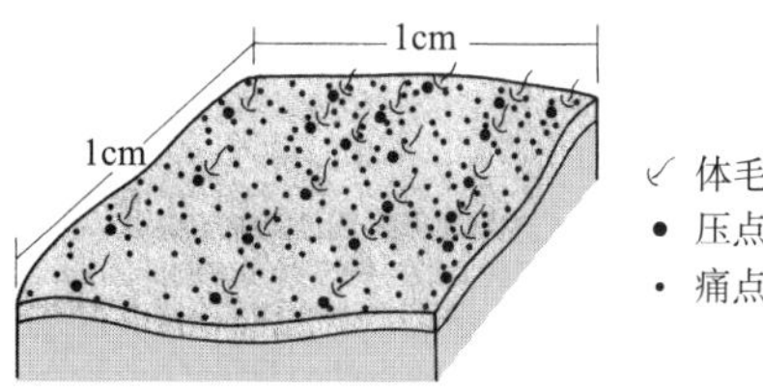

(Strughold：*Z.Giol*，80.376.1924)

● 图4-17 皮肤上的压点和痛点（前臂内侧）

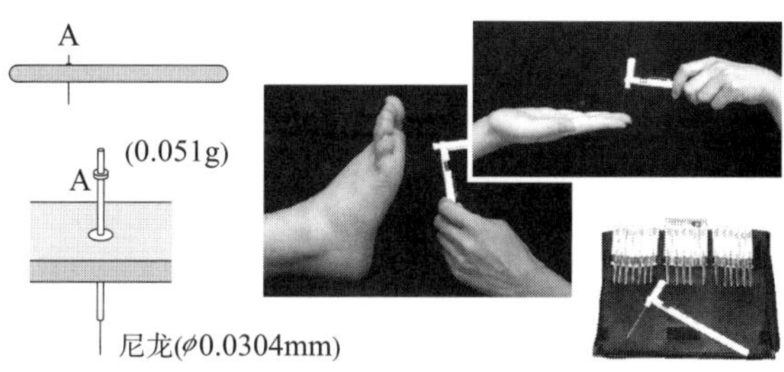

● 图4-18 触觉刺激计

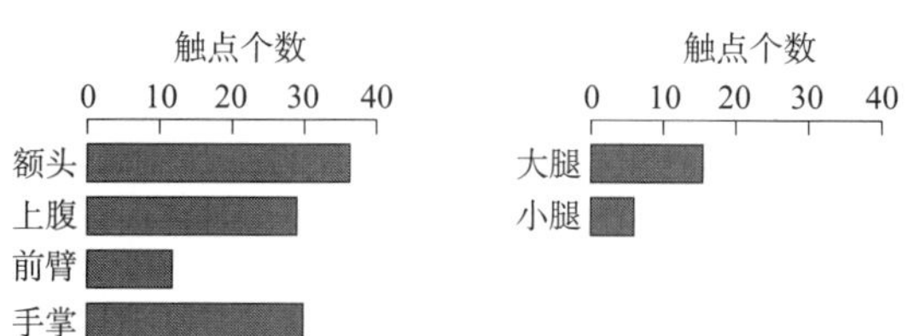

● 图4-19 触点分布与触点个数（25℃）

以将感受到的温度、压力、疼痛、振动等刺激通过感觉神经传达给大脑。各个神经末梢对特定种类或强度的刺激产生反应，但游离神经末梢既感知痛觉也是温度感受器，其组织结构和作用机制非常复杂。

皮肤有对温觉、冷觉、触觉、压觉、痛觉等特定刺激的感受点，分别称为温点、冷点、触点、压点、痛点（图4–17）。在研究感受点时，可以采用尖端细的毛发和刚毛对皮肤施加轻度的压力刺激来研究其阈值和分布密度（图4–18），以及通过给予温度刺激研究皮肤有无感觉。

①机械感觉。压、触、振动和痒这四种感觉叫作机械感觉。触点在指尖和口唇较多，前臂、大腿、背部，特别是小腿较少（图4-19）。测量触觉的方法有两点辨别法，即用像圆规一样有两根针的测量仪器同时刺激皮肤，测量其能感知到两点刺激时的距离（图4-20）。根据测量不同部位触感距离的结果显示，舌头、手指、嘴唇为1～3mm，背部、大腿为20～100mm，可以看出部位差异很大。在有毛部位，与体毛的接触也会影响触觉。

②痛觉。痛点密集分布于全身。痛觉不仅是针刺入皮肤时感觉到的浅表性痛觉，在受到较大的温冷刺激时也会产生痛觉。痛觉一般难以适应。

③温觉、冷觉。对温度的感觉有温觉和冷觉。温度感觉方式因温度变化速度和受刺激面积大小而不同。例如，皮肤温度在30～36℃范围内时，由于温差小皮肤温度感觉变化容易适应，但手掌因受刺激面积小难以适应。

2 服装的触感

服装的触感受到服装材质，皮肤接触时瞬间的热、水分传递特性和微小的力学形变特性的影响。前者称为接触温冷感、接触湿润感，后者称为手感。

2.1 接触温冷感

当服装与皮肤接触时，会瞬间产生与双方温度差成比例的热传递。随之最初期产生的温热感觉称为接触温冷感，它受服装材料的导热系数、表面特性、接触面积等因素影响。

纤维的导热系数明显小于金属和木材的导热系数。面料由于含有50%～90%的导热系数很小的空气，因此难以传热。一般来说，皮肤温度比面料表面温度高，因此皮肤与接触面积越大、传热量越大的面料接触时，感觉越冷。这也是表面凹凸多或羽毛多的面料会感到暖和，表面光滑的面料会感到冷的原因（图4-21）。

图4-22显示的是各种材料及用于男式外衣的羊毛织物的吸热速度。图4-23显示的是春季、夏季、冬季西服面料的导热系数，以及面料接触时表面热流变化速度的最大值（q_{max}）和温冷感觉值之间的相关性。由此可知，相比导热系数，接触温冷感与q_{max}的相关性更高。为了测量q_{max}，可以使用将加温薄铜板作为模拟皮肤的手指机器人（图4-24）。q_{max}与面料温度和模拟皮肤表面温度的差成正比。该比例系数C_0被认为与面料的接触温冷感有关。表4-2显示的是各种材料的C_0值，C_0值越小，材

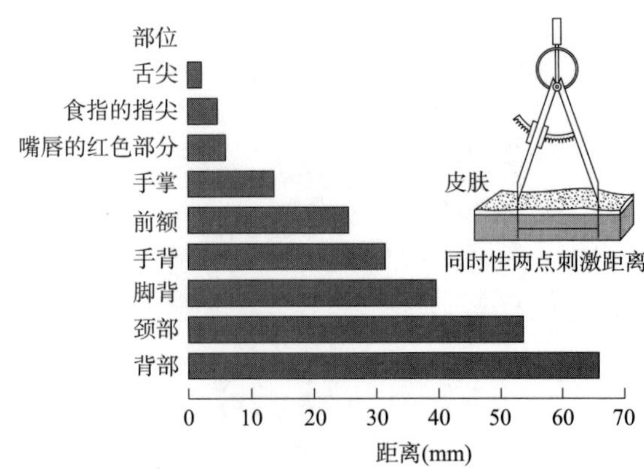

● 图4-20 成年人不同部位的两点刺激距离

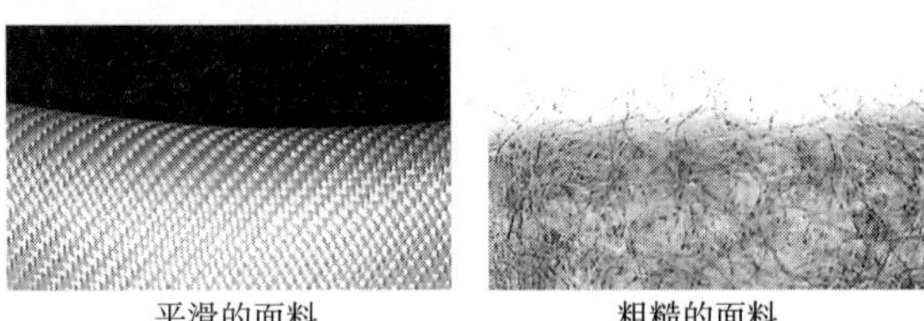

● 图4-21 面料的表面

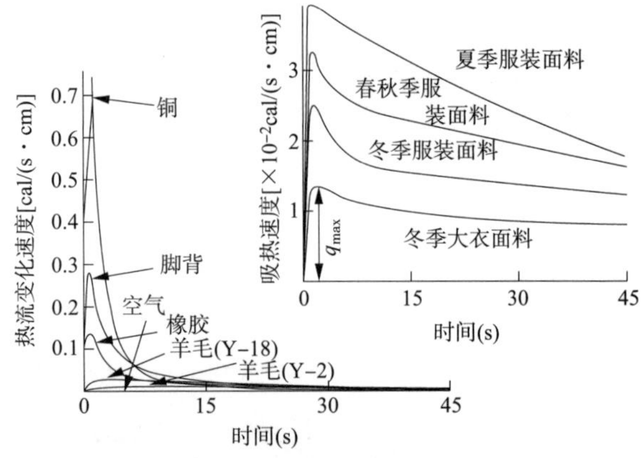

● 图4-22 各种材料及用于男式外衣的羊毛织物的吸热速度（q）

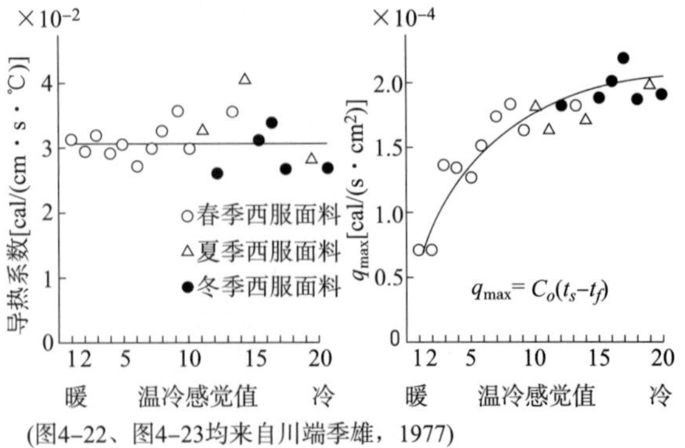

(图4-22、图4-23均来自川端季雄，1977)

● 图4-23 温冷感觉值和导热系数及q_{max}

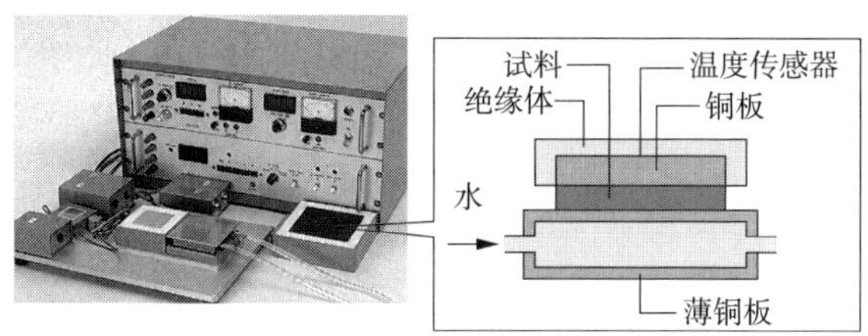

(川端季雄，1977)

● 图4-24 手指机器人（外观和截面图）

● 表4-2 各种材料的C_0值（丹羽雅子）

接触物体（材料）	C_0（s^{-1}）
女性薄连衣裙面料（丝）	0.0295
礼服衬衫面料（棉）	0.0320
里衬（涤纶）	0.0260
男性夏季西装面料（羊毛）	0.0430
男性冬季夹克面料（羊毛）	0.0240
编织毛衣	0.0105
防寒针织衫（涤纶）	0.0065
毛毯（羊毛）	0.0120
毛皮	0.0225
天然皮革	0.0410
合成皮革	0.0505
泡沫塑料板	0.0155
金属板	0.0913
木片（白桐）	0.0327

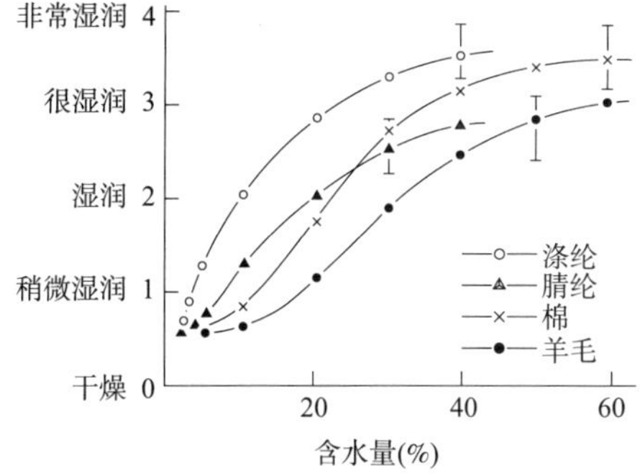

● 图4-25 内衣用针织面料的含水量和湿润感

● 表4-3 湿感界限含水量

纤维	湿感界限含水量（%）
羊毛	16
棉布	11
丙烯	5
涤纶	3

● 表4-4 纤维的含水量与湿润感对比

含水量	湿润感
10%以下	涤纶>棉>羊毛
30%左右	涤纶≥棉>羊毛
50%以上	棉>涤纶>羊毛

（表 4-3、表 4-4 均来自铃木淳，1982）

料的接触冷感越小，越适合用于冬装。

2.2 接触湿润感

面料湿润后，导热系数会比干燥时大3～5倍。而且，湿的面料由于水分蒸发代替了潜热，面料的表面温度下降，因此接触湿布时会感觉到冷感。另外，湿润的服装在水的表面张力作用下会紧贴在皮肤上，使触感发生变化。

铃木指出，无论哪种面料，含水量增加时接触湿润感也会增加，但不同材料感觉到湿润感的界限含水量是不同的（图4-25、表4-3）。涤纶面料即使含有少量的水分也能感觉到湿润，而棉质毛巾的含水量达到30%～40%、毯子的含水量达到50%～60%时才能感觉到湿润（表4-4）。在相同湿润程度的情况下，平纹的细平布等越薄、表面越光滑的面料，黏性越大，但棉质针织面料即使湿了也不容易增加滑动阻力（图4-26）。在易出汗的夏季，贴身服装最理想的材料是不易产生黏性且含水量大的材料。图4-27显示了含水量与湿感、黏感的关系。

目前还没有在人的皮肤上发现感受湿度的感受器。人体感觉到湿和润的情况包括皮肤上水分蒸发产生的温度变化和热流变化产生的温冷感觉，特别是冷觉刺激。图4-28显示的是湿滤纸与身体各部位接触时的湿感，从图中可以看出颈部感觉敏感，脚底感觉迟钝，因部位和湿滤纸面积的不同敏感度也不同。一般来说，当物体与皮肤的温度差较小时，湿难以被感觉，所以，湿纸尿裤和卧床不起的人失禁所引起的皮肤湿润难以被察觉，因而容易产生尿布疹和褥疮。

2.3 手感及织物风格

接触手感受面料的力学特性和表面特性影响，特别是与微小的力引起面料表面微小变形有很大关系。用手握住或抚摸面料时的综合官能值被称为织物风格，它与面料的易伸展性和易弯曲性等力学特性有关。织物风格是包括喜好在内的感性评价，是决定面料用途的判断依据。

在织物风格的客观评价法中，川端的KES（Kawabata’s Evaluation System）法广为人知。他提出了与硬挺度、抗悬垂刚度等织物基本风格（表4-5）相关的17个物理量（表4-6），并根据这些力学特性的值将感觉的强弱分成10个等级来计算。此外，根据织物的用途，综合风格值分5个等级进行评价。这种根据很多力学测量指标得出的评价方法，与以熟练者的主观感觉判断为基础的综合性织物风格评价非常一致。

用手有意识地触摸织物时得到的感觉和脖子、躯干等部位无意识地与服装接触时得到的感觉是不同的。触觉容易产生适应，但着装时服装和皮肤的接触状态经常发生变化，这种刺激程度容易影响舒适感，服装表面的微小形变对感觉的影响很大。

3 皮肤污垢与卫生

皮肤会受到自身排出的分泌物和来自外部的各种物质的污染。对人体健康来说，保持皮肤清洁是很重要的。外衣

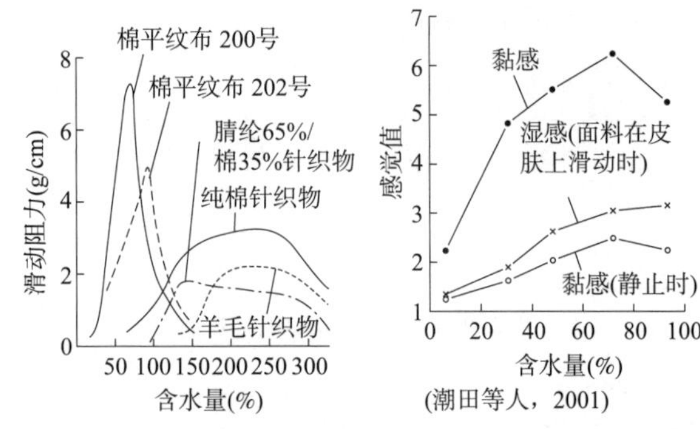

● 图4-26 各种面料的含水量和滑动阻力

● 图4-27 面料的含水量和湿感、黏感

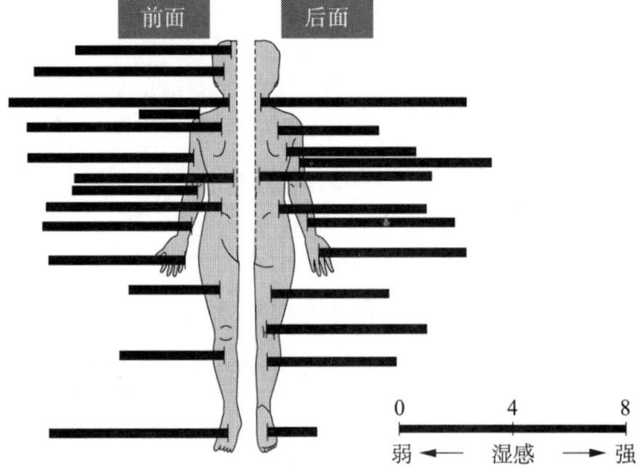

● 图4-28 人体各部位的湿感（2.5cm正方形的湿滤纸放在皮肤上时各部位的湿感）

● 表4-5 织物的基本风格和服装的穿着性能

风格	穿着性能
硬挺度 Stiffness	弹性，创造适当的空间，使衣服不粘在身体上，形态的保留性，动态的美
平滑程度 Smoothness	摸起来很舒服，柔软感，不伤皮肤，与舒适感有很大关系
丰满感 Fullness & Softness	含有空气和流动性，容易拉伸，手感
挺括感 Crispness	防止面料和皮肤的紧密接触，有凉爽感
硬挺感 Anti-drape stiffness	创造空间感，凉爽，便于活动
丝鸣感 Scrooping feeling	吱吱的感觉，丝织品具有很强的丝鸣感
弹性且柔软 Flexibility with soft feeling	兼具柔软悬垂性和光滑触感
柔软感 Soft feeling	体积高度，弯曲柔软，混合光滑的柔软感。即松脆感少，轻盈，膨胀和黏稠度高，刚度和弹性弱的感觉，基本风格

可以阻挡外部污垢，而内衣可以吸收内部污垢，因此各种服装在皮肤卫生中都起着很大的作用。

3.1 皮肤污垢

（1）人体的分泌物

①汗。如表4-7所示，外泌汗腺分泌的汗液成分与尿液相似，可以说汗液是一种稀薄的尿液。汗液成分的99%以上是水，剩下1%的成分中3/4是食用盐等无机物，另外1/4则是以尿素、尿酸、氨基酸为主的固体有机物。

刚分泌出的汗液pH值为5～8，无臭，但随着时间的推移，在皮肤表面和内衣上会发生化学分解，变成弱碱性，产生氨臭味。皮肤表面一旦变成弱碱性，细菌就容易繁殖，从而引发皮肤病。由于汗液中含有机物，如果不处理服装上的汗渍，就容易产生霉菌，从而形成难以去除的污渍。汗液的指标范围如表4-8所示。

②皮脂。皮脂由立毛肌上侧的皮脂腺分泌，成年人一天的分泌量约为2g。在分泌量较多的头部和面部，容易长头皮屑和粉刺。皮肤表面皮脂量多的部位，内衣的皮脂污垢量也多。一般来说，分泌量夏季少冬季多（图4-29）。皮脂量还受气温和饮食的影响（表4-9）。

在湿润的皮肤表面，皮脂以4cm/min的速度扩散。用乙醚擦拭皮肤表面，1h后皮脂增加到原来状态的50%，4h后皮脂完全恢复到原来的状态（安田利显，1983）。

皮脂腺的脂质成分主要是甘油三酸酯、胆固醇酯和蜡酯，分泌到表皮后的皮脂是角质细胞产生的脂质与汗液的混合

● 表4-6 客观评价手感的物理量

特性	特性符号	内容	说明
拉伸性能	*LT*	拉伸线性度	值越小，初始特性越柔软
	WT	拉伸比功	值越大，越容易被拉伸
	RT	拉伸回复率	值越大，回复性越好
	EM	拉伸性	值越大，越容易拉伸
剪切性能	*G*	剪切刚度	值越大，越不易被剪切
	2HG	小剪切滞后矩	值越大，越没弹力
	2HG5	大剪切滞后矩	值越大，变形越大、弹力越差
弯曲性能	*B*	弯曲刚度	值越大，越难被弯曲
	2HB	弯曲滞后矩	值越大，弹力越差
压缩性能	*LC*	压缩线性度	值越小，初始特性越柔软
	WC	压缩比功	值越大，越柔软
	RC	压缩回弹性	值越大，回复性越好
表面性能	*MIU*	动摩擦系数	值越大，摩擦阻力越大
	MMD	动摩擦系数偏差	值越大，越不光滑
	SMD	表面粗糙度	值越大，凹凸感越明显
结构	*W*	重量	
	T	厚度	

● 表4-7 汗液和尿液的成分对比

物质	汗液（%）	尿液（%）
总固体成分	1.174 ～ 1.597	4.365
无机物	0.821 ～ 1.170	2.300
氯化物	0.648 ～ 0.987	1.538
硫化物	0.006 ～ 0.025	0.355
尿素	0.086 ～ 0.173	1.742
氨	0.010 ～ 0.018	0.041
尿酸	0.0006 ～ 0.0015	0.129
肌酸酐	0.0005 ～ 0.002	0.156
肌酸	痕迹	0.019
氨基酸	0.013 ～ 0.020	0.073
糖	0.006 ～ 0.022	1.071
乳酸	0.034 ～ 0.107	不测量

● 表4-8 汗液的指标范围

指标	范围
比重	1.001 ～ 1.006
冰点下降度	−0.13 ～ −0.54℃
渗透压	110 ～ 210mOsm/kgH_2O
pH	5.0 ～ 8.2
水分	99.2% ～ 99.6%
固体物质	258 ～ 890mg/100mL
有机物	30 ～ 290mg/100mL

物，pH4～6呈弱酸性。这种皮脂膜覆盖于皮肤表面，由于是弱酸性，所以可以抑制细菌的繁殖。

皮脂膜是保护皮肤所必需的，但因其具有黏着性，所以导致皮肤上容易附着尘埃、泥、沙等环境污垢。

附着在服装上的皮脂中的不饱和脂肪酸如果不处理的话，服装会被空气中的氧气逐渐氧化、变黄，污垢会变得难以去除，产生难闻的气味。

③污垢。角质细胞会不断分裂增殖，向皮肤表面移动，并从皮肤表面脱落（图4-30）。该表皮细胞的剥离物中混入的皮脂、汗液和附着在皮肤表面的尘埃即为污垢。污垢附着在服装上后，使用弱碱性的洗涤剂可以有效地清洗污垢。

④其他。血液一旦流到体外就会凝固，由红色逐渐变成暗黑色，最后变成灰白褐色，且一旦受到阳光照射就很难清洗。与水相比，血液更容易在碱性温水溶液中溶解，但在高温下就会凝固。月经血不会凝固，所以比普通血液更容易清洗。

另外，粪尿等排泄物、唾液、母乳（表4-10）等人体排泄或分泌出的蛋白质污垢附着在皮肤和服装上后，随着时间的推移容易产生变质，从而产生难闻气味和难以去除的污垢。

（2）外环境带来的污垢

灰尘、泥沙、污水、食品和化妆品等也会直接污染皮肤。这些附着在服装上的污垢一旦产生变质，就有可能会刺激皮肤。在干燥的季节或室内穿着疏水性合成纤维材料的服装时，会产生静

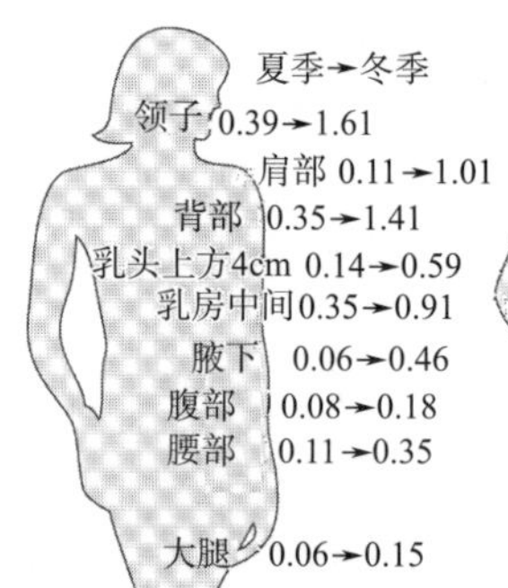

● 图4-29 身体各部位的皮肤表面皮脂量和内衣的皮脂污垢量（成年女性4名，mg/25cm²/6h）（花田嘉代子，1977）

● 表4-9 饮食和皮脂量的关系（mg/40cm²/12h）

（安田利显，1983）

人群	年龄	正常饮食	过量脂肪饮食	过量糖饮食
健康人	21 27 25	17.2 16.8 17.9	21.7 20.5 22.0	22.1 20.9 24.4
粉刺患者	19 24 25	24.5 29.7 32.8	38.9 33.9 37.8	34.9 38.1 41.3

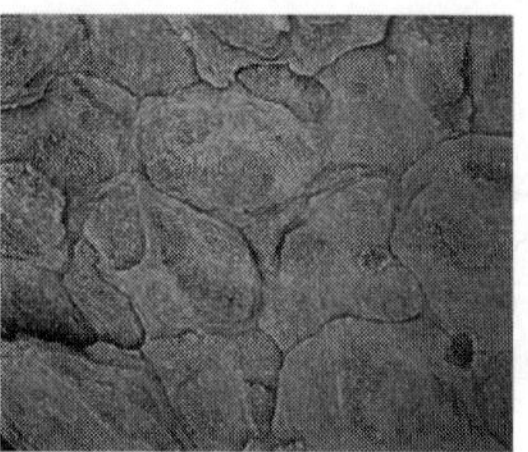
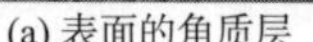
(a) 表面的角质层

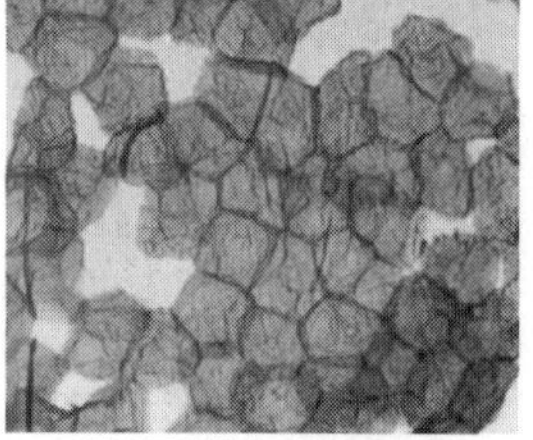
(b) 最外层的角质细胞(染色)

● 图4-30 皮肤的电子显微镜照片（嘉娜宝）

血液约占体重的8%(成人为4～5L)
成分：有形成分(45%)
血细胞96%、白细胞3%、血小板1%
液体成分(55%)
血浆(水分90%，蛋白质、无机类等10%)
比重：男性1.055～1.063，女性1.052～1.060
含铁量：健康成年人为3～4克，1mL血液中含有0.5mg，红血球中含量为65%

● 表4-10 母乳和牛奶的成分（每100mL的成分）

成分	初乳（g）	成乳（g）	牛奶（g）
脂肪	3.0	4.2	3.7
乳糖	5.7	7.4	4.8
蛋白质	2.3	1.07	3.5

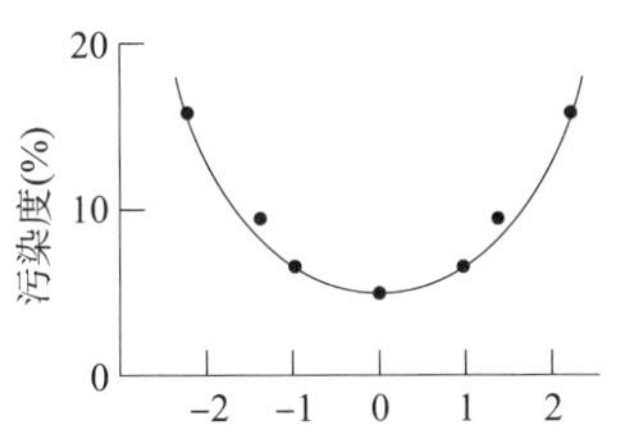

(图 4-30、图 4-31均来自奥洼，1969)

● 图4-31 服装面料带电时灰尘的黏附程度

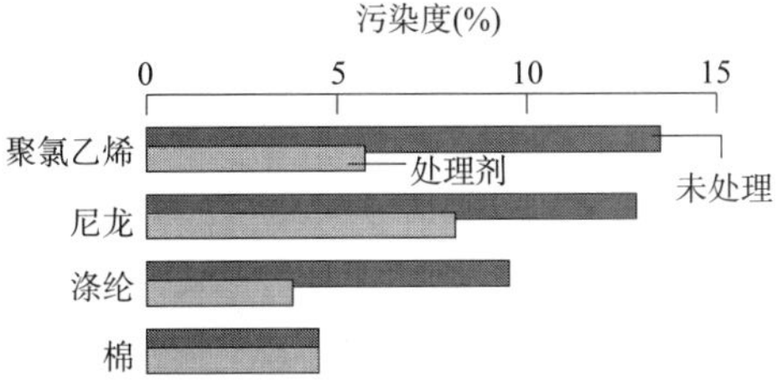

● 图4-32 通过抗静电处理面料的穿着实验得到的污染度

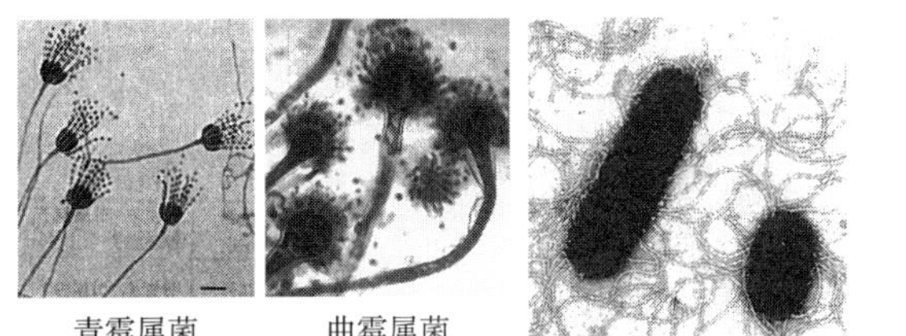

● 图4-33 霉菌的形态（光学显微镜下）

● 图4-34 大肠杆菌（电子显微镜下）

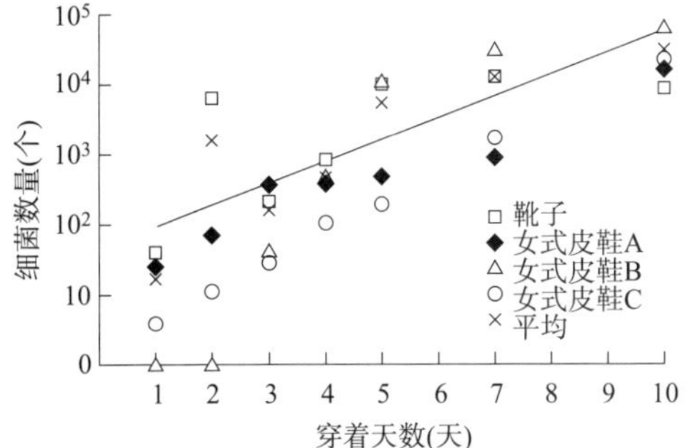

● 图4-35 鞋子的穿着天数和细菌数量

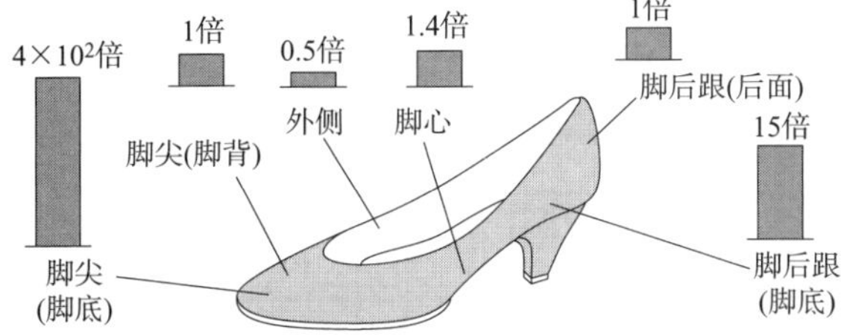

(图4-35、图4-36均来自岩崎，2002)

● 图4-36 鞋子内部的细菌数量

电，通过静电感应会将空气中的污染粒子吸附到服装上，因此下摆和袖口等部位容易变脏（图4-31）。如图4-32所示，对织物进行抗静电处理后，污渍就会难以附着。

（3）微生物污染

细菌、霉菌等微生物（图4-33、图4-34）和螨虫附着在皮肤表面和内衣上进行繁殖，刺激皮肤，从而引起皮炎。研究表明，人体中存在着100种以上的微生物，皮肤中栖息着无数的常居菌。这些微生物在有适当水分和30℃左右温度的条件下，在皮肤上和衣内会快速增殖。

①一般细菌。附着在皮肤和内衣上的一般细菌在夏季会特别多，按部位区分来说，在腋窝、背部和腰部较多。鞋内环境满足细菌生存所需的水分、污物、温度这三个条件，且洗涤次数也少，因此鞋内细菌数量特别多。从图4-35可以看出，细菌数量因鞋的种类不同而存在差异，如果连续穿同一双鞋，细菌就会一直增殖（图4-36）。穿脏鞋和光脚穿拖鞋，会使脚部的细菌增殖。引起足癣的白癣菌是真菌的一种，由于其在表皮内侧增殖，因此难以去除。明治时代以后，日本向洋装化方向发展，随着皮鞋、尼龙袜和长筒袜的普及，在高温多湿的夏季，足癣的患病率在不断增加（图4-37）。

②MRSA（耐甲氧西林金葡菌）等。MRSA等耐药性细菌引起的感染已成为社会问题。葡萄球菌（图4-38）、链球菌都是抵抗性极强的细菌，特别是葡萄球菌在80℃下，至少加热1h以上才会死亡，即使在太阳光下也能够生存数日。

链球菌在60℃下，加热2h也不会死亡。MRSA传染性强，可以通过白大褂、患者的病衣、毛巾、床单、寝具等媒介进行传染，因此有必要对这些物品彻底消毒或使用针对MRSA进行抗菌处理过的物品。

除此之外，还有沙雷氏菌属引起的院内感染，以及以空调的冷却塔和循环式浴池、加湿器等为感染源的军团菌引起的集体感染也反复发生。一段时期，SARS、禽流感等病毒突变引起的群体性感染已成为问题。

③螨虫。螨虫体长0.1～1mm，包括寄生在皮肤内部引起皮炎的粉刺螨虫、吸血液和淋巴液的尘螨、小型刺咬性螨虫（图4-39）等。图4-40展示了附着在服装上的螨虫种类及比例。如果被螨虫刺咬，会引起红疹和剧烈瘙痒，容易给皮肤造成伤害。近年来，引起特应性皮炎等过敏性疾病的粉尘螨已成为问题。此外，空调设备的完善和高气密性、高隔热性混凝土住宅的增加，使螨虫造成的危害在急剧增加。

螨虫以人的头皮屑和螨虫自身的尸体等作为食物，因此有必要控制地毯的使用，并且要经常清扫，以减少房间的灰尘（图4-41）。图4-42、表4-11分别展示的是不同种类服装中含有的螨虫数量和螨虫诱因的原生物质。螨虫不耐干燥和热，在60℃以上就会死亡，因此为了去除螨虫，将被子和洗好的衣物晒在阳光下，熨烫，都是有效的方法（图4-43）。最近市场上也有很多在纤维、纱线或面料上添加了驱虫剂的防螨产品。

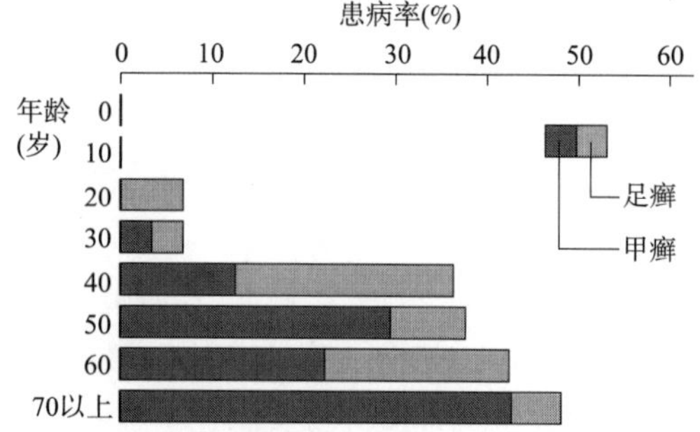

● 图4-37 按年龄划分的足癣、甲癣的患病率

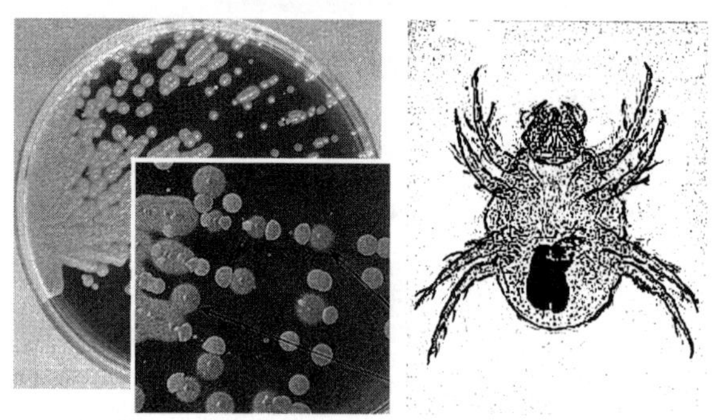

● 图4-38 金黄色葡萄球菌 ● 图4-39 螨虫（疥螨）

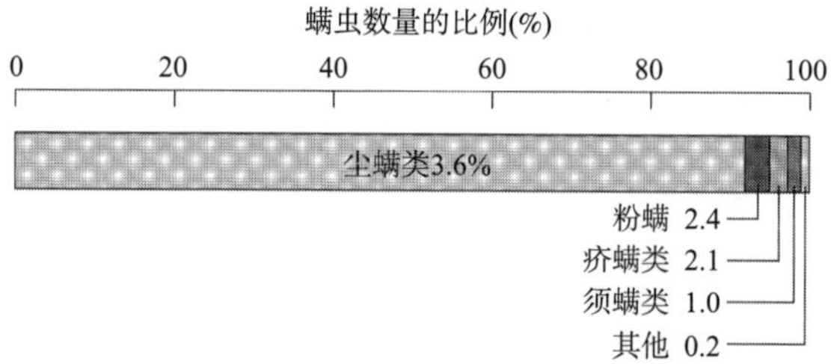

● 图4-40 附着在服装上的螨虫种类（板垣、田村，2000年，未发表）

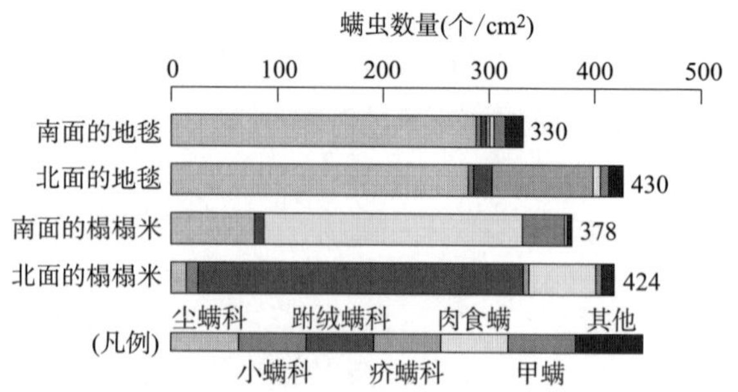

● 图4-41 螨虫的室内分布（高冈正敏，1988）

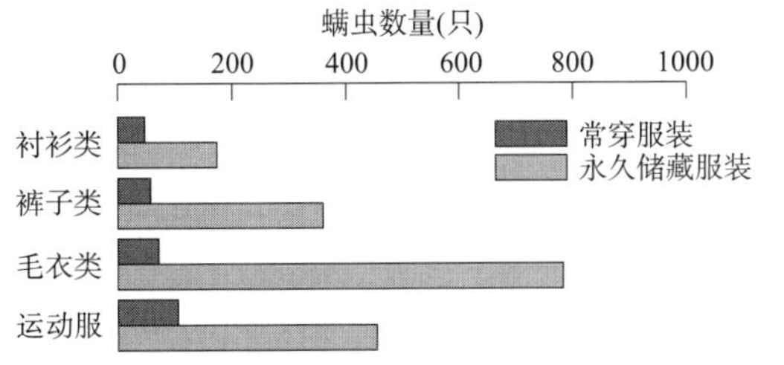

● 图4-42 常穿服装和永久储藏服装的螨虫数量（平均每件）（板垣和田村，2000，未发表）

● 表4-11 螨虫诱因的原生物质（长冢等人，2004）

皮脂	旧枕套*	污垢	角质
○	○	×	×

○：发现了诱因效果
×：没有发现诱因效果
*：用过的枕头中的乙醚提取物

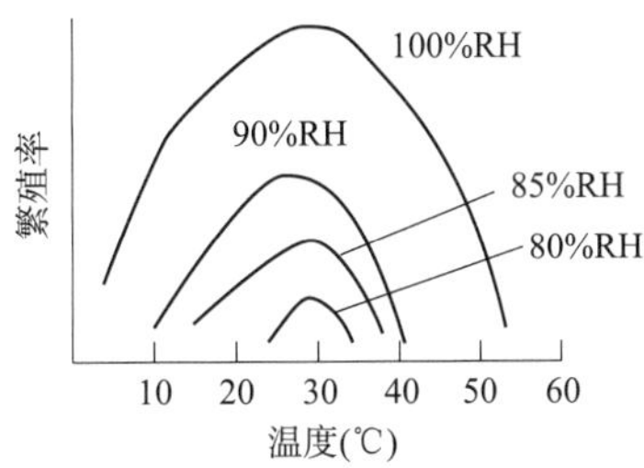

● 图4-43 湿度和霉菌繁殖（小沢）

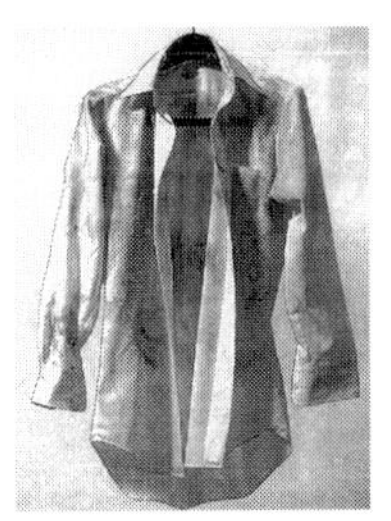

(a) 未穿内衣时

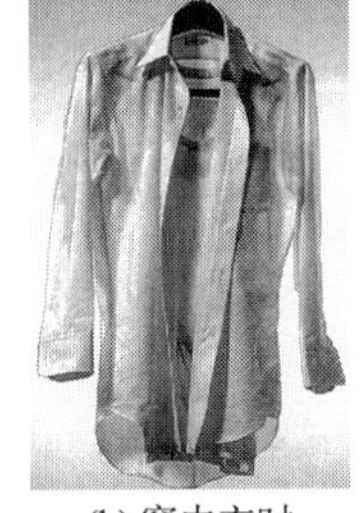

(b) 穿内衣时

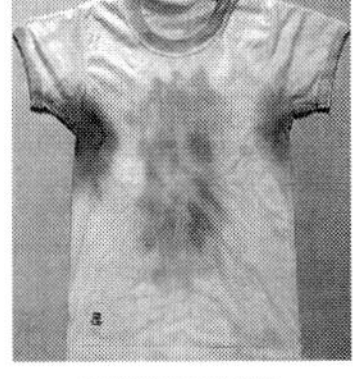

(c) 内衣和袜子

● 图4-44 利用茚三酮的污垢检测

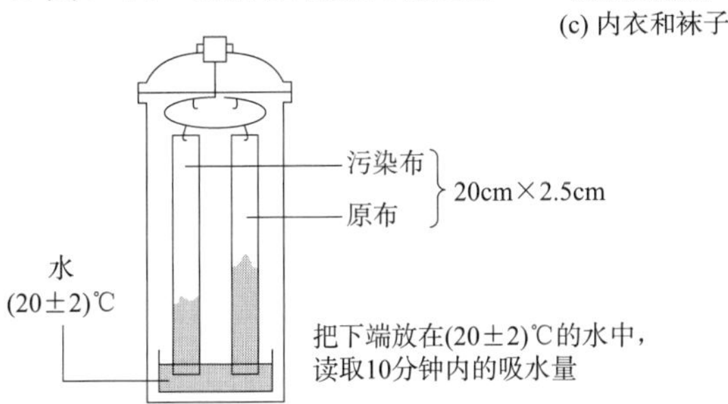

● 图4-45 芯吸法

3.2 皮肤污垢的定量测量

附着在皮肤上的污垢包括水溶性污垢、油性污垢、不溶性污垢（固体物污垢）及微生物污垢。汗液、尿液等水溶性污垢附着在衣服上后，可以用家庭洗涤剂轻易去除。皮脂或蛋白质污垢等油性污垢，可以使用有机溶剂等去除。泥土虽分散在水中，但属于不溶性污垢，可以通过同时使用洗涤剂和物理机械力的方式去除。为了定量测定皮肤污垢，可以在皮肤表面用试料摩擦，或者在内衣内侧缝上试料后穿着，利用被污染的试料，提取污垢作为检验溶液进行分析。

通过视觉判断面料污染程度的方法，包括能与蛋白质产生显色反应的茚三酮显色反应法（图4-44）、碘的气相色谱法和利用被污染面料吸水性降低的原理，比较吸水速度的芯吸法（图4-45）。

另外，还有测试检验水的pH值、利用光电比色计根据光的透过率检测溶液的浊度来判别污染程度的方法。

（1）水溶性污垢的测量

通过对水溶性污垢中所含的氯离子、氨氮、蛋白质等进行定量测量，可以推测出皮肤和内衣的污染程度。各类物质的定量测量法见图4-46。

（2）油性污垢的测量

油污的定量测量有气相色谱质谱法等（图4-47）。较简便的方法是采用单分子膜透镜法（图4-48）。

（3）微生物污垢的定量

微生物的定量测量较简便的方法

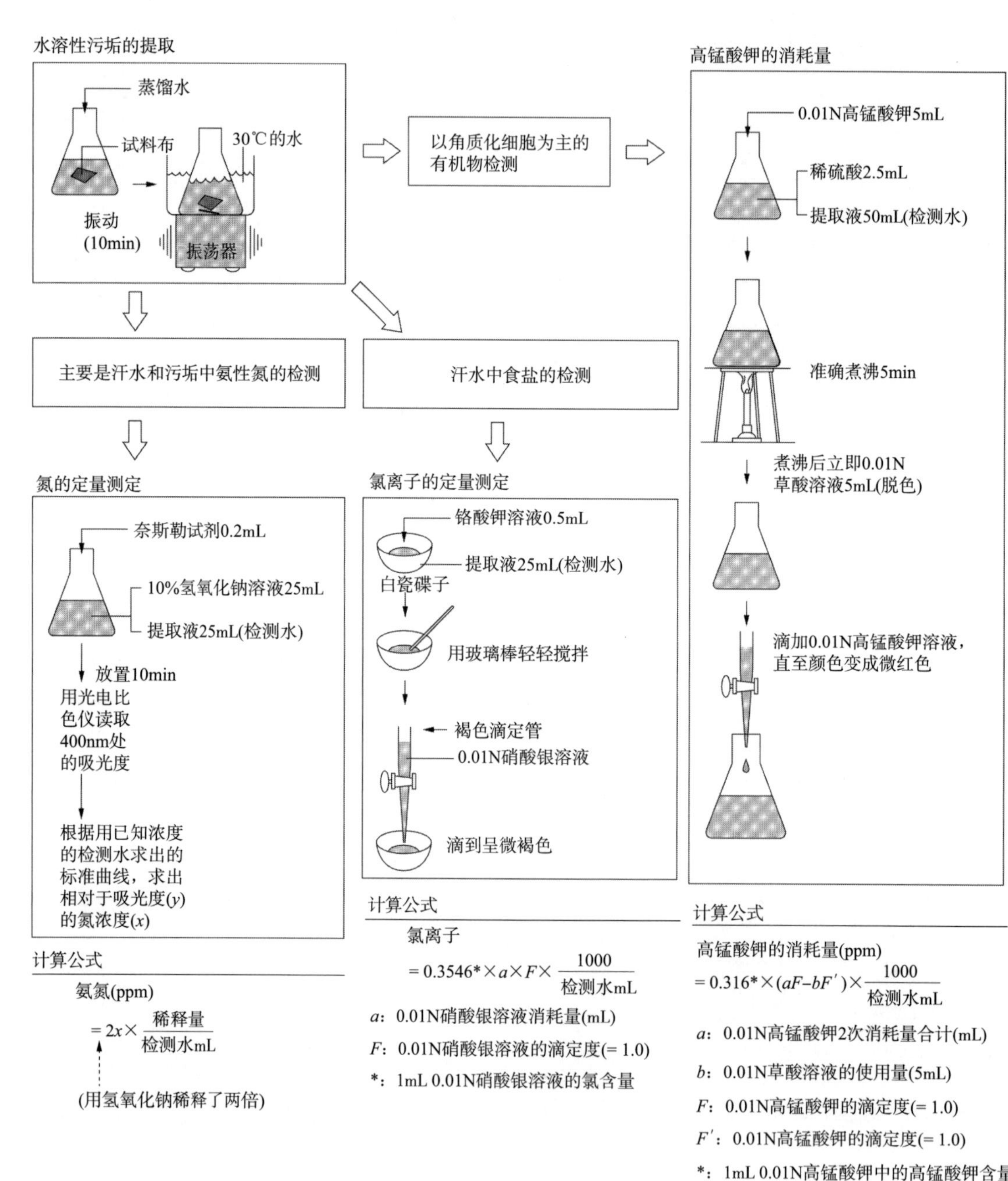

计算公式

氨氮(ppm)

$$= 2x \times \frac{\text{稀释量}}{\text{检测水mL}}$$

(用氢氧化钠稀释了两倍)

计算公式

氯离子

$$= 0.3546^{*} \times a \times F \times \frac{1000}{\text{检测水mL}}$$

a：0.01N硝酸银溶液消耗量(mL)

F：0.01N硝酸银溶液的滴定度(= 1.0)

*：1mL 0.01N硝酸银溶液的氯含量

计算公式

高锰酸钾的消耗量(ppm)

$$= 0.316^{*} \times (aF - bF') \times \frac{1000}{\text{检测水mL}}$$

a：0.01N高锰酸钾2次消耗量合计(mL)

b：0.01N草酸溶液的使用量(5mL)

F：0.01N高锰酸钾的滴定度(= 1.0)

F'：0.01N高锰酸钾的滴定度(= 1.0)

*：1mL 0.01N高锰酸钾中的高锰酸钾含量

● 图4-46 水溶性污垢的提取和定量测量

GCMS是气相色谱的高分离能力和质量分析的定性能力相结合的分析仪器，适用于脂肪酸分析等含有多成分类似化合物的分析。

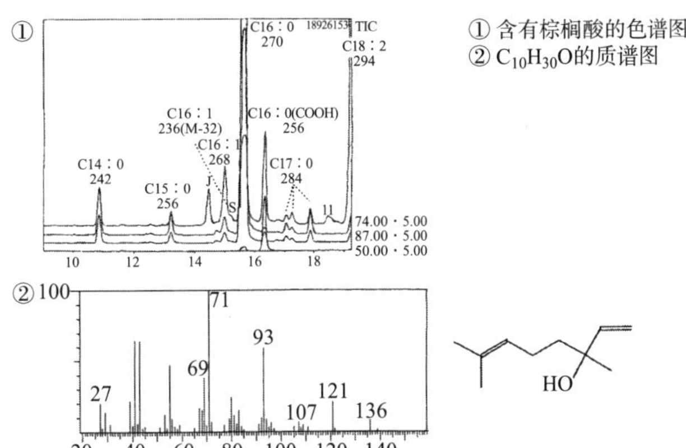

① 含有棕榈酸的色谱图
② $C_{10}H_{30}O$的质谱图

● 图4-47 气相色谱质谱仪（GCMS）

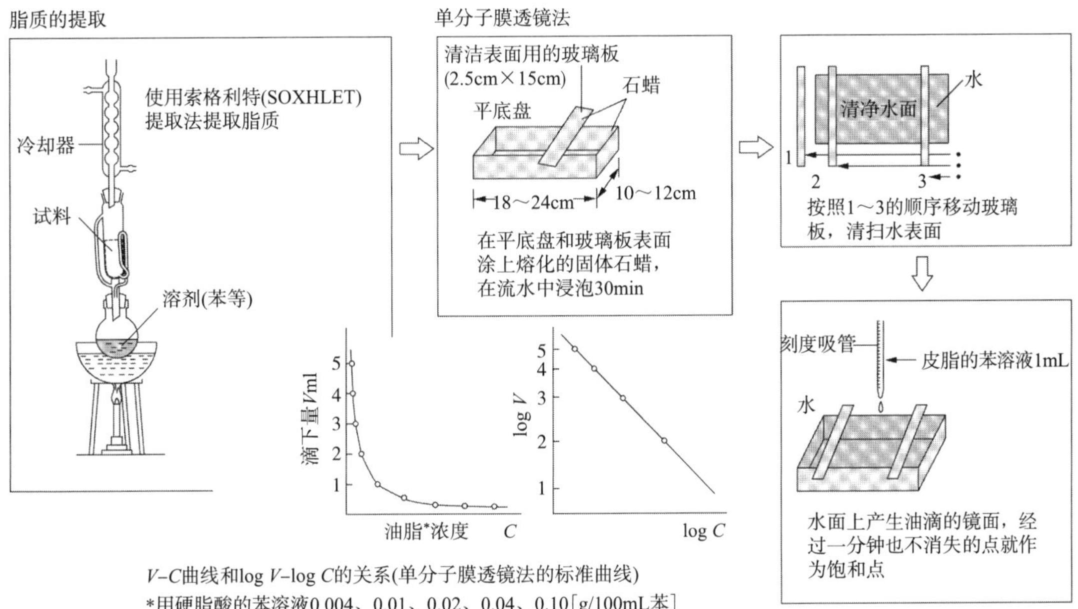

*V–C*曲线和log *V*–log *C*的关系(单分子膜透镜法的标准曲线)
*用硬脂酸的苯溶液0.004、0.01、0.02、0.04、0.10[g/100mL苯]制作标准曲线。

● 图4-48 皮脂的提取和单分子膜透镜法的油污测量

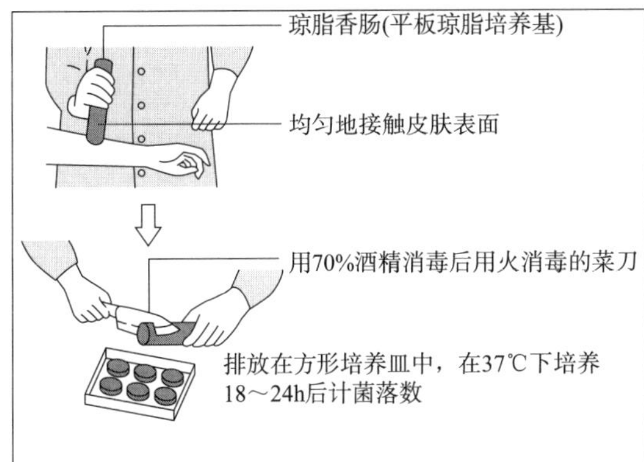

● 图4-49 平板菌落计数法

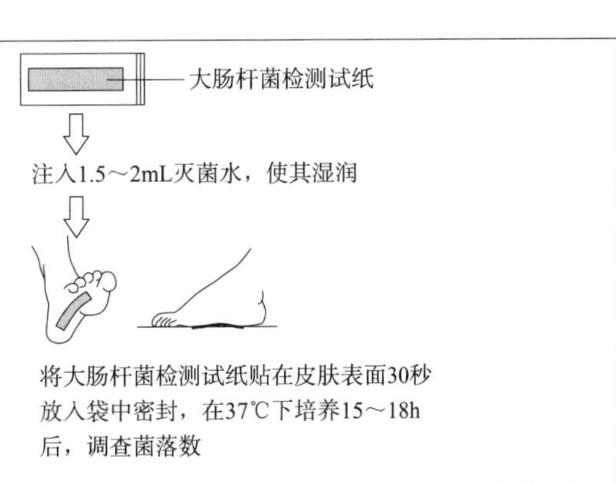

● 图4-50 大肠杆菌检测试纸法

有平板菌落计数法和大肠杆菌试纸法（图4–49、图4–50）。还可以使用将采集到的污染物在琼脂培养基培养后，计算细菌在培养基上生长发育形成的菌落数目的方法（图4–51、图4–52）。琼脂培养基因培养细菌种类的不同而不同，一般细菌使用普通琼脂培养基、羊血液琼脂培养基等，真菌使用沙普罗琼脂培养基等。

3.3 皮肤污垢、皮肤损伤的影响因素

皮肤、内衣的污染方式因季节和身体部位而异，个体差异也很大（表4–12）。另外，根据运动和工作种类、环境的不同，污染的方式会受到很大影响。

（1）季节

汗渍在夏季较多，皮脂污垢在冬季较多。细菌污垢在高温高湿的夏季特别多。

（2）身体部位

汗液等水溶性污渍，容易附着在内衣的腋窝、背部、肩胛部位。躯干的皮脂分泌较多，特别是在与内衣贴合度较高的肩胛部位，皮脂的附着比较多。细菌和真菌污垢在腋窝、足部等封闭、闷湿的部位更容易繁殖（表4–13）。

汗液和皮脂的分泌个体差异很大，根据内衣的有无、穿着环境和种类的不同，污染方式也不同。肥胖人群在活动过程中，与内衣紧密贴合的颈部、腋窝及臀部产生的机械摩擦较大，容易引起皮疹。对于皮脂分泌多的人群，面料的脂溶性染料会溶出到皮肤表面，皮肤容易发痒起疹。患有过敏性疾病的人更容易造成皮肤损伤。

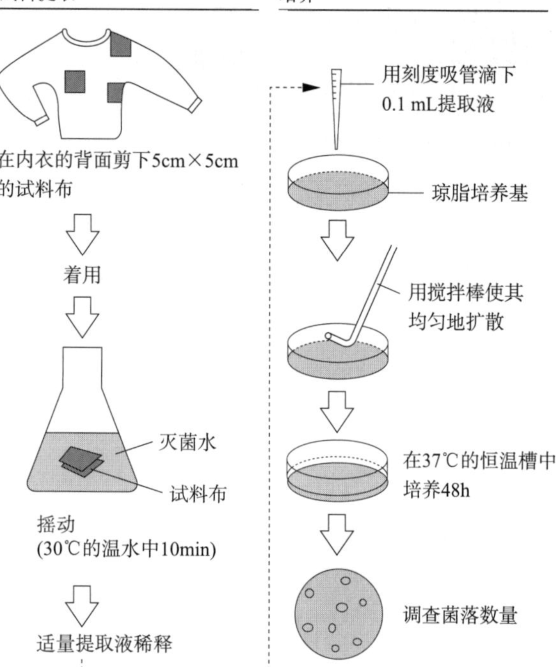

● 图4–51 内衣细菌数量的测量

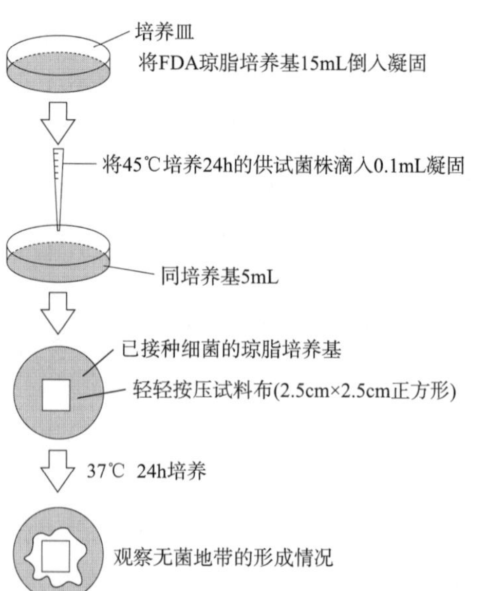

● 图4–52 光晕实验（所有操作都是无菌操作）

● 表4-12　按季节和部位区分的污染程度排序（冢田司郎）

季节	胸	腋下	背	腰	裆部	足跟
春	2	3	4	5	6	1
夏	4	4	1	2	6	5
秋	4	5	2	3	6	1
冬	5	4	2	3	6	1

● 表4-13　附着在内衣上的细菌数（个/cm^2）（大川富雄）

面料	腋下	胸	腰	足
棉	1500	36	340	200000
涤纶	550	27	47	77000
尼龙	1000	12	18	110000

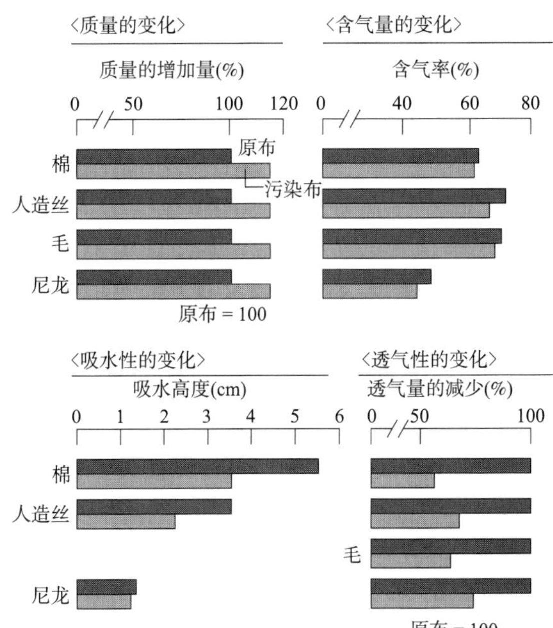

● 图4-53　服装污垢引起的织物性能变化（中桥美智子）

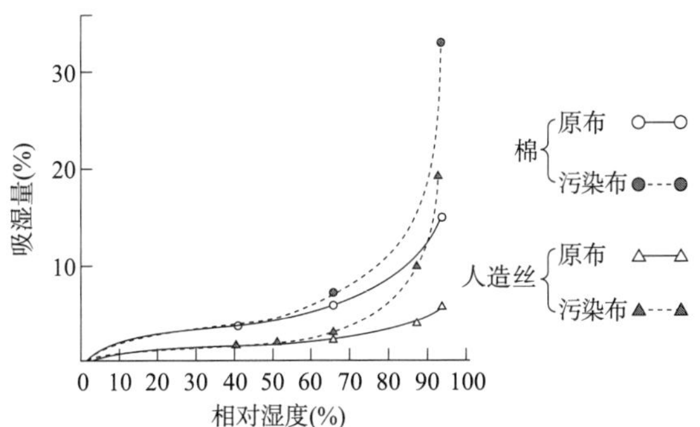

● 图4-54　附着污垢引起的吸湿量变化（中桥美智子）

3.4　皮肤污垢与健康

（1）皮肤污垢

皮肤污垢附着或吸附在所穿服装面料的表面或纤维上后可以使皮肤保持清洁。在形成健康舒适的服装环境方面，吸附污垢是服装重要的保健卫生功能，但是如果持续穿着附着污垢的服装，就会对人的健康产生影响。

（2）服装污垢

服装一旦被污染，污垢的吸附性能就会降低，辅助体温调节功能也会降低。 例如，污垢堵塞织物会导致服装透气性降低，含气量减少，保温性降低（图4-53）。织物在吸收汗液等水分变湿润后，热导性会增大，保暖性进一步降低。织物上附着皮脂后会产生泼水性，使织物吸水性降低，表面变平滑，从而接触冷感变大（图4-54）。

（3）健康生活

受污染的服装容易繁殖细菌和霉菌等微生物，这些微生物会产生难闻的臭味、引起皮肤发炎、导致服装变色和脆化。图4-55显示的是通过气味传感器和感官评价法对穿着后的内衣在干燥、湿润条件下放置6天期间的气味变化进行调查的结果。相比干燥条件，细菌在湿润条件下更容易增殖，4～5天以后，衣服上难闻的臭味变得特别强烈。如果继续放置，就会导致害虫的繁殖。平时保持皮肤的清洁，注意穿着具有较好污垢吸附能力的干净内衣的同时，更重要的是注意更换被污染的服装，通过清洗和正确的打理来维持内衣本来的性能。而且，根据需要还可以采用防止细菌增殖的卫生处理方法。

4 服装造成的皮肤损伤

服装有保护身体免受外部各种危险的作用。但是，本来为了保护身体所穿着的服装，有时反而会对人体造成危害。

服装对人体造成的危害，从1960年左右家庭用品中使用大量化学物质有所增加，随着合成纤维的大量使用，由加工处理剂等引起的皮肤损伤频发。现在，虽然与以前相比，由服装引起的皮肤损伤事件有所减少，但有报告称，由新开发的纤维、加工剂、伸缩性材料等引起的皮肤损伤时有发生（图4–56）。

4.1 服装造成皮肤损伤的原因

服装造成皮肤损伤的原因有物理刺激和化学刺激两种。

（1）物理刺激

服装造成的压迫、反复摩擦等受纤维的硬度、形状、面料的组织结构、缝制方法、附属品等因素影响，有时会引起接触性皮炎（皮疹等）。服装标签、整理后硬化的面料、粗糙低劣的花边（图4–57）会使颈部和腋下等部位容易与服装产生摩擦，如果皮肤易过敏或服装与汗液难以蒸发的部位反复接触的话，就容易产生瘙痒和湿疹（图4–58）。弹性大的毛、透明的粗的长丝纱线等容易产生特别强的皮肤刺激。

为了解纤维材料对皮肤的刺激性，可以采用贴敷实验（河合法），即将试料紧贴在健康成人的皮肤表面，24h后利用显微镜观察皮肤表面（表4–14）。一般情况下，纤维较粗、捻度较大、绒毛较多、经过高浓度树脂加工的面料对皮肤的刺激性较高。并且，三角形截面的纤维比圆形

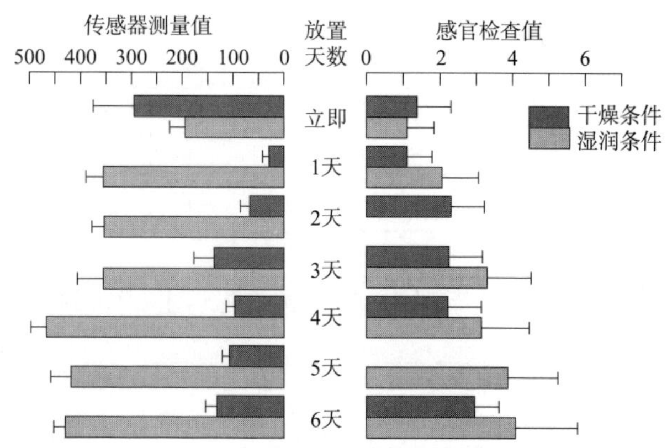

● 图4–55 附着污垢的内衣随放置天数而引起的气味变化（牧野、岩崎、田村，2001年，未发表）

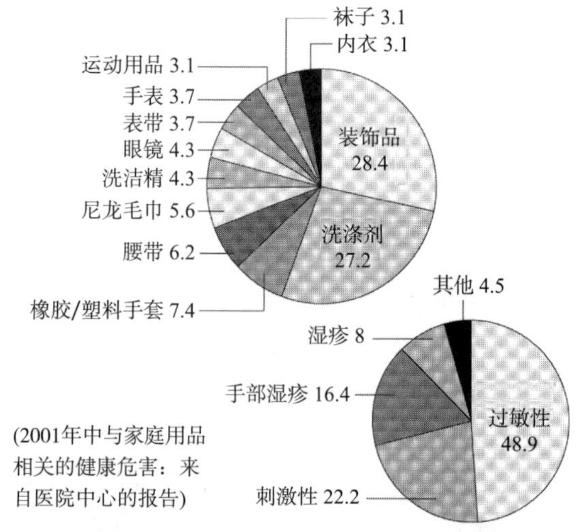

● 图4–56 引起健康危害的家庭用品和危害的种类

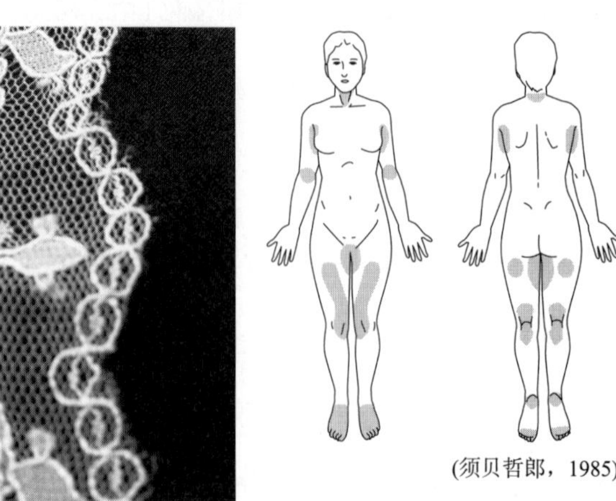

● 图4–57 蕾丝花边 ● 图4–58 服装易引起皮炎的部位

● **表4-14　服装危害的化学实验法**

<一次刺激性实验>	
4 1.5 4 (cm) 林和布 测试用创可贴	① 在前臂内侧的皮肤上，将滴入0.05 mL检体（1滴）的贴片测试用棉布贴在胶布上，贴敷48h ② 去除棉布后，用肉眼判断30min及24h后的皮肤状况，分以下5个等级进行判断 -：没有反应　±：轻微的红斑 +：红斑　　++：红斑+浮肿 +++：红斑+浮肿，丘疹及小水疱
<过敏性试验>	
① 将5%月桂基硫酸钠水溶液滴入贴片测试用棉布中0.05 mL，贴敷于上臂内侧24h ② 将标本贴在同一部位48h，去除30min后用肉眼判断刺激反应。重复①、②5次，进行致敏 ③ 经过14天后，再次将10%月桂基硫酸钠水溶液0.05mL滴在棉布上贴敷，1h后除去 ④ 经过48h后，用与检体相同的方法在同一部位贴敷48h ⑤ 去除后30min后和24h后进行以下判断 -：无反应者　　±：轻微发红 +：慢性轻度发红　++：中等程度发红，水疱形成 +++：高度发红，形成溃疡	
<通过显微镜观察的贴敷试验判定法（河合法）>	
① 在上臂内侧贴上检测布和控制布（用TA—4—30加工的布）（开放系统） ② 24h后清除，肉眼判断	

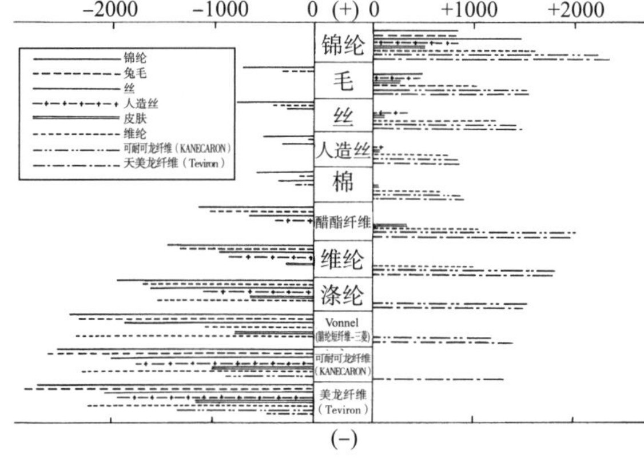

● 图4-59　带点序列和带电电压（V）（奥洼）

截面刺激强，直径30μm以上弹性大的粗纤维、长丝纱线等容易产生特别强的刺痛感。

①压迫造成的皮肤损伤。由于塑形内衣等尺寸不合适引起束缚而产生的压迫，以及由于服装在人体活动时的伸缩性不够产生的压迫等都会引起皮肤损伤。皮肤受到压迫后血流量减少，导致压迫部位中心产生瘙痒和疼痛，如果持续压迫，还会使皮肤引起肿胀和色素沉淀。

②静电造成的皮肤损伤。物质摩擦、接触、接触分离时产生的静电，对于纺织品来说，可以达到数千伏甚至数万伏。服装产生静电后，不仅会出现缠绕难穿脱、走路困难、噼啪作响、皮肤刺痛等不适感，还会吸附周围的悬浮物产生污垢。特别是合成纤维带电后是天然纤维污染的2～4倍。

图4-59显示的是各类纤维材料的带电序列及带电电压。带电序列是根据两种物质相互摩擦产生静电时的正负推列次序。图中的两种物质摩擦时，接近（+）的方向带正电，另一方向带负电。排列的距离越大，电荷量越多。静电的产生受纤维含水量和空气湿度的影响，面料含水量和环境湿度越高，静电消失的速度越快。在冬季干燥地区的户外和有暖气的室内容易产生静电，服装的静电也容易引起皮肤损伤。

③热熔融造成的皮肤损伤。合成纤维的熔融温度较低且易燃，因此容易因摩擦和燃烧而产生熔化（图4-60）。贴身的长筒袜、体操服等，特别是尼龙制作的服装，会因摩擦熔化而引起烫伤，还会因热水熔化而引起严重烫伤。

（2）化学刺激

纤维制品中的化学物质，有直接作用于皮肤引起皮肤损伤的情况，也有造成皮肤过敏引起皮肤损伤的情况（表4-15、表4-16）。

①染料造成的皮肤损伤。服装的染色除了天然染料外，还有许多化学染料。化学染料中含有氨基的碱性染料容易引起皮肤损伤。有报告称，存在因劣质品的染料引起皮肤炎症和全身中毒的病例。直接接触皮肤的服装，特别是过敏体质人群和婴幼儿的贴身衣物等，需要用水洗涤等方式清洁后才能穿着。

②整理剂造成的皮肤损伤。纤维制品中使用的树脂整理剂、漂白剂、柔软剂等成品添加剂，以及防菌防霉剂、防虫整理剂中所含的化学物质，在穿着过程中会溶解出来，对皮肤产生刺激。

树脂整理剂中使用的甲醛，其毒性特别高，如果加工或清洗不彻底，在长期使用过程中，游离的甲醛会溶于汗液，从而引起皮肤损伤。它与有机水银一起从1965年开始被限制使用。

家用洗衣整理剂中的阳离子系、卤素系柔软剂，如果过度用于贴身衣物、尿布等，就会使吸水性变差，有可能引起尿布疹等症状。

干洗用石油类溶剂如果干燥不充足，容易残留在服装上（图4-61），也

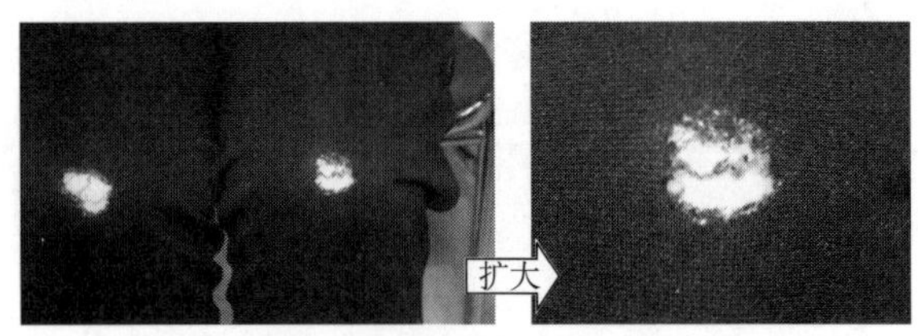

● 图4-60 发生热熔融熔化的运动裤的膝盖部分

● **表4-15 纤维制品中检测出对皮肤有危害（红斑、瘙痒等）的化学物质**

男式运动短裤（100%棉） 化学物质萘酚AS（染料）
内裤（棉/尼龙） 化学物质六亚甲基二胺（单体）
女衬衫（醋酸纤维/棉/氨纶） 女式上衣（涤纶） 女式裤子（涤纶/氨纶） 化学物质均为分散染料（蓝色）

（产品评价技术中心）

● **表4-16 有害物质及其主要的健康危害，以及家庭用品的限制标准**

树脂整理剂
甲醛：黏膜刺激，皮肤过敏 标准：婴儿，可检测量以下 其他：75ppm或更低 对象（家庭用品）：尿布、尿布套、围嘴、内衣、中层服装、手套、袜子、内衣、外衣、帽子
防虫整理剂
狄氏剂：肝损伤、中枢神经损伤 标准：30ppm以下 对象（家庭用品）：尿布套、内衣、睡衣、手套、袜子、中层服装、外衣、帽子、床上用品
防菌防霉剂
有机汞化合物：中枢神经障碍、皮肤病 三苯基锡化合物①、三丁基锡化合物②： 经皮、口服急性毒性，皮肤刺激性，生殖功能障碍 标准：可检测量以下 对象①（家庭用品）：尿布、尿布套、围嘴、内衣、卫生带、卫生裤、手套、袜子 对象②（家庭用品）：睡衣、床上用品、窗帘、地毯
防火整理剂
APO①：造血功能障碍 TDBPP：致癌性 BDBPP化合物②：致癌性 标准：可检测量以下 对象①（家庭用品）：睡衣、床上用品、窗帘、地毯 对象②（家庭用品）：尿布套、内衣、睡衣、手套、袜子、中层服装、外衣、帽子、床上用品、地毯、家用毛线

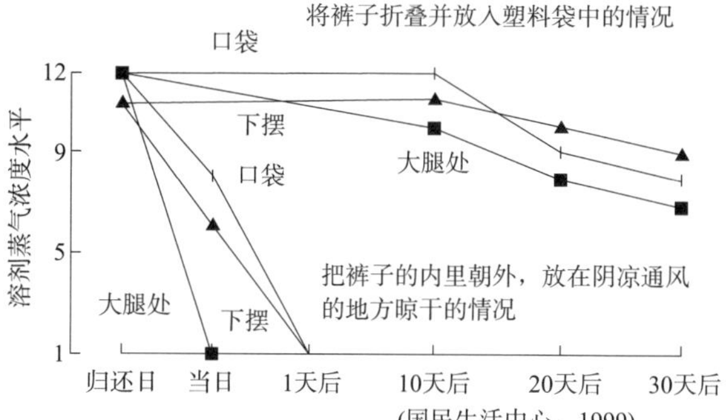

● 图4-61　干洗溶剂蒸气浓度的变化

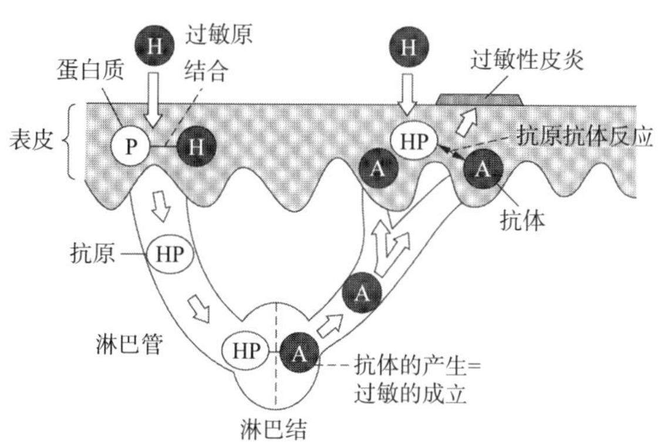

● 图4-62　过敏反应的发生模型

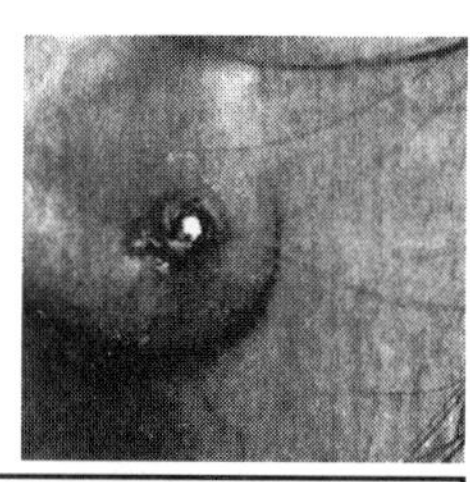

引起过敏的金属
〈强〉镍(Ni)、钴(Co)、铬(Cr)、汞(Hg)、钯(Pa)
〈弱〉金(Au)、铂(Pt)、锡(Sn)、铜(Cu)
〈无〉钛(Ti)、银(Ag)、铁(Fe)

● 图4-63　金属引起的皮肤炎症（耳钉）

● 表4-17　针对甲醛的限制规定

婴儿用品（24个月以内）	可检测量以下（16ppm*）
儿童用、成人用 内衣、手套、袜子和日式短布袜 内穿的衣服 外衣	75ppm以下* 300ppm以下** 1000ppm以下**

*《含有有害物质的家庭用品管制法》
** 经济产业省指导下的行业标准

有合成皮革材料的裤子引起被称为化学烧伤的急性皮炎的案例。清洗后的服装必须从塑料袋中取出，通风后再收纳、穿着。

③过敏性皮肤损伤。当某种异质物质（抗原）侵入体内时，体内就会产生抗体。抗体在体内产生后，如果抗原再次进入体内，会因抗原抗体反应引起致敏（图4-62）。对特定的化学物质会产生强烈的致敏反应，如果出现病态则称为过敏，引起过敏反应的物质被称为过敏原。即使是低浓度的化学物质，也有可能引起全身性的症状，过敏体质的人在使用纤维制品时需要特别注意。

涤纶、锦纶、腈纶等合成纤维或它们的混纺产品，在穿着过程中或穿着后，有时局部会产生被称为尼龙斑疹的症状。在某些情况下，耳环和项链等使用的金属，如镍、铬等也会造成金属过敏的症状（图4-63）。这种接触性过敏性皮炎在特定的部位出现症状，接触一段时间后症状容易恶化。如眼镜架、表带等引起的过敏。

一般情况下，化学物质是通过皮肤吸收或呼吸来吸入的，但是对于婴儿使用的纤维制品，还需要注意婴幼儿通过舔吸经口吸入化学物质。考虑到婴幼儿的皮肤感受性高，所以针对婴儿用品的甲醛含量进行了严格限定，见表4-17。

4.2　皮肤损伤与服装

容易引起皮肤损伤的服装有内衣、塑形内衣、毛衣、纸尿裤等，对于直接接触皮肤和颈部的服装需要特别注意。

根据日本厚生劳动省的调查，在受到健康损害的病例中，女性特别是20多岁的女性居多。出汗量多、皮脂分泌量多的人在夏季容易受到皮肤损伤，干燥肌肤的人在冬季容易受到皮肤损伤。皮肤损伤的程度因穿着者和穿着条件等的不同而不同，一般的预防方法是，立即更换被汗水浸湿的服装、购买的新内衣在穿着前清洗等，平时注意清洁很重要。

4.3 针对皮肤卫生及皮肤损伤的对策

近年来，为了提高纤维制品的功能和附加值，进行了各种整理。在这些整理中，为了维持和提高皮肤的清洁度，对纤维制品进行整理称为卫生整理。卫生整理大多具有抗菌性，以及与之相伴的除臭性能和防臭性能。表4-18显示的是臭气种类及其成分。为了控制微生物的繁殖，有时也会使用抗菌剂。在内衣、制服、白大褂、袜子等使用的抗菌剂中，因为有引起过敏性皮疹的药剂，所以纤维制品卫生整理协会制定了自主标准，经审查通过了“SEK标志”认证（图4-64）。另外，由于人们对除臭功能越来越关注，制造商正在致力于研发具有除臭性能的材料。纤维评价技术协会通过了“除臭整理标志”认证（图4-64）。这些整理技术都是为了维持服装和皮肤的清洁度，今后关于护理场所的防臭效果要求会不断提高。

● 表4-18 臭气及其成分

臭味	臭气成分
汗臭	氨、乙酸、异戊酸
老人味	氨、醋酸、异戊酸、壬烯醛
排泄臭味	氨、醋酸、甲硫醇、硫化氢、吲哚
烟臭味	氨、醋酸、乙醛、吡啶、硫化氢
生活垃圾臭味	硫化氢、甲硫醇、三甲胺、氨

SEK标志

纤维制品卫生整理协会
认证编号 ○○△○○

抗菌防臭整理
(抑制纤维上细菌的繁殖，显示除臭效果)

公司名或商品名

S表示纤维，E表示评估(评价)，K表示功能。抗菌防臭效果，效果的耐久性(耐洗性)，整理的安全性都得到了保证。

该标志可以保障抑制纤维上细菌增殖的“抗菌除臭整理”“抑菌整理”的质量和安全。

除臭整理标志：(汗臭的情况)

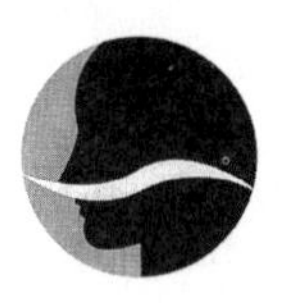

(公司)纤维评价技术协会
认证编号 ○○○○○○
除臭加工(汗臭)
纤维通过与臭气成分接触，从而减轻臭味
臭气成分：氨、醋酸、异戊酸
药名：大类(中或小类)

公司名或商品名

纤维通过与臭气成分接触，从而减轻臭味。臭味有汗臭、老人味、排泄臭、香烟臭、生活垃圾臭。

SIAA标志

SIAA=Society of Industrial-technology for Antimicrobial Articles (抗菌产品工业技术协会)在电器产品、住宅设备机器、洗脸/厕所/厨房用具、文具等广泛的抗菌产品、抗菌剂上进行标识。

● 图4-64 纺织品的各种认证标志

服装环境科学

Ⅲ. 应用篇

第5章 适应气候变化的服装

(a) 古埃及的罗印 · 克罗斯

(b) 日本古坟时期的女性服装

● 图5-1 壁画里的服装

人类从出现之初就开始穿着兽皮和植物制成的服装，迁移到原本光靠裸体无法生存的气候环境地区，并在地球各地扩展生活场所。随着时间的推移，人们对服装使用的材料、形状和穿着方法等进行不断改进，并代代相传，还通过手工制作各种装饰品，孕育出了当地独特的被称为“民族服装”的着装文化。我们可以从丰富多彩的着装中，解读人们克服各种气候条件和适应各种气候变化的智慧（图5-1）。

> 全球气候带分为热带、温带、亚寒带、寒带4类，分别在气温、降水量、风、日照等方面有不同的特点。地球整体的平均气温为14.3℃，平均年降水量约为1000mm，但地域差异很大，根据地域的不同，年温差也很大。

1 自然环境、文化环境与服饰形态

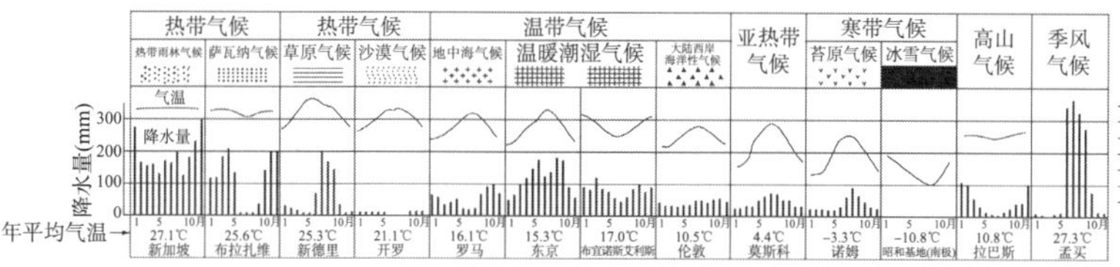

● 图5-2 全球气候带和各地区的降水量及气温

民族服装的形态与该地区的气温和降雨量有关。图5-2显示的是世界气候带、各地降水量及气温的年度变化。民族服装是利用当地的自然资源作为材料，配合不同气候，适应日常起居和生活方式而形成的。丰富的装饰性反映了审美意识、信仰、礼仪等文化环境，染色、织、编等手工艺技术塑造了舒适的衣内气候。虽然民族服装是在每个居住地区的有限范围内穿着，但可以发现每个气候带都有共同的特点。小川安朗基于气候风土的服饰造型进行了总结见表5-1。小川安朗研究表明，这些民族服装按照发生→展开→变化→流动→停滞→残存→消失的顺序变迁，其变迁以表5-2所示的20个原则为基础。

各民族服装按其形态分类，可分为腰布型、卷衣型、贯头型、前开型、体形型。一般来说，腰布型是在腰部只用绳子或布缠绕覆盖的类型；卷衣型是用宽幅的布绕在腰上、挂在肩上等形式缠在人体上的类型；贯头型是将长方形布的中央穿过头穿着的类型；前开型是衣襟搭在一起并用腰带系紧的连衣裙型；体形型是根据人体形态制成筒形袖的上衣和裤子的类型。

● 表5-1　基于气候风土的服饰造型（小川安朗，1991）

气候风土	适应对策	服装款式	地域示例
寒带极寒	防寒、四肢包覆	体形型	阿拉斯加 北欧
热带酷暑（湿热）	露出身体、促进出汗	腰布型	东南亚 南太平洋 热带丛林
沙漠性干燥	全身包裹、遮挡日晒、抑制出汗	蒙面包覆身体*、宽松长袍**	阿拉伯 撒哈拉 马格里布
温带温和	轻装、简便	卷衣型 前开型	地中海地区 东亚
多雨性潮湿	防雨服装、配饰	宽松型	东南亚 热带降雨地区
夏干冬湿（西欧型）	针对干热湿冷的防暑服装	体形型	西欧
夏湿冬干（远东）	针对湿热干冷的防暑服装	前开型	日本 东亚

* 一种用来遮阳，全身包裹的服装款式。
** 一种应对干热环境的宽松、长袍式的服装。

● 表5-2　服饰变迁的原则

变迁的诱因	变迁的动态	变迁的形成	变迁的静态	服饰的归宿
①环境顺应 ②内因优越 ③优势支配	④模仿流动 ⑤渐变习惯化 ⑥逆行变化 ⑦竞进反转	⑧外衣蜕变 ⑨形式提升 ⑩格式低下 ⑪系列分化 ⑫无用退化 ⑬无缘类同 ⑭性别对立	⑮融合消化 ⑯停滞残余 ⑰孤立成熟	⑱固定不变 ⑲回归基础 ⑳国际同化

2　气候与民族服装

2.1　暑热地区

暑热地区指赤道中心附近的高温地区，可分为湿润地区和干燥地区。

（1）湿润地区

热带多雨、季风气候，全年高温高湿，不需要穿保暖的衣服。在过去也有全裸或只系腰绳的部落，但现在无论哪个地区都穿着服装。

高温高湿气候的民族服装，具有促进汗液蒸发的形状和材料的特征。服装多用宽松易于通风的形状，以及吸湿性

盛装。胸前围着抹胸，下半身穿着筒状腰裙。

● 图5-3　爪哇岛：抹胸、腰裙

披肩披到胸前，筒状的方裙。

● 图5-4　泰国：服新

腰裙是一种女性用的筒状长裙。由于中间的垂直条纹部分被折叠到内部并被穿上，因此它们变得不可见。

● 图5-5 缅甸：笼基

较好的棉和麻面料，使用腰布型和卷衣型较多，不系紧身体，可以更凉爽。

①腰布型。在东南亚各地都能看到。如印度尼西亚爪哇岛的抹胸、腰裙和纱笼（图5-3），泰国的服新（图5-4），缅甸的笼基（图5-5），斐济的苏鲁等（图5-6）。在这些地区，有每天在河里洗澡好几次的习惯，所以这些服装款式有易干、易替换的特点，并且一般使用棉的平纹织物。

②卷衣型。在印度，女性纱丽的着装方式是用一块长而薄的布缠在腰上，布边挂在左肩上。由于皮肤露出部分多且纱丽是开放式的，所以体热容易散失（图5-7）。男性的裹裙是用一块布像裤子一样穿着，颜色与薄上衣一样，为白色，可以避免辐射热的吸收（图5-8）。

● 图5-6 斐济：苏鲁

● 图5-7 印度：纱丽

● 图5-8 印度：裹裙

（2）干燥地区

以亚热带为中心的纬度在20°～40°的地区，是世界上降雨量较少且干燥地带较多的地区，特别是从北非到阿拉伯、中亚的沙漠地带在不断扩大。在强烈日照的沙漠中，为了遮挡日照，一般都是穿着包括头部在内的覆盖全身的民族服装（图5-9～图5-11）。在中近东的伊斯兰教文化圈，出于宗教原因，需要佩戴面纱。面纱是保护头部、面部不受太阳辐射、抵御强风和沙尘伤害的必需品。干燥地区一般昼夜温差比较大，面纱还可以在夜间起到防寒作用（图5-12、图5-13）。

在危地马拉、墨西哥和秘鲁等拉丁美洲的高地，人们穿的是一种名为“蓬乔”的贯头衣（图5-14、图5-15）。由于衣服和身体之间的空间较大，开口也较大，因此内部空气容易流通。其中较长的服装可以覆盖住全身，因此可以避免日

● 图5-9 巴勒斯坦：长裙

● 图5-10 约旦：长袍（背影）

● 图5-11 约旦：盖布

照。在昼夜温差较大的高地，也可用于防寒。五颜六色的“蓬乔”在不同地区都有各自的特色。

2.2 温暖地区

温暖地区是以温带气候为主的地区，大部分气候温和、有适量降水、四季变化丰富。在西欧、北美、日本在内的东亚地区，体形型或前开型的民族服装很普遍。

夏季干燥、冬季多雨的内陆型气候的欧洲民族服装为体形型，以骑马游牧民族的服装为原型。筒型袖的上衣、裤子和裙子符合人体形状，所以具有功能性，是最适合活动的。随着西欧成为世界文明的中心，其服装也在其他气候带地区流传开来，成为很多地区的民族服装。体形型服装可以根据四季的温度变化很随意地进行重叠穿着，在背心和围裙等加入手工刺绣等工艺的民族服装在欧洲各地广泛流行（图5–16、图5–17）。

在夏季炎热高湿、冬季干燥寒冷的亚洲温带地区，民族服装多是前开型服装。由于穿脱简单，开口较大，所以夏天凉爽，冬天则可以根据寒冷程度叠加穿着。日本的和服（图5–18）、不丹的“帼”（图5–19）、中亚的“袷袢”（图5–20）、韩国的赤古里裙（图5–21）等，都以连衣裙型居多，有系腰带的，也有不系腰带的。在日本，人们会根据四季来搭配合适的服装，把材料和缝制方式不同的同款式服装单穿或叠穿的风俗习惯很流行。

2.3 寒冷地区

西伯利亚、中国东北部、加拿大北部等亚寒带地区，阿拉斯加和西伯利亚北部的寒带地区的气候特征是气温低、冬季长。在这

● 图5–12 阿富汗：罩面头巾

● 图5–13 摩洛哥女性：面纱和口罩

● 图5–14 危地马拉：贯头衣

● 图5–15 秘鲁：蓬乔

● 图5–16 爱沙尼亚：女性着衬衫和裙子，男性着立领上衣和及膝裤子

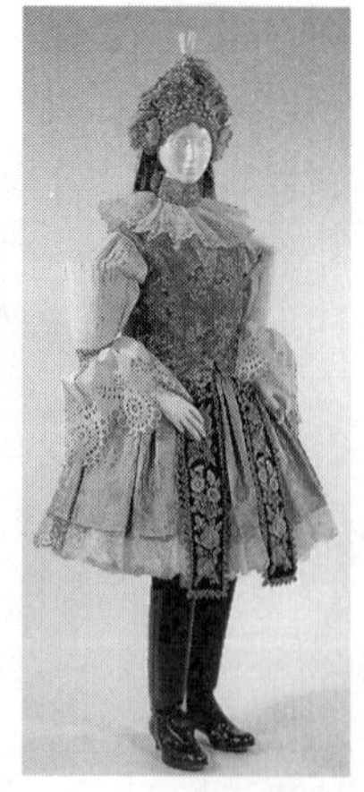

● 图5–17 捷克：女性着大袖子的衬衫和前后两片构成的裙子

● 图5-18 日本：和服

● 图5-19 不丹：帼

● 图5-20 中亚：袷袢

(a) 女性赤古里裙、短袄（上衣）

(b) 男性外衣（长袍）

● 图5-21 韩国的赤古里裙、短袄、长袍

● 图5-22 因纽特：毛皮帽

● 图5-23 日本：夏天的领带

些寒冷地区，没有防寒服装就无法生存，但由于植被贫乏，很难获得用作衣料的纤维材料。因此，在这些地区可以看到以生活在针叶林地带的野兽、海豹等海兽的毛皮作为材料的民族服装。例如，因纽特人以海豹和海象为食物的同时，还穿着用它们的毛皮做成的高防寒性民族服装。

在寒冷地区，为了尽量不让皮肤暴露在低温的外界空气和风中，人们会用手套、围巾、长靴等覆盖身体，尽量减少开口，服装紧贴身体，因此体形型服装比较适合。作为防寒服装，将毛皮的皮面朝向外侧可以防风，将含气量高的毛面朝向内侧，用来提高服装的保温性。毛皮中不易积雪的毛，常用于帽檐、帽子和外套（图5-22）。

3 民族服装及现代服装

现在，许多民族服装只作为婚礼等礼仪服装使用，主要是老年人和已婚女性穿着。目前世界上普遍穿着的是体形型的西洋服装。在温暖、夏季干燥的西欧，领带和西服的搭配比较合适，但是在其他地区要想舒适地穿着就需要使用空调。特别是在夏季高温高湿的日本，户外穿着时的不舒适感以及办公室等室内环境空调的使用所引起的环境问题是一个重大的课题（图5-23）。

民族服装在悠久的传统中，是为了适应各地的气候和风土而积累下来的文化财产。现在，人们所依赖的空调等人工环境引起的环境破坏已成为全球问题，因此，我们对民族服装的材料、形态、穿着方法还有很多地方需要去学习。

第6章 舒适的内衣

1 从历史看内衣的作用及性能要求

内衣是在有外衣的时候才开始存在的，因此很难解释与现在的内衣相似的服装的出现是否是内衣的开始。但是，现在的内裤和短裤的原型被认为是东南亚使用的兜裆布和古代欧洲的罗印·克罗斯（腰衣）。在公元前2000年的古埃及时期，上流阶层的女性将两件透明的丘尼卡叠穿，其中里面的那件就成了女性内衣的基础（图6-1）。

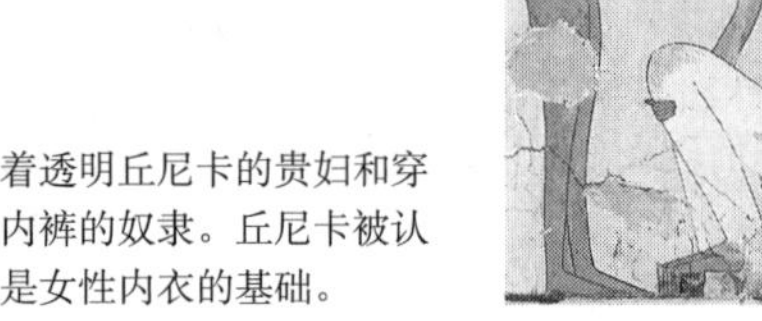

穿着透明丘尼卡的贵妇和穿着内裤的奴隶。丘尼卡被认为是女性内衣的基础。

● 图6-1 壁画里的女性内衣（古埃及）

关于中世纪以后欧洲的内衣所具备的功能，列举了以下五种。

（1）御寒保暖

在暖气不像现在这样发达的环境中，内衣的保温性是不可缺少的。19世纪的男性穿法兰绒衬裤（图6-2），女性裙子里面穿的衬裤等，可以看出当时的内衣比现代更厚。据说在日本大正时代，纯毛制的筒形腰卷很受欢迎（图6-3）。

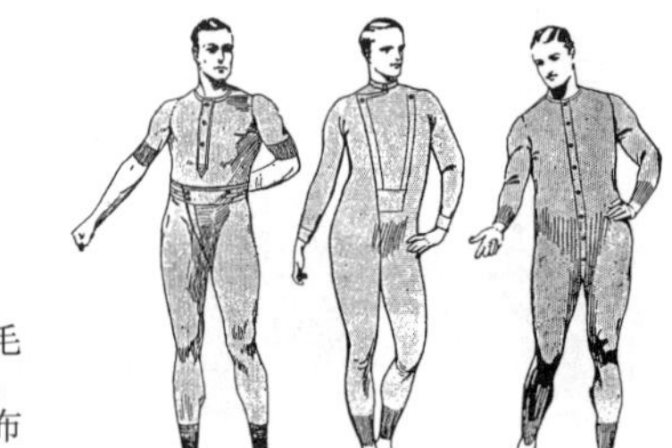

法兰绒是轻且柔软的毛纺织物。平纹或斜纹，经过缩绒处理，表面布满倒伏的毛羽。

● 图6-2 男性法兰绒衬裤（19世纪）

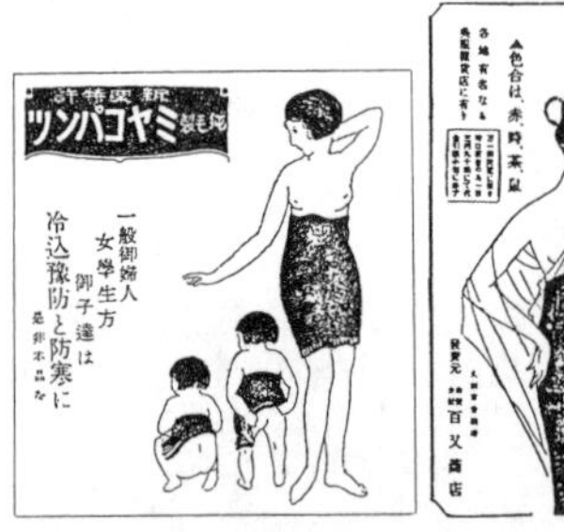

● 图6-3 纯毛筒形腰卷（大正时代）

（2）保持服装轮廓

特别是女性，随着时代的不同，喜欢各种各样的服装轮廓，支撑轮廓造型是内衣的重要功能之一（图6-4）。

为了支撑长而宽的连衣裙的下摆，出现了一种叫作裙撑的木制骨架，后来又出现了铁制的骨架。

● 图6-4 裙撑（19世纪后半叶）（SONE EYE，1997）

（3）清洁目的

内衣可以保护外衣不受皮肤污垢的

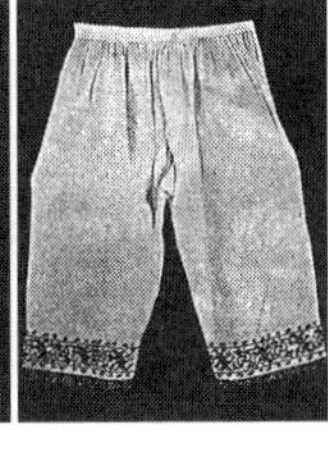

● 图6-5　16世纪后半叶意大利的女性内衣

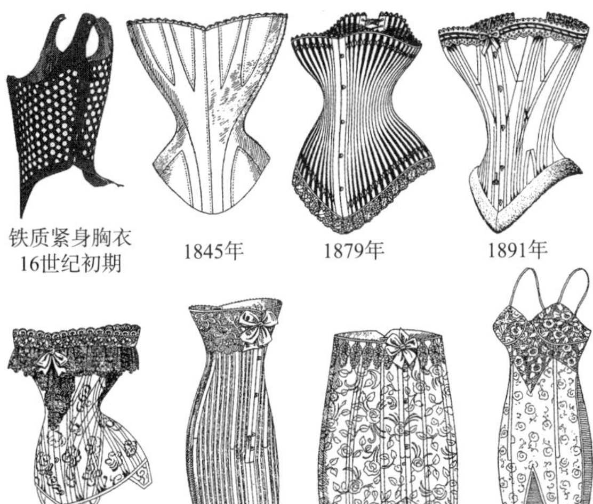

● 图6-6　紧身胸衣的变迁（SOEN EYE，1997）

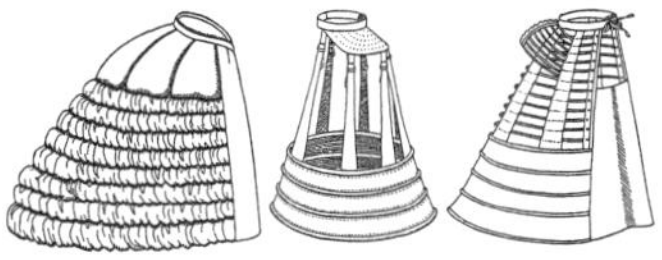

● 图6-7　裙撑（SOEN EYE，1997）

● 图6-8　文胸广告（大正时代）

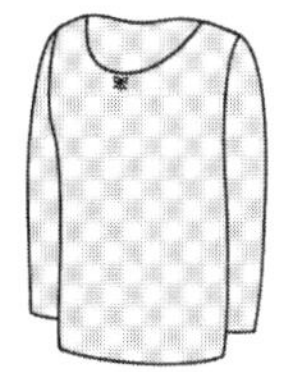
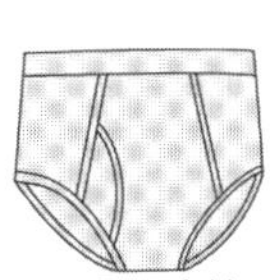
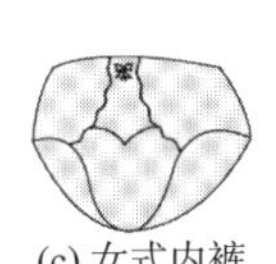

(a) 内衣　(b) 男士内裤　(c) 女式内裤　(d) 短裤

● 图6-9　贴身内衣（Underwear）

影响，而皮肤清洁的卫生观念形成于比较近的时代（图6–5）。特别到了17世纪，内衣外露，其表面奢华的装饰物使洗涤变得困难，这时期的内衣极不卫生。1640年法国的生活管制规定："人要不时地洗澡，手要每天清洗。"因此，很多具有强烈香味的香水被广泛使用。到了维多利亚时期（19世纪后半期），清洁成为阶级的象征，内衣开始频繁地被更换。在上流阶层中，直到第一次世界大战为止，还一直持续着"无法忍受皮肤的任何部分接触礼服和西装"的这种清洁观念。

（4）展现身体线条

内衣一直具有展现女性性感的功能。在设计中，出现了从胸部或裙子下摆露出内衣是象征"脱衣"行为的设计。此外，强调丰胸细腰的紧身胸衣（图6–6）、强调腰线的裙撑（图6–7）、钢圈等内衣，都反映出时代审美意识，起到了展现身体线条和服装轮廓的作用。

（5）社会阶级的体现

特别是男性服装，昂贵材料的外衣、黏合的褶边内衣、干净的雪白袖口等，都是金钱、闲暇和教养的证明，也是一种性感魅力的展现。

2　现代内衣的功能与分类

在现代，内衣被定义为"在外衣里面穿着的服装"，根据功能可以分为贴身内衣（Underwear）、塑身内衣（基础内衣或调整内衣）、装饰内衣（Lingerie）（图6–8）。

（1）贴身内衣（Underwear）

Underwear是与皮肤直接接触穿着的长袖内衣、内裤、短裤等的总称，是根据季节使用相应的材料来保护身体免受冷热影响的内衣（图6–9）。

贴身内衣的功能有以下几点。

①吸收皮肤分泌的汗液、皮脂、污垢等，使皮肤保持清洁。

②防止皮肤分泌的污垢污染及损伤不易清洗的服装。

③调节服装的透气性和保温性，使身体保持舒适。

（2）塑身内衣

塑身内衣是胸罩、束腹短裤、紧身衣等具有调整体型效果的内衣的总称，作用是可以通过调整使身体线条接近理想比例（图6–10～图6–14）。其功能有以下几点。

①适度支撑身体，调整身体线条。

②将因重力导致下垂的胸部和臀部调整至正常位置。

③抑制体表面的皮下脂肪在运动时

> **乳房的构造**
>
> 乳房附着在肋骨上方的胸肌上，主要由多个乳腺小叶和脂肪组织（皮下脂肪）组成。乳房悬韧带支撑乳腺小叶，保持乳房形状。乳腺小叶越多，乳房就越有弹性。一旦乳房离开胸肌，胸部就会下垂并且无法恢复原状。
>
> 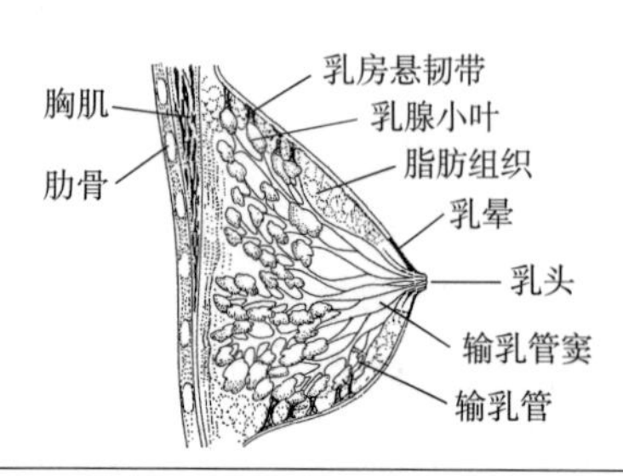
>

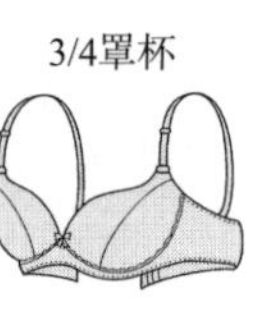

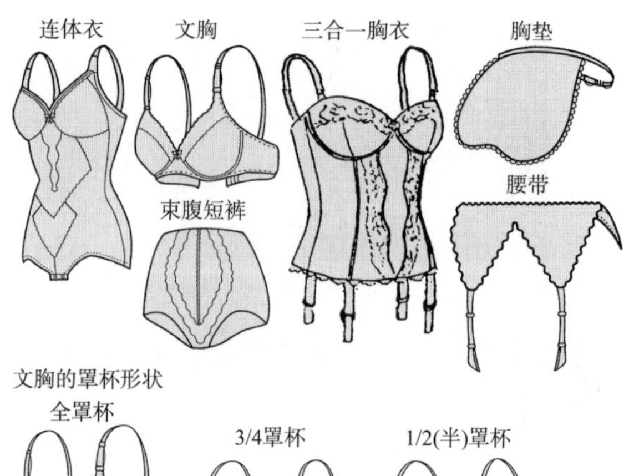

● 图6–10　塑身内衣

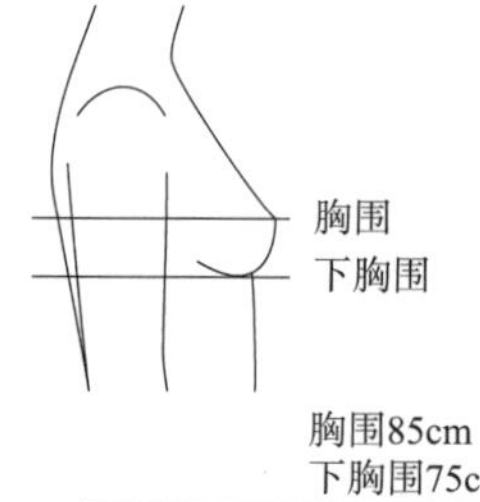

罩杯尺寸

约7.5cm	AA罩杯
约10.0cm	A罩杯
约12.5cm	B罩杯
约15.0cm	C罩杯
约17.5cm	D罩杯
约20.0cm	E杯
约22.5cm	F罩杯

尺寸标示的示例

下胸围	75
胸围	85
A75	

● 图6–11　文胸的尺寸

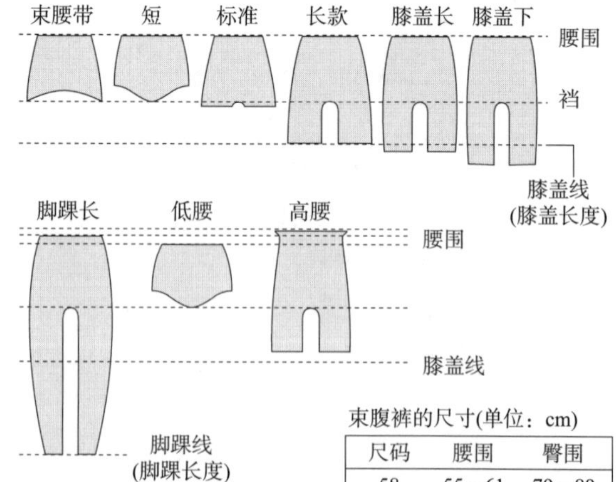

束腹裤的尺寸(单位：cm)

尺码	腰围	臀围
58	55～61	79～89
64	61～67	83～93
70	67～73	86～96
76	73～79	89～99

● 图6–12　根据束腹裤长度的分类

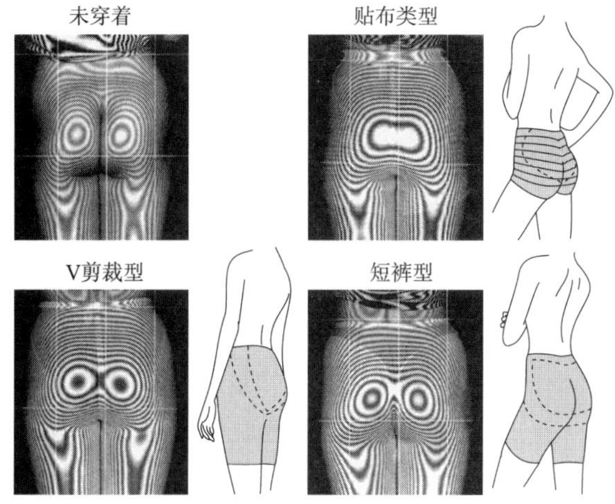

● 图6-13　束腹裤的提臀效果

尺寸标示示例

下胸围	75
胸围	88
臀围	92～100
B 75L	

臀围尺寸

S码 (82 ~ 90cm)
M码 (87 ~ 95cm)
L码 (92 ~ 100cm)
LL码 (97 ~ 105cm)
3L码 (102 ~ 110cm)

尺寸标示上写着下胸围和胸围尺寸的值和臀围尺寸的允许范围。上面的尺寸是文胸尺寸和臀围尺寸的示例。

● 图6-14　尺寸示例

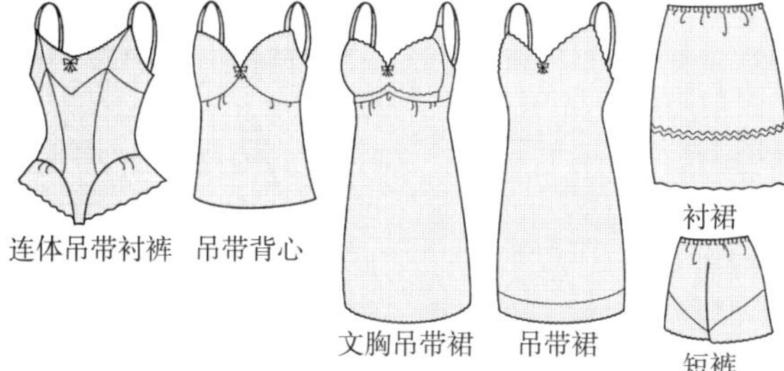

● 图6-15　装饰内衣

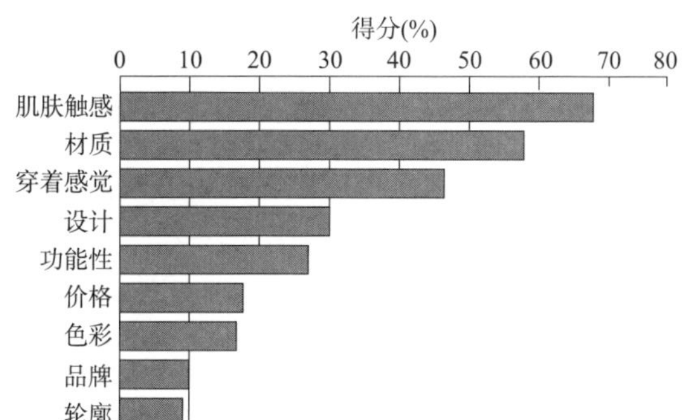

● 图6-16　内衣的选择条件

产生的振动，使动作更顺畅。

（3）装饰内衣（Lingerie）

装饰内衣是装饰性内衣的总称，是吊带裙、吊带背心、衬裙等穿在塑身内衣和服装之间，以提高服装和身体之间的爽滑性，以调整服装轮廓为目的所穿着的内衣（图6–15）。装饰内衣的功能有以下几点。

①使用表面光滑、摩擦小的材料，减少服装与身体之间或服装与整形内衣之间的摩擦，使活动顺畅。

②使用比较薄的材料来调整服装的轮廓。

③服装薄透的情况下，可以防止看到身体线条或塑身内衣。

④丰富的颜色和美丽的花边给人一种优雅和华丽的感觉。通过与服装的颜色、塑身内衣的花边等相组合，表现出时尚感。

3　内衣的材料

在选择内衣的时候，消费者列举的要素排序是肌肤触感、材质、穿着感觉、设计、功能性等（图6–16），占据前列的肌肤触感、材质两者都与“形”无关，而与标志着内衣质感的材料特性相关。

内衣的材料有棉、羊毛、真丝等天然纤维，由木材浆的纤维素加工而成的人造丝、虎木棉等再生纤维，牛奶蛋白纤维等半合成纤维，以及以石油为原料的腈纶、锦纶等合成纤维。这些纤维各有优缺点（表6–1）。天然纤维最重要的优点是吸湿性高，这种性质在合成纤维中很难得到。

棉对污垢的吸收性好，手感柔软，不易产生静电，而且洗涤性好，作为内衣，特别是贴肤的内衣，具有极好的性能。所以在选择的时候，很多消费者会选择棉材质内衣。合成纤维虽然吸湿性差，但通过后整理可以使吸水性变高，并具有加快汗液蒸发和洗涤后易干燥的优点。而且，像锦纶等材料拥有的细、柔软、美丽且强度高的特性是内衣和长筒袜等不可缺少的。另外，塑身内衣的材料需要适度地压迫身体，所以需要具备容易拉伸的特性。对于塑身内衣的研发，聚氨酯纤维的开发是不可或缺的。

在选择内衣材料时，需要根据内衣种类和部位选择纤维，或者纤维的混纺、混用，不同纤维的多层结构等，努力发挥各种纤维的长处（图6–17）。近年的研究结果显示，除了身体的束缚，忍受穿着肌肤触感不好的内衣，也会对人的自主神经系统产生影响，严重的还会导致体温调节功能和脑活动的下降。预计今后内衣材料的开发将越来越受到重视。

最近，纤维以外的材料也被积极地用于内衣当中。以图6–18所示的硅胶文胸为代表，类似皮肤触感的内衣正在被商品化。另外，受到健康风潮的影响，也出现了在纤维中加入木炭和电气石等材料的商品。但是，它们对身体的效果和影响的验证还不充分，今后需要通过进一步的研究来开发具有品质保证和值得信赖的商品，这变得越来越重要。

● 表6–1　内衣的材料分类

天然纤维	棉	吸湿性、吸水性好，手感好，能很好地吸收污垢
	羊毛	吸湿后会发热，所以不易变冷；富有弹性，保暖
再生纤维	人造丝	具有高吸湿性和吸水性，但弄湿之后容易起皱
	虎木棉	一种改良人造丝易收缩和弹性差缺点的纤维
半合成纤维	牛奶蛋白纤维	触感与丝绸相似，比丝绸更结实
合成纤维	腈纶	吸湿性较差，但柔软、轻便和保暖
	锦纶	触感轻盈、柔和，在合成纤维中吸湿性高
	涤纶	几乎没有吸湿性，但易干，强度高
	氨纶	弹性大，多用于长筒袜

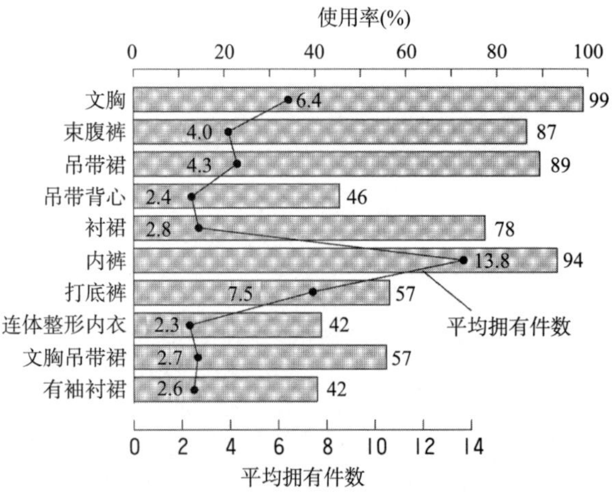

● 图6–17　内衣的使用率和平均拥有件数

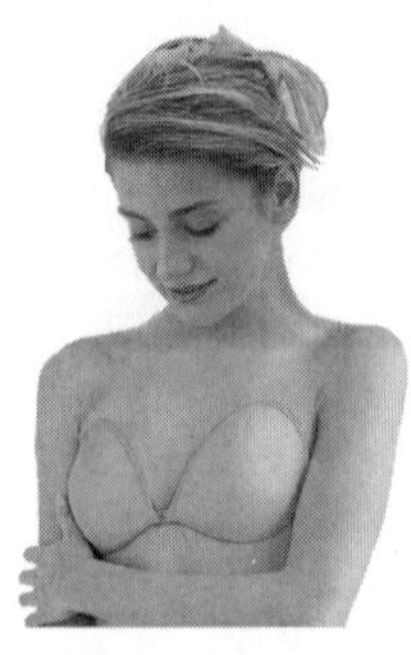

外层是聚氨酯材料，内层由硅胶等聚合物制成。在没有肩带、底座的情况下也能形成美丽的胸部线条。

● 图6–18　硅胶材料文胸

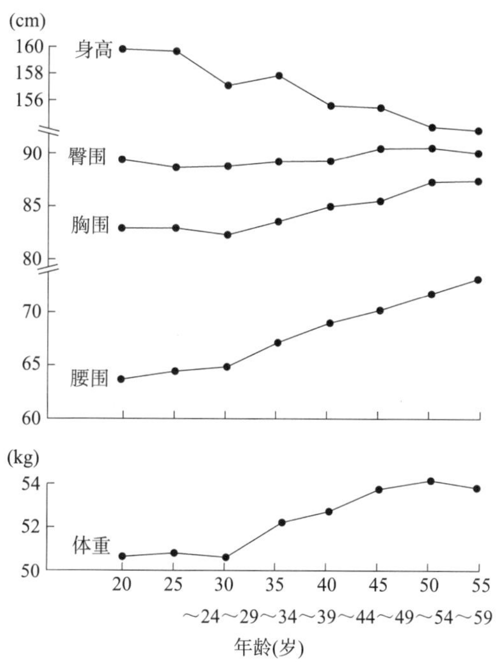

● 图6-19　女性的体型（身体尺寸）

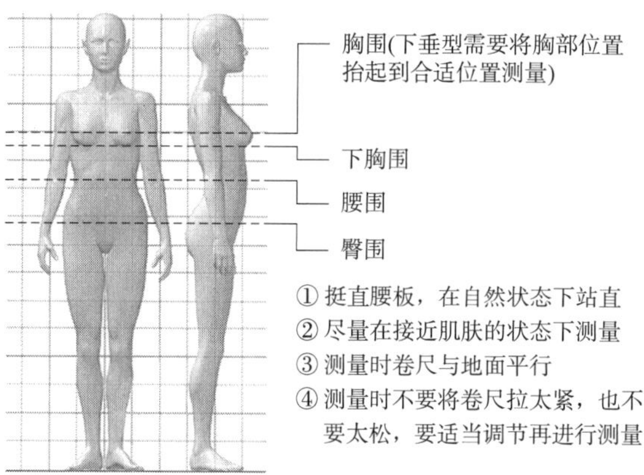

● 图6-20　尺寸的测量方法

① 肩带的长度是否合适
② 前中心是否浮起(一根手指进入的程度)
③ 罩杯是否贴合胸部，是否有空隙
④ 下胸围是否合适
⑤ 腋下有没有浮起，是否压住
⑥ 后面扣的位置是否在肩胛骨下面

● 图6-21　文胸穿着的检查要点

4　内衣的选择方法

对于贴身内衣的选择，冬天的柔软性和保温性，夏天的清爽性和吸水性等，以及皮肤触感的舒适性是优先考虑的。对于装饰性内衣的选择，优先考虑蕾丝的质感、面料的光滑性、颜色和设计等时尚性。另外，对于塑身内衣来说，尺寸、合体性以及与力学相关的功能性极其重要。如果这些方面出现错误的话，可能会导致虽然很喜欢内衣的设计，却几乎穿不上的情况，所以在选择内衣时，试穿环节非常重要。

即使人体尺寸相同，体型也会千差万别；即使是同一个人，体型也会随年龄的增长而变化。与有松量的服装不同，鞋和塑身内衣等紧贴身体穿着的物品，原则上尺寸要在每次购买时测量，以尺寸作为标准（图6-19、图6-20），一定要养成试穿的习惯（图6-21）。此时，不仅要考虑是否合体，还要考虑穿着塑身内衣的TPO，即根据场合要考虑穿着的外衣是运动服还是正式的聚会礼服，又或者是容易显露身体线条的针织服装等，来选择相应的内衣。

5　内衣的展望

到20世纪70年代为止，为了不让人意识到或者不引人注目，内衣颜色以白色和米色为主，但近年来出现了原色和中间色等色彩斑斓的内衣，与外衣兼用的“展示性内衣”也在兴起。内衣的外衣化体现了服饰史上服装的变迁。

比如过去T恤是内衣，现在被用作外衣。此外，部分文胸的外在化、吊带裙的外在化开始出现在服装流行中（图6–22）。

近年来，“治愈内衣”“感觉内衣”等以“穿上后更舒适”为卖点的内衣被很多消费者所接受。例如，为了有效地提高冬季内衣的保暖性，需要研究对身体的哪些部位进行保暖更有效，活动中抑制皮肤表面空气流动且合体的设计是什么。相反，夏天的内衣需要研究出汗最多的部位是哪里，能有效排出汗液的设计是什么。

另外，像图6–23显示的以乳腺癌患者文胸为主，对适用于残障人士的内衣开发明显滞后。对于能满足各类人群舒适生活的通用内衣研究也是当务之急。

内衣的发展从为了展现美丽，忍耐过度紧身的体形调整时代，到“适度压迫”和“适度放松”混合的“舒适内衣”时代，向“功能性”“时尚性”“舒适性”三者平衡的内衣文化发展。根据内衣所承担作用的强弱，设计的着力点会有所不同。由于内衣是最接近人体皮肤的，所以研究符合人体生理、运动功能要求的设计，对于高质量内衣的开发是很重要的。另外，虽然目前将内衣按功能划分可分为贴身内衣、塑身内衣、装饰内衣这三种，但一件内衣同时具备所有功能的新一代内衣也并不是梦想。

总之，内衣不只是“穿着在外衣里面”的存在，内衣的内侧会对身体产生很大的影响。今后，随着人们对内衣与心灵、身体之间关系的充分了解，可以大大促进 “舒适内衣文化”的发展，这对服装环境学来说具有重要意义。

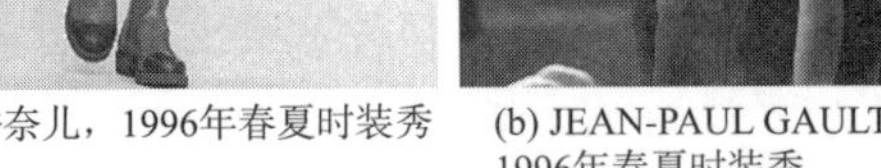

(a) 香奈儿，1996年春夏时装秀　(b) JEAN-PAUL GAULTIER，1996年春夏时装秀

● 图6–22　内衣外穿（SOEN EYE，1997）

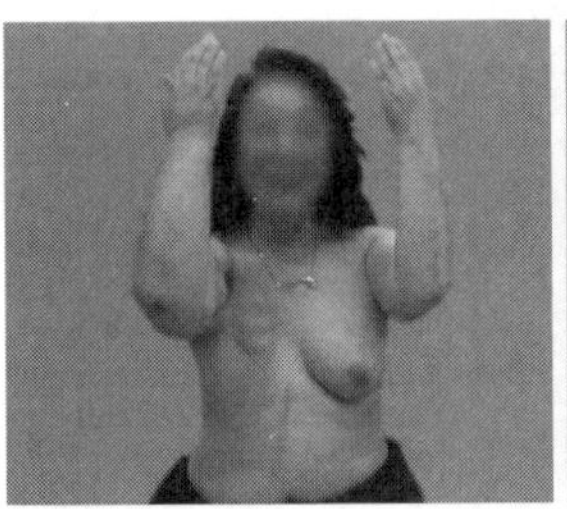

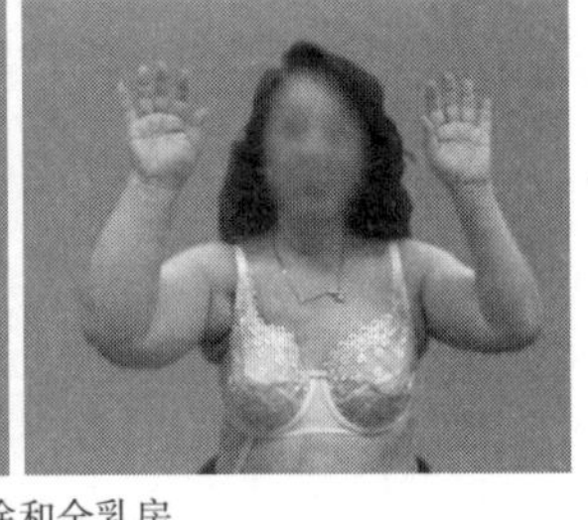

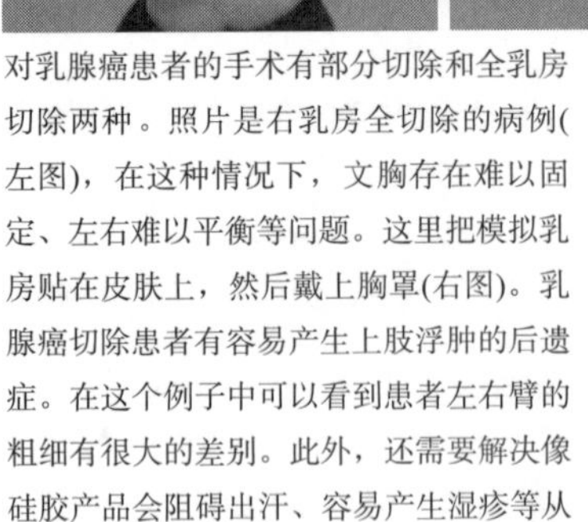

对乳腺癌患者的手术有部分切除和全乳房切除两种。照片是右乳房全切除的病例(左图)，在这种情况下，文胸存在难以固定、左右难以平衡等问题。这里把模拟乳房贴在皮肤上，然后戴上胸罩(右图)。乳腺癌切除患者有容易产生上肢浮肿的后遗症。在这个例子中可以看到患者左右臂的粗细有很大的差别。此外，还需要解决像硅胶产品会阻碍出汗、容易产生湿疹等从内衣表面难以看到的问题。

〈结构〉
尼龙布+聚氨酯薄膜
硅胶(外侧)
尼龙布
发泡硅胶(肌肤侧)

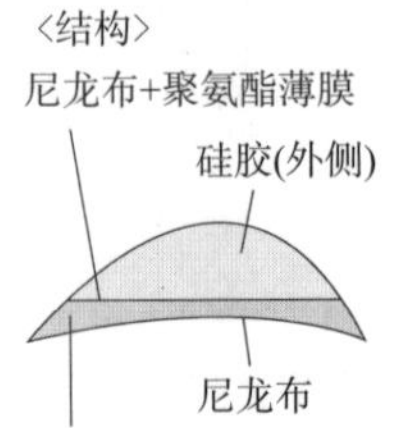

● 图6–23　乳腺癌患者文胸（乳房切除后使用的文胸）

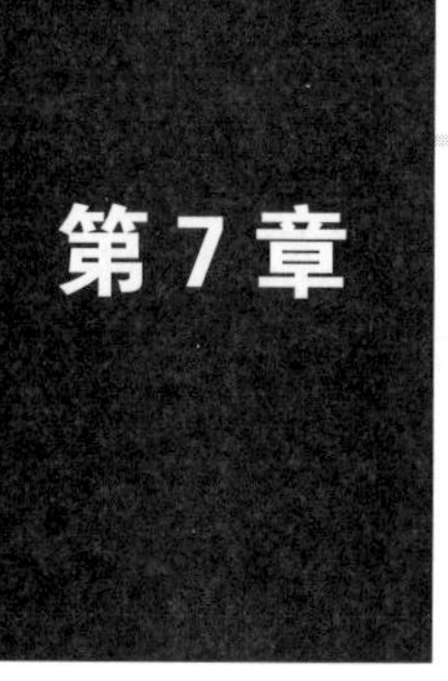

第7章 运动服装的功能与设计

(a) 骑马服装

(b) 自行车骑行服装

开始使用柔软轻盈的针织紧身胸衣

● 图7–1 19世纪末的运动服装专用模式

● 表7–1 运动的目的及服装的功能需求（荫地，1993）（部分改动）

普通民众：娱乐休闲运动派
目的：爱好、休闲、健康 目标：维持和增强精神方面、肉体方面的健康，促进地域、家庭、朋友之间的交流 特征：不拘泥于纪录，尽量一边娱乐一边达成目标。比如高中、大学和商业团体的联谊会
（运动服装的需求要点） 基本功能，重视感性。服装价格多样化
运动员：专业派
目的：胜利，挑战纪录。身体和精神的锻炼 目标：目的达成，参加比赛，提高水平 特征：超专业派的预备军。在年轻的时候锻炼身体和精神。对运动持严肃态度。比如，高中、大学、实业集团的运动俱乐部
（运动服装的需求要点） 重视功能、机能美。功能和服装价格之间的平衡。针对每一项运动的专用性
竞技者：超专业派
目的：胜利，挑战记录。职业 目标：目的达成，参加国际竞技比赛，职业意识 特征：运动在生活中占很大的比重。体育的顶峰，一个非常有限的少数群体
（运动服装的需求要点） 功能、机能美优先。对于专业人士来说，需要舞台类服装和华丽的外观

1 运动服装的条件

运动时穿着的服装叫作运动服装。运动专用的新模式的服装开发始于19世纪末的西欧。由于自行车、网球和高尔夫等运动非常流行，同时对女性也敞开了大门，所以在穿着拘束性服装的女性之间，方便活动的运动专用服装得到了推广（图7–1）。

现在的运动服装市场大致可分为两类，一类是为了竞争纪录和决出胜负的竞技用运动服装，另一类是可以作为休闲服装穿着的时尚性较高的普通运动服装。

运动服装要求具备以下特性（表7–1）。

①针对日常动作及不同剧烈程度的身体运动负担较小。

②促进体热的散失以及水分的蒸发。

③能够承受风、雨、冰雪、严寒酷暑和强烈紫外线等自然条件。

④保护身体不受器物、其他竞技者等的物理冲击。

⑤耐洗性好，易于打理。

2 运动服装的功能性

运动服装会随着身体的各种动作

产生形变，需要采用不妨碍身体运动的材料和设计。因此，具有优良伸缩性的服装材料是最理想的。如图7-2所示，可以通过将聚氨酯纤维与其他纤维的复合，对涤纶纱线、尼龙纱线进行热处理赋予卷曲，以及选择针织物等方法来实现。另外，改善皮肤和服装或者服装之间的滑动性能，也是服装应对身体活动的有效方法。特别是服装被汗水浸湿后，由于皮肤和服装之间的摩擦系数变大，比干燥时更难以活动，所以跑步和有氧运动的运动服装常使用吸汗、速干性能的疏水性合成纤维材料。

此外，对松量的考虑也很重要。为了减小服装的动作阻力，可以在设计上使用不覆盖动作变化量大的部位的方法，但该部分露出不合适时，可以通过调整松量，以及增加材料的伸缩性和光滑程度来弥补（表7-2）。

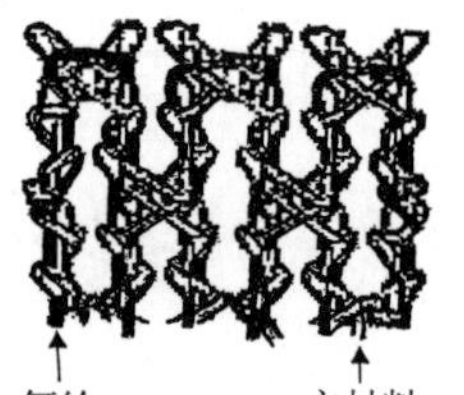

(a) 弹力网眼布

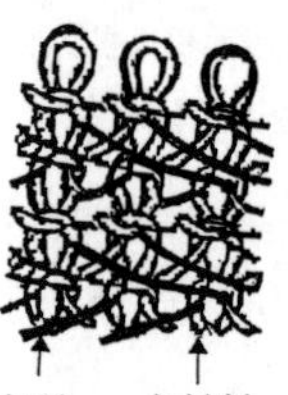

(b) 双向弹力布

包芯纱
在短纤维纺纱过程中，如棉纤维，将聚氨酯纱(氨纶)放入芯中制成细纱。它用于服装等需要适当拉伸弹性的部分。

● 图7-2　弹性材料

● 表7-2　面料的拉伸性能与服装松量的关系

面料的拉伸	服装松量	对动作的应对	服装示例
10%以下	充分的松量	服装与皮肤的相对滑动	普通服装
10% ~ 20%（Comfort stretch）	少量松量	服装与皮肤的相对滑动和服装的拉伸	弹性织物的服装
20% ~ 40%（Performance stretch）	合体	面料的拉伸和少量的服装滑动	袜子、贴身内衣、长筒袜、毛衣
40%以上（Power stretch）	尺寸比身体小	面料的拉伸	塑身内衣、紧身衣、泳衣

3　热和水分的散失功能

运动会导致体温升高和出汗，因此运动服装要具备向外界有效散热和散发水分的功能。同时，户外运动还需要保护身体免受外界气候条件的影响。根据这些要求，运动服装所需的条件包含不热、不冷、不闷、不湿等相互矛盾的因素。为了满足这些要求，近年来，各厂商为了提高材料的吸湿、放湿性和保温性，相继开发出了吸湿、吸汗材料（图7-3、图7-4），绝热、保温材料（图7-5），吸湿、发热材料等具有热量、水分调节功能的新材料，与以前相

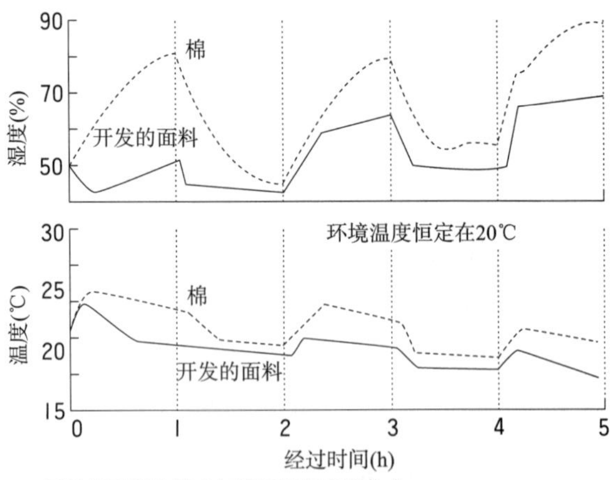

开发的面料的特点与棉相比湿度变化小。

● 图7-3　具有吸湿性的合成纤维的服装内气候（酒井，牛肠，2002）

通过扩大纤维表面积来扩大吸附面积，利用了毛细管现象。

① 纤维的超细化

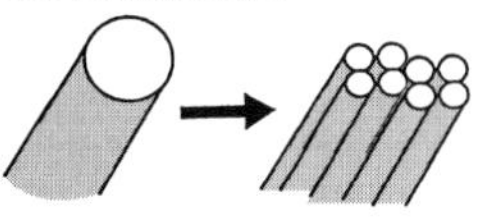

② 在纤维侧面形成细凹痕

③ 纤维断面的异型化，侧面带沟槽

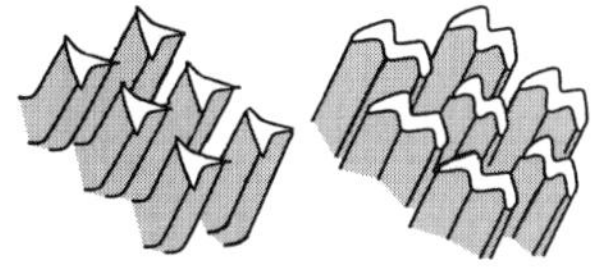

④ 纤维侧面的多孔化

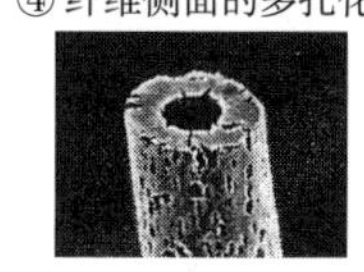

● 图7-4　提高吸汗性材料的例子

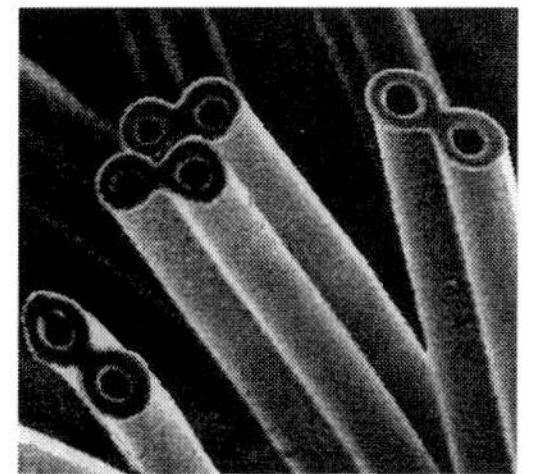

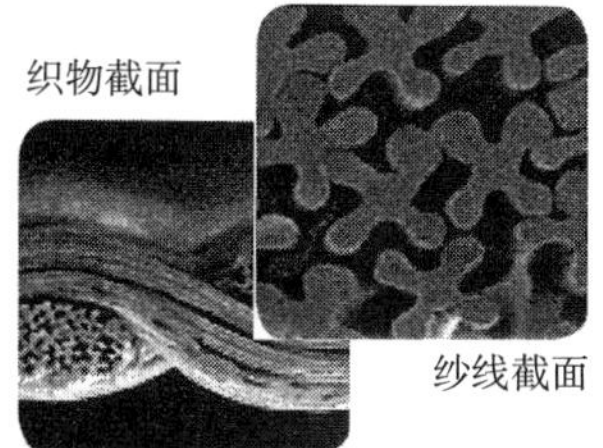

● 图7-5　高保湿性中空纤维的例子

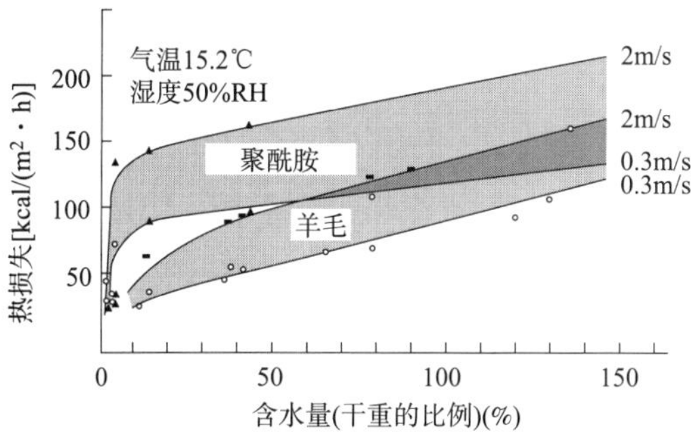

● 图7-6　面料的热损失：风速实验（Behmann，F.W.et al.）

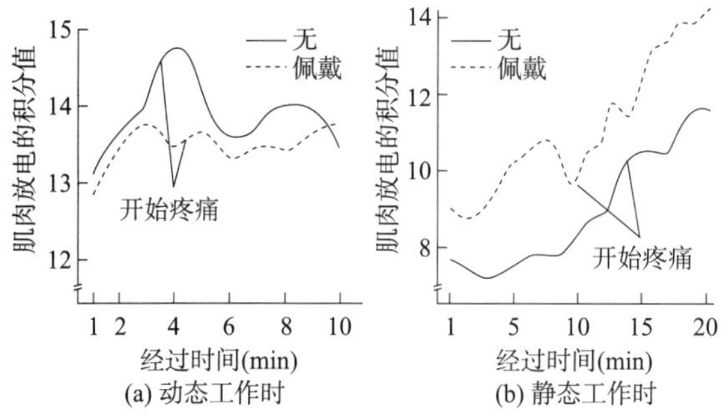

● 图7-7　工作时的肌电图观察结果：腓肠肌（生田，1975）（佩戴和不佩戴护腿的比较）

比，运动时的衣内环境更加舒适。对于选择和使用运动服装的消费者来说，也有必要了解各种运动服装与热、水分相关的基本性能。图7-6显示的是将具有相同织物结构的羊毛和聚酰胺（尼龙）面料置于两种风速下，比较不同湿润状态下两种面料的热损失量。风速为0.3m/s是几乎无风状态，风速为2.0m/s是树叶摇晃的程度，两者之间差异不大，但热损失差异却很大，而且材料的不同有很大的热损失差异。所以在徒步旅行和登山时，如果服装选择不正确，生命会面临危险。如果穿着被汗水浸湿的服装，在强风下，体温降低是不言而喻的，此时羊毛内衣抑制散热会更加有效。

4　加压的利用

在运动服装中加入适当的服装压力可以保护运动中的身体。护具和腰带的使用不仅可以保护身体免受冲击和摩擦，还可以减轻施加负荷部位的负担（图7-7）。近年来，像在运动服装中加入腰带和支撑带设计，通过适当地对身体施加压力，达到锻炼身体或提高运动效率目的的产品正在不断被开发出来（图7-8）。

5　各类运动服装的特性

（1）田径比赛

田径比赛是利用走、跳、投掷等人的基本运动能力进行的比赛，为了最大限度发挥选手的能力，要求服装具备不妨碍身体运动的高度运动功能性（图7-9）。例如，为了跑步时不让上肢的动作受限，在上衣的领口、袖口会设有较大的开口；在考虑下肢动作时，需要考虑裤子腰部的松量和侧面的剪裁等方面。在需要减少身体暴露时，可以通过在皮肤屈曲伸展部位留出松量的方法来减轻做动作时服装产生的阻力，但由于多余的服装松量会使空气阻力增大，因此需要在设计上加以注意。

现在市场上出现了为了减少俯身时臀部的绷紧感在臀部部分区域使用可拉伸弹性材料的产品，以及为了消除缝边与皮肤间的摩擦，采用整体印花处理且只有一处缝边工艺的T恤等。

比赛前后和休息时穿着的运动外套等，防风、防水性也是必要的。

（2）球类运动

除了伸缩性、吸汗速干性等运动服装所要求的共同性能外，各种球类运动所需要的服装特性如下。

①棒球。棒球多为扭转、旋转等动作，要求服装的各部位都有伸缩性（图7-10）。设计时需要考虑不能妨碍投球时肩膀的活动和手臂的转动，可以通过立体裁剪使肩膀周围留有余量等方法进行处理。此外，还需要具有保护身体免受死球、与人碰撞、滑垒引起的摩擦等伤害的缓冲性能。

②足球。足球是一项高度持久性的运动，因此服装材料的轻量化是非常重要的。比如在上衣、内裤侧面使用网状材料等。

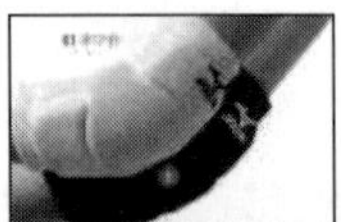

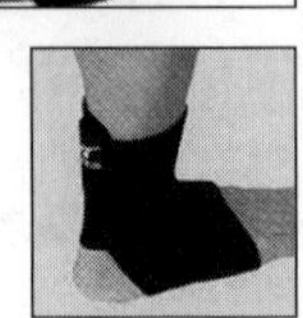

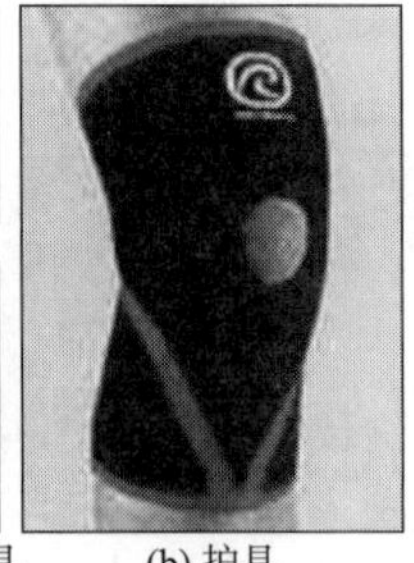

(a) 肘和脚后跟的护具　(b) 护具　(c) 加压服装

● 图7-8　护具和加压服装

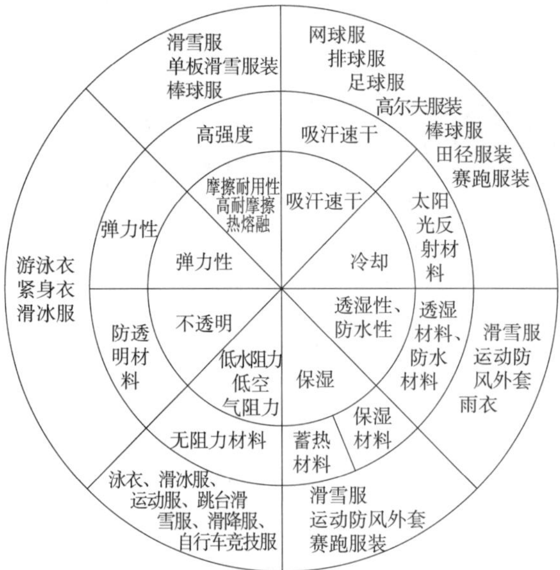

● 图7-9　运动所需的主要材料和性能

(图7-8、图7-10由美津浓提供)

● 图7-10　棒球、篮球运动服装

(a) 柔道

(b) 空手道

● 图7-11　格斗运动服装

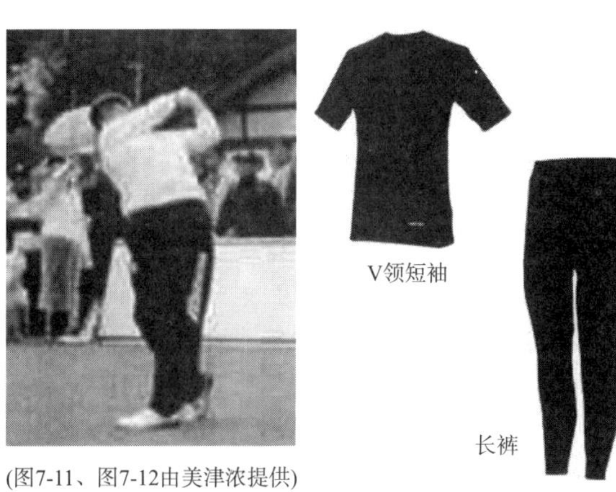

(图7-11、图7-12由美津浓提供)

● 图7-12　高尔夫球服和使用吸湿放热材料的高尔夫球内衣

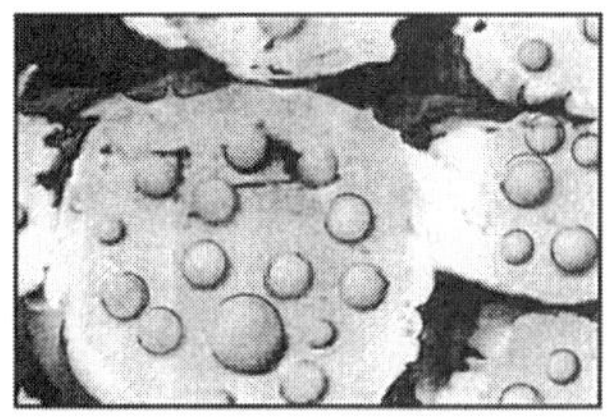
● 图7-13　具有温度调节功能的微胶囊纤维

① 紫外线吸收剂(吸收紫外线放出微小的热能)水杨酸类、二苯甲酮类、氰基丙烯酸酯类。

② 紫外线散射剂(利用无机物的超细粒子散射光的性质)二氧化钛、氧化锌。

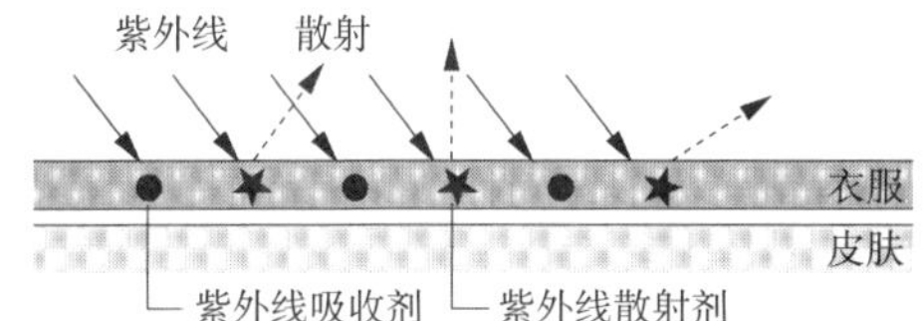

● 图7-14　防紫外线纤维的原理

③篮球。篮球运动要求敏捷性、快速性，所以服装材料要求轻量化（图7-10），而且能应对剧烈出汗也很重要。为了使手臂的动作自由，基本采用无袖款式，但女性运动上衣也有采用法式肩或不易看到腋下的袖窿结构。男性运动衣大多是宽肩设计，可以不妨碍大臂的动作。

④排球。排球需要使用能够承受滑行时摩擦生热的材料，以及不妨碍肩部运动的设计。

（3）格斗

由于格斗会产生推、拉、投、压等动作，因此服装需要能够跟随身体的这些动作且不妨碍动作（图7-11）。在摔跤中，为了可以进行高自由度的手臂动作，穿着被称为汗衫的无袖服装。但是在柔道中，需要穿着身体暴露较少的柔道服，所以上衣采用易于将手臂伸到前方的设计，裤子采用不妨碍脚部动作的立体裆部设计等。此外，为了做动作时不会产生压迫感和抽筋等，可以采用易于活动的材料和结构设计。

（4）高尔夫

高尔夫运动是在温度、湿度、风雨等变化环境中进行行走、停顿、击球等动作，运动量不固定，且服装内外的环境变动都很大（图7-12），因此很难保持服装内环境的舒适状态。各生产厂家都致力于研发具有热、水分调节功能的材料，比如通过不同粗细纤维的组合、调节棉和涤纶的混纺比例来提高吸汗、速干性能，或者在皮肤一侧使用吸湿性能高的毛纤维，在外侧使用放湿性能高的涤纶，以降低汗液冷却时的不舒适感等。此外，市场上还出现了通过吸收身体汗液和水分产生的吸收热从而达到升温1～2℃保温效果的吸湿发热材料，以及在纤维中加入对温度变化有反应的聚合物微胶囊（图7－13），实现炎热时蓄热，寒冷时放热，可以控制衣内温度的产品。由于高尔夫服装还要求具有不妨碍摇摆等动作的运动功能性，因此不仅要采用以往的立体（三维）裁剪，还要考虑人体动态（四维）的裁剪制作，也有在减轻动态应力上下功夫的产品。图7-14显示的是防紫外线纤维的原理。

（5）滑雪

滑雪服（图7-15）需要具备能够应对刮风、降雪、低温等恶劣天气的功能。外衣采用耐冰雪和风雨的泼水性、防水性材料，缝线处采用能最大限度减少水、雪渗入的黏合加工工艺，服装的设计也要能够便于剧烈运动。关于内衣，为了在低温下也能使衣内环境温暖干燥，可以采用具有优良吸汗、速干性能且轻盈温暖的隔热保温材料，在内侧通过金属薄膜反射人体红外线来保温的材料，以及吸湿发热等一些新型材料。此外，利用光吸收发热的保温材料也在被尝试使用（图7-16）。

（6）速度竞赛

在争夺百分之一秒的速度竞赛服装中，减少与空气和水的阻力是很重要的。为了降低阻力，可以从减少表面摩擦阻力和服装形状阻力两个方面考虑。在1964年的东京奥运会游泳比赛中日本队使用的泳衣（图7－17），前面的裙子和在最容易受到水阻力的胸部上缝着徽章等设计，从减少阻力的角度来看完全是考虑不充分的。现在，游泳衣采用超

● 图7－15　滑雪服

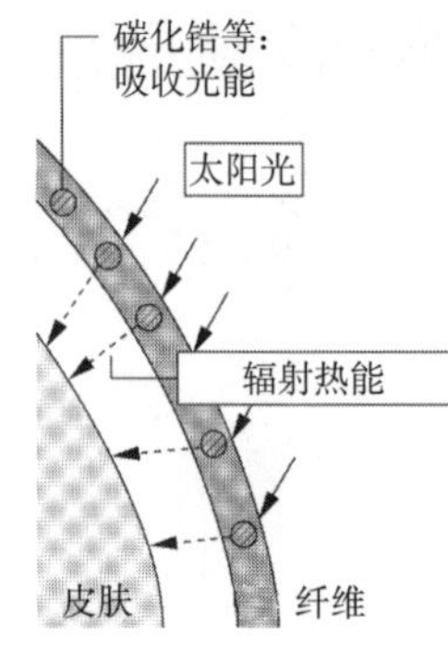

● 图7－16　光吸收发热保温纤维的原理

东京(1964)　巴塞罗那(1992)　悉尼(2000)

①东京：尼龙100%的经编材料(女子100m自由泳冠军，时间59秒5)。

②巴塞罗那：超细聚酯纤维的低阻力材料(同上，时间54秒64)。

③悉尼：以鲨鱼皮肤为灵感开发的低阻力材料和贴合性高的裁剪(同上，时间53秒83)。

● 图7－17　奥运会的女式泳衣

鲨鱼皮肤表面的凹槽状突起

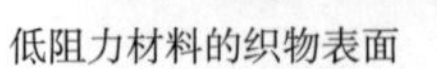

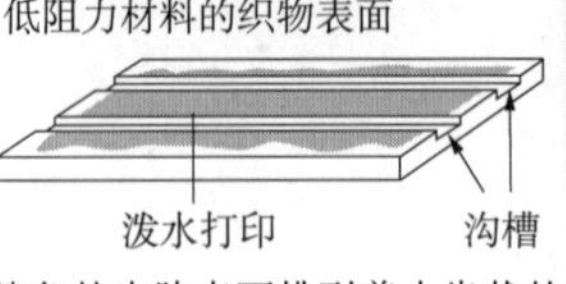

印上鳞状图案，并在表面上刻上沟槽的整理

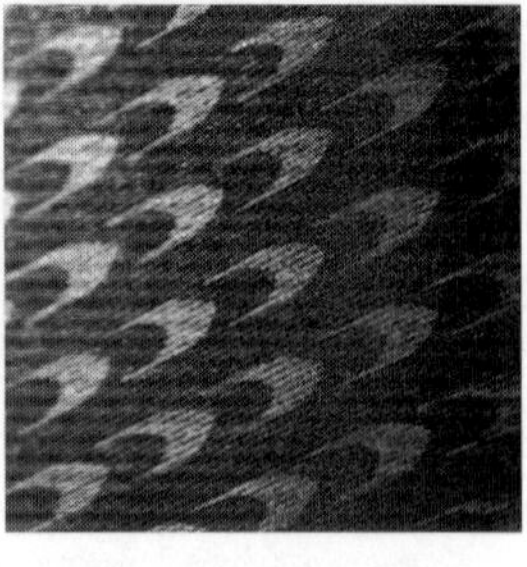

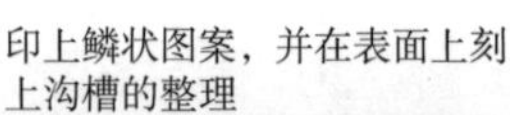

鲨鱼的皮肤表面排列着小齿状的突起，产生宽度较小的旋涡，通过减少水的紊流来提高游泳效率。在新材料中，通过在材料表面进行鳞状的泼水加工，实现了表面摩擦阻力的减少和伸缩性的提高。

● 图7－18　模拟鲨鱼皮肤表面的泼水整理

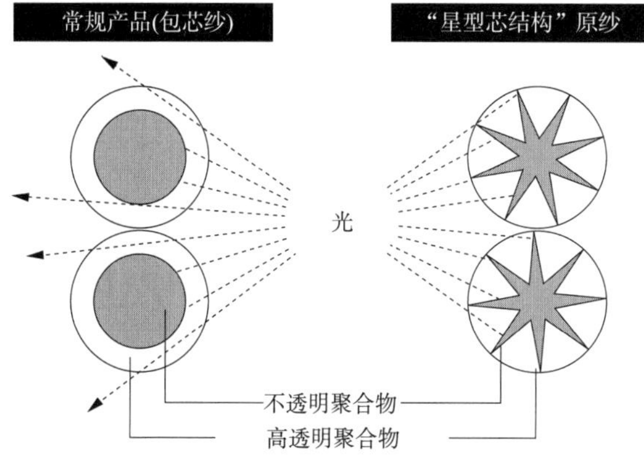

● 图7-19　为不透明泳衣开发的不透明纤维的遮光原理（加藤，丹巴，1995）

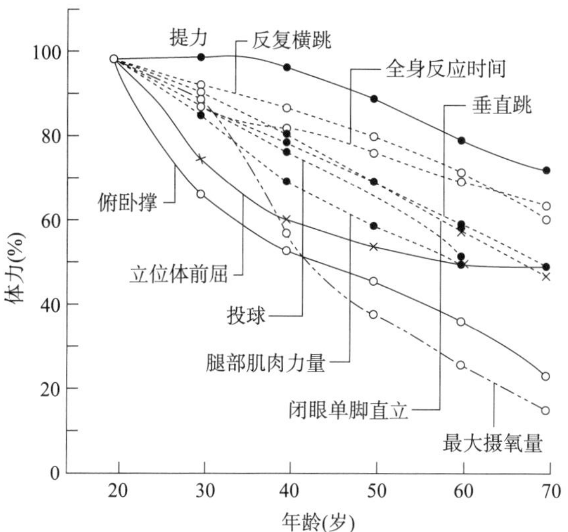

● 图7-20　体力随年龄的变化（假设20岁时的体力为100%）（井上晴夫）

细纤维高密度针织物，以及不使用缝纫线而通过对材料进行热压处理等方法来降低阻力。还有一种方法是从鲨鱼的皮肤得到启发，在织物表面进行鳞状的泼水处理，使之产生纵向旋涡，从而抑制游泳时水产生的紊流（图7-18）。另外，还出现了根据选手的体型和动作进行立体裁剪，用适度收紧防止肌肉晃动等方法来提高泳衣贴合性和游泳速度的产品。由于白色泳衣被水浸湿后会变透明，因此利用图7-19的原理开发出了不透明的泳衣，还有被水浸湿后显色的泳衣等。

6　运动服装的相关课题

对运动服装高度功能性、感性的要求，为新纤维材料的研究提供了指导，成为高科技纤维开发的牵引力。

运动服装的进化，对以健康为目的、以丰富生活为目标的运动人群来说起到了一定的帮助作用，但是在中老年中，即使是有运动经验的人，肌肉和关节失去弹力等功能的衰退也不可避免（图7-20），因此，从身体保护的角度来看，功能性运动服装的开发也是极其重要的。另外，在运动前后不要让身体着凉等服装的功能调节在任何年龄段都很重要。同时，为了不因对材料的过度自信而损害健康，希望大家对部分厂商的研究和夸大的广告宣传持慎重态度。

第 8 章 鞋的舒适性与健康

鞋是覆盖和保护脚部、便于行走的物品的总称。

有人认为世界上最古老的鞋是古埃及的贵族和僧侣使用的凉鞋，穿凉鞋的目的被认为是保护脚不受热沙的伤害。然而，鞋的形式因地区而异，在北极圈的拉普兰地区，为了能在起伏较多的地面上顺利行走，使用了脚尖朝上的靴子。在从事水稻耕作的日本，鞋是作为防止脚沉入泥浆中的工具，据说这就是田木屐的起源。此外，历史上也出现过很多像埃及国王的黄金凉鞋这样将鞋作为权力、财富和美的象征的鞋（图8–1）。

在此，我们就现代社会中鞋的舒适性和健康之间的关系进行了思考。

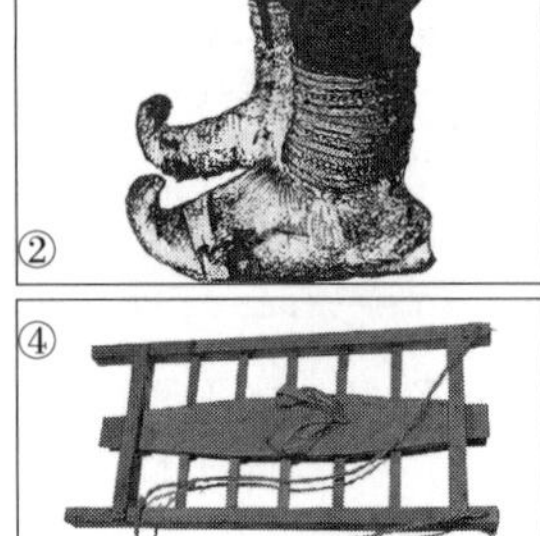

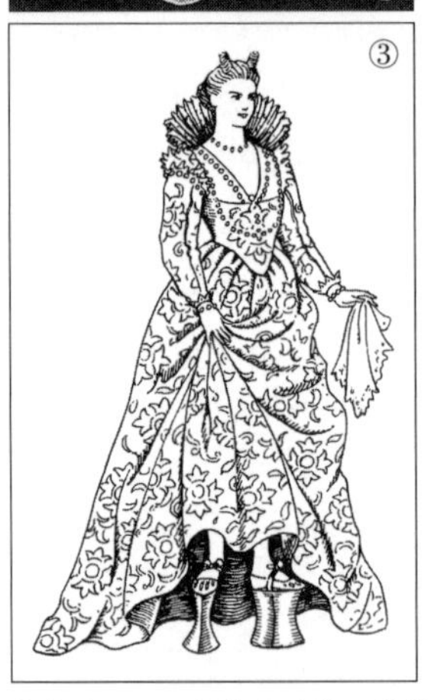

①古埃及国王的黄金凉鞋；②拉普兰地区的脚尖朝上的毛皮鞋；③16世纪意大利贵妇的乔平；④日本的田木屐；⑤19世纪中国女性的裹脚鞋；⑥日本的厚底高跟木屐

● 图8–1　历史上的鞋类

1　鞋的分类

鞋大致可分为不覆盖脚背的开放型和包裹脚的闭塞型两类。开放型包括木屐、草履、草鞋、凉鞋、拖鞋等，闭塞型包括低靴、高跟鞋、靴子、运动鞋、雨鞋、胶皮底布鞋等。此外，也有根据材料、形状、跟型的变化等来分类的（图8–2）。现在，包括进口产品在内，日本的鞋类出售量每年约为6亿双，即国民人均5双。日本的鞋产量如表8–1所示。

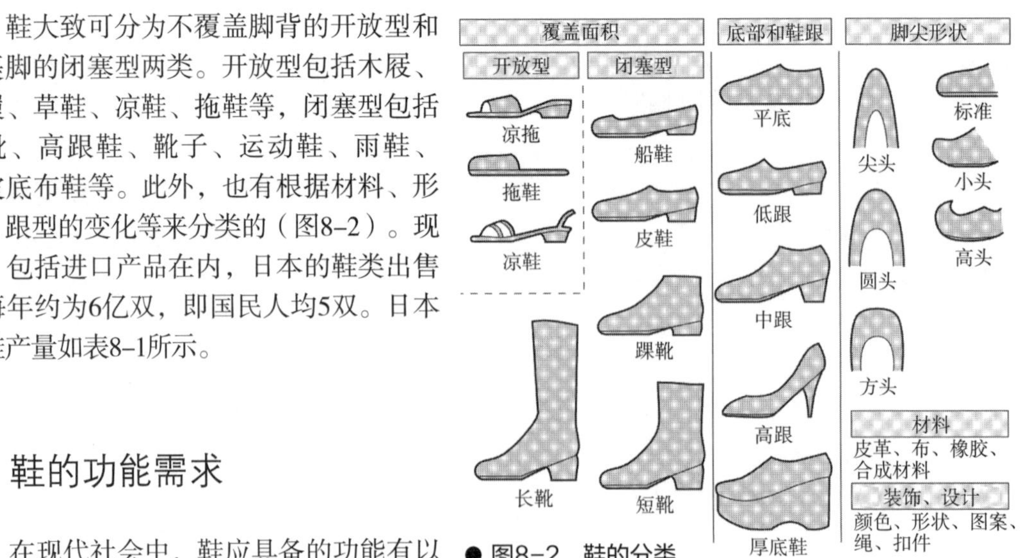

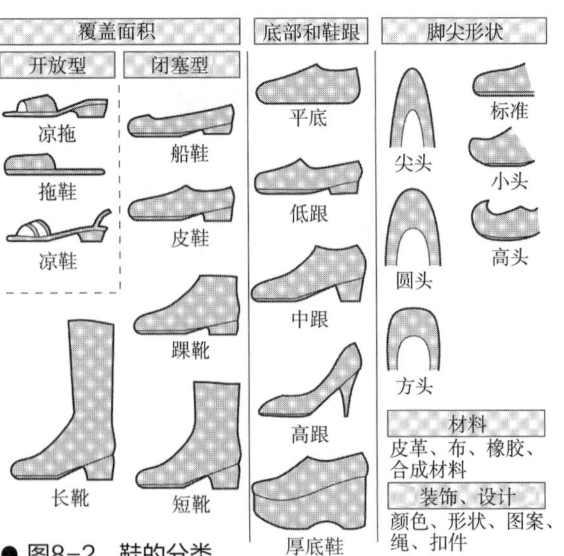

● 图8–2　鞋的分类

2　鞋的功能需求

在现代社会中，鞋应具备的功能有以

● 表8-1 日本的鞋生产量（包含出口，单位：千双）

皮鞋54165 塑料凉鞋32959 布/橡胶鞋27833	塑料鞋20964 布鞋7163 总橡胶鞋2594

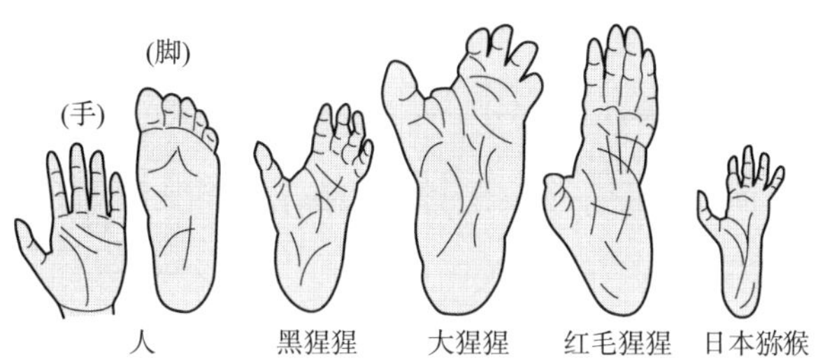

人的脚可以支撑体重，具有特殊的步行功能，与手的形态完全不同。

● 图8-3 人的手脚形状和其他灵长目动物脚的形状

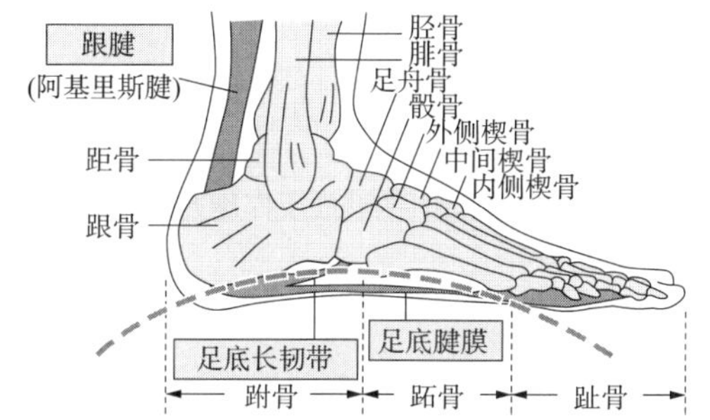

足部骨骼由坚固的韧带和肌肉直接连接组成一个整体结构。在长轴及直行轴方向形成拱形(足弓)，是一种可以舒适保持直立姿势的构造。

● 图8-4 足部骨骼和足弓的形成

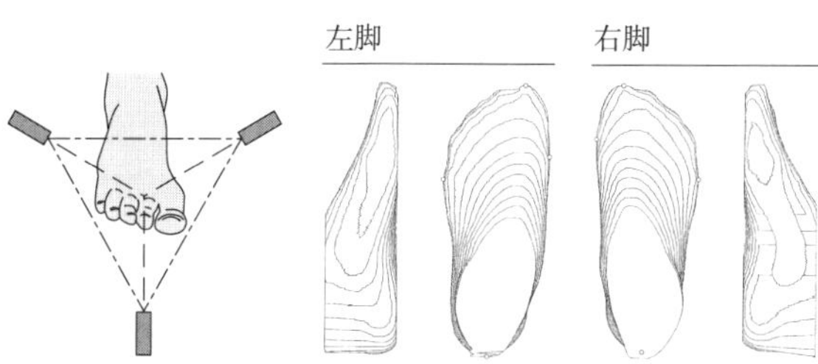

● 图8-5 足部形状的三维测量装置

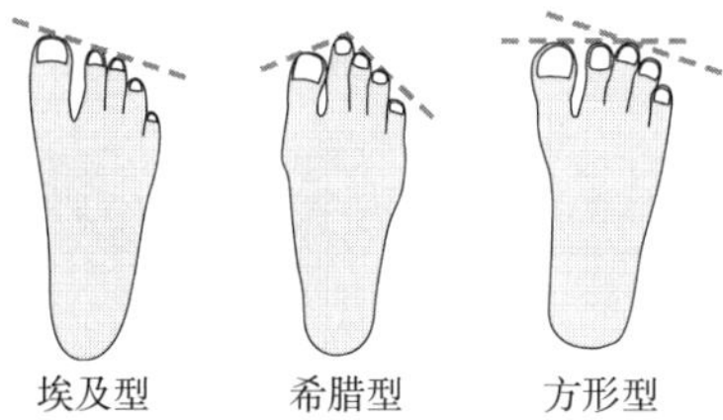

● 图8-6 脚型分类

下七点。

①便于活动，适合行走。

②保护脚不受外部的伤害。

③保护脚不受寒冷和炎热环境的影响。

④保护脚不受外界污染。

⑤减轻脚和地面之间的冲击。

⑥穿脱方便。

⑦从脚、步态、对称方面看起来美观。

3 脚的构造、形态与尺寸

人类的进化是由直立行走开始的。这在结构和功能上都使手和脚的功能产生了很大分化（图8-3）。例如，脚跟部骨骼明显比腕骨大，而且其关节比手有更多相连接的韧带，因此可动范围极窄。另外，第1跖骨不能像手那样横向展开，跖骨平行排列。跗骨和跖骨通过坚固的韧带和肌肉连接形成一体结构，整体在长轴和直行轴方向形成被称为足底弓（足弓）的拱形（图8-4）。当从上方施加负荷时，该拱形在足底腱膜的作用下不伴随肌肉活动，适合长时间支撑体重。另外，这个部分还起到保护集中在该部位的血管和神经的作用。而且，脚的趾骨比手短，形成了适合步行时脚趾蹬地、离地过程的构造。

脚部形状的测量可以采用图8-5显示的三维测量装置以及各种各样的脚型测量器。根据脚尖形状的不同，足型分为第1趾最长的埃及型，第2趾最长的希腊型，第1趾到第3趾长度基本相同的方形型，第1趾和第2趾相等、第3趾较短的其他型（图8-6）。从日本人的脚型出现频率来看，其他型、埃及型较多，其次为希腊型、方形型。

足部尺寸按照脚长和脚围来分类，但即使是同样的脚长，如果形状不同，适合的鞋也会不同。另外，即使是同一个人，左右脚的尺寸也会有不同。而且1天内不同的时间脚尺寸也不同，一般傍晚的时候由于脚浮肿，尺寸会变大。在选择鞋的尺寸时，一定要注意左右脚都试穿，最好到傍晚的时候去购买。

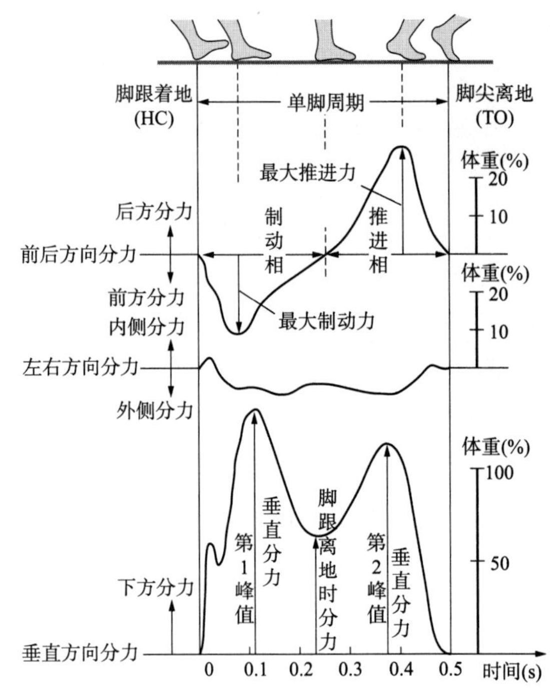

● 图8-7 光脚步行时的地面反作用力（例）

4 步行时脚的形态变化与鞋

关于人的步行，通过摄像分析、肌电图、地面反作用力等方法的研究，得出了以下特征。

步行分为脚着地的支撑相和脚离地的摆动相，支撑相又分为3期。以先足跟着地，接着足底整体着地，脚趾背屈的同时，从跖趾关节到最后用第1足趾和第2足趾蹬离地的顺序进行。图8-7显示了支撑相这段时间内足部整体的地面反作用力。在前后方向上，首先制动，然后推进；在左右方向，从内侧向外侧踢出；垂直方向上，在着地时和蹬离地时观测到较大的重力。

步行时脚的形状变化如图8-8所示，负重时由于纵向拱形的伸展，脚长增加；脚蹬地踢出时由于横向拱形的增强，脚背的围度缩短。

鞋通过适应这种步行特点和脚的形状变化，从而辅助平稳行走。鞋类舒适的条件包括以下几点：落地时能缓和冲击、接触地面时与地面有适度摩擦、脚掌伸展时脚尖有宽裕度（1cm左右的松量）、脚背围度有松量、蹬地脚趾翻

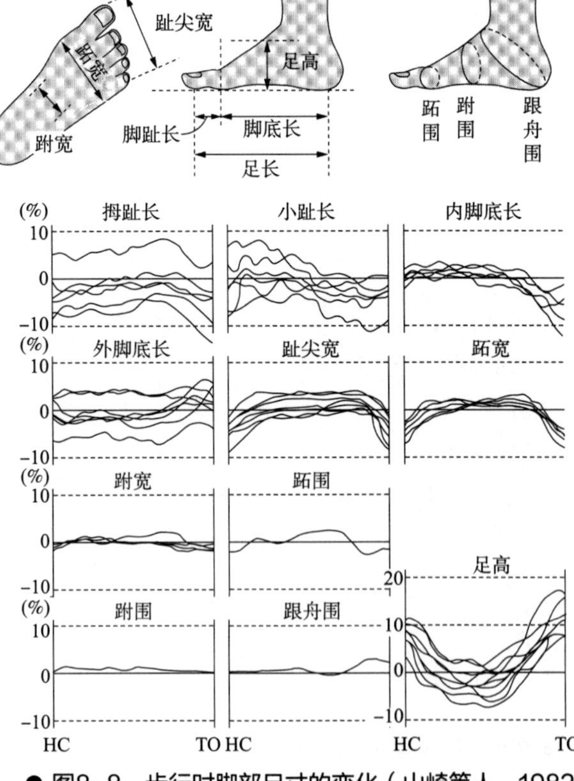

● 图8-8 步行时脚部尺寸的变化（山崎等人，1982）

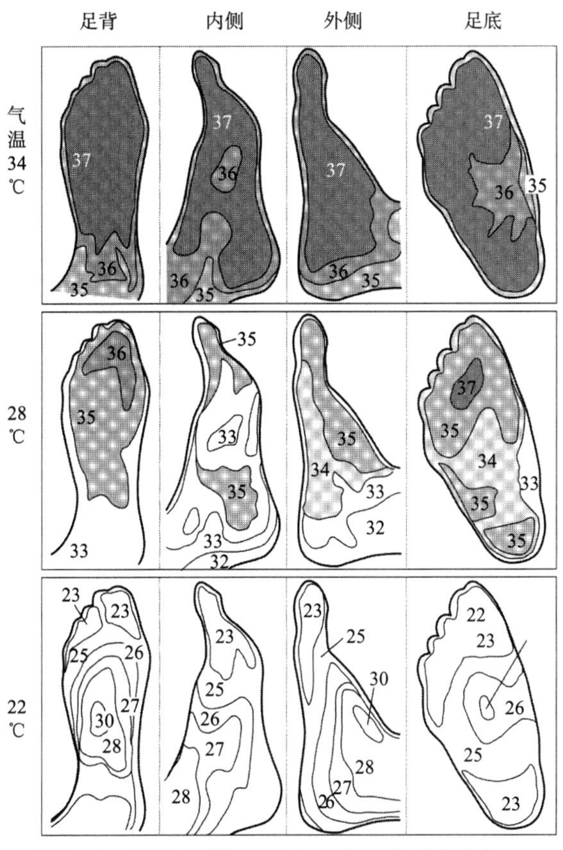

● 图8-9　脚部皮肤温度分布（根据热成像仪）

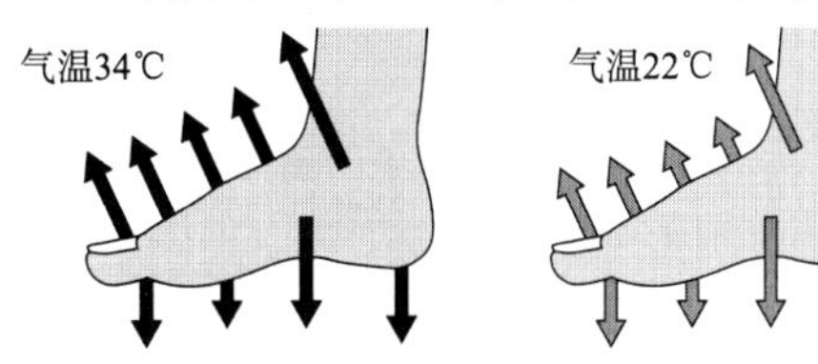

脚背的出汗是依赖于气温的温热性出汗。
脚底侧的出汗是不容易受气温影响的精神性出汗。

● 图8-10　脚底和脚背的发汗

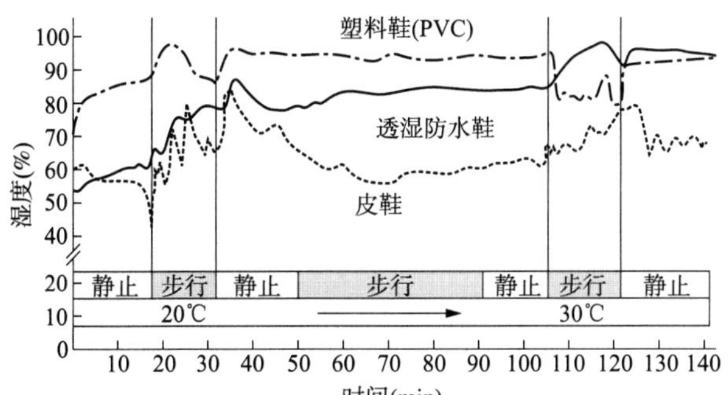

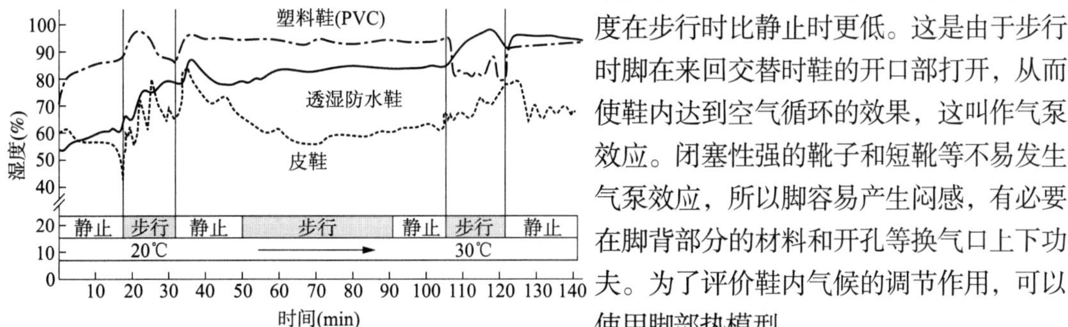

● 图8-11　安静时和运动时的鞋内湿度变化（田村等人，1986）

折时鞋底有弯曲性（翻折）、脚尖有弯曲以及脚整体变形时对应的材料有伸缩性等。

5　脚的热生理反应

在人的足部，调节体温的AVA（动静脉吻合）发达，足部的皮肤温度在炎热时为全身最高，在寒冷时为全身最低（图8-9）。另外，脚的出汗在脚背侧和脚底侧是不同的。脚背侧一热就会出汗，即所谓的温热性出汗，但脚底出汗是精神性出汗，与手掌一样是由于精神紧张而出汗。寒冷和炎热时脚的出汗分布如图8-10所示，可以看出脚底在寒冷时也有出汗，所以在闭塞型靴子里面，寒冷时鞋底和脚趾之间的相对湿度会变高，容易结露。

鞋内的温度、湿度称为鞋内气候。鞋内气候受鞋子形状和材料的影响，闭塞型的鞋内容易高温高湿，在日本这样的气候条件下，容易引起脚癣等皮肤病。鞋内湿度的测量如图8-11所示。同样类型的鞋，根据材料的透湿性，鞋内湿度会发生变化，湿度由低到高的顺序为皮革<透湿防水皮革<不透湿聚乙烯。另外，鞋内的湿度在步行时比静止时更低。这是由于步行时脚在来回交替时鞋的开口部打开，从而使鞋内达到空气循环的效果，这叫作气泵效应。闭塞性强的靴子和短靴等不易发生气泵效应，所以脚容易产生闷感，有必要在脚背部分的材料和开孔等换气口上下功夫。为了评价鞋内气候的调节作用，可以使用脚部热模型。

6 鞋的穿着舒适性条件

根据前述脚的特点，整理出步行鞋最基本的设计要点如下。

①轻柔地包裹脚部的贴合性。

②轻快行走的轻量性。

③缓和对人体冲击的冲击缓和性。

④不妨碍脚部行动的弯曲性。

⑤在任何路面上都容易行走的抓地性。

⑥可以长时间穿着的耐久性。

⑦保持良好平衡的安全性。

⑧保持内部舒适的透气性。

鞋的条件根据TPO而变化。一般女性鞋倾向于优先考虑时尚性和使脚看起来美丽的设计，所以会购买鞋跟高的鞋。但是，穿高跟鞋时，膝盖到骨盆和上身呈前倾姿势，步行时是上下移动较小的滑步。此时小腿肌肉不断收缩，导致能量代谢增加，容易疲劳。从便于行走的角度看，鞋跟高度最好在5cm以下。一般选鞋的要点如图8-12所示。

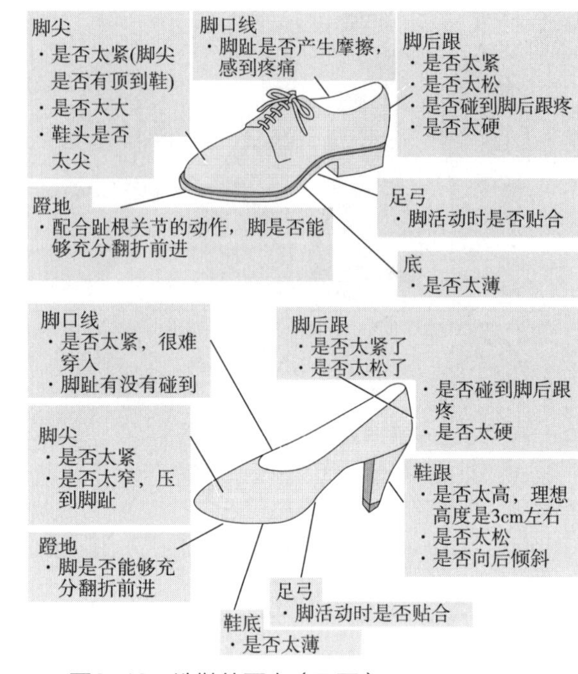

● 图8-12 选鞋的要点（石冢）

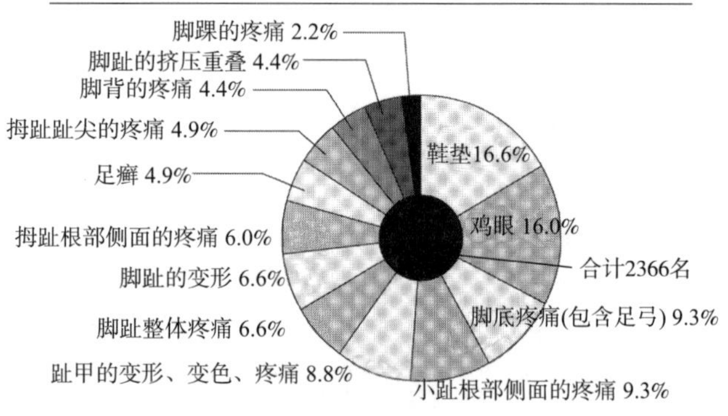

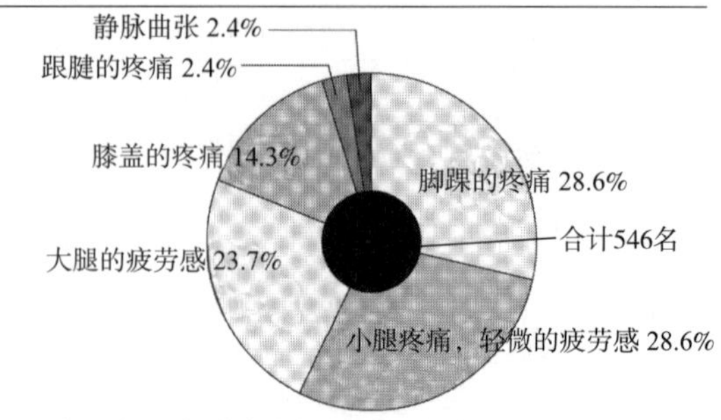

男209名，女526名(其中主妇34%)多项回答。

● 图8-13 鞋对腿脚的伤害

7 鞋产生的伤害

制鞋业在日本的历史不过一百多年。日本人由于在室内赤脚生活，每天的穿鞋时间比欧美要短，日本关于鞋的功能性研究，虽说近年来有所进步，但还落后于欧美。

以设计性为优先选择的鞋子会引起各种各样对脚的伤害。图8-13总结了鞋对脚的实际伤害情况。由鞋类引起的足部伤害，有拇趾外翻、卷甲、嵌甲、锤趾症、脚茧、鸡眼等。为了避免这些伤害，选择适合自己脚部形状的鞋是很重要的。

第9章 老年服装及残障服

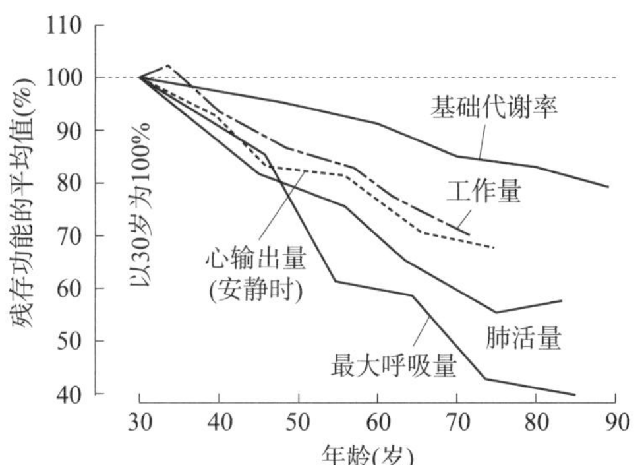

● 图9-1 生理机能随年龄的变化（Shock，1971）

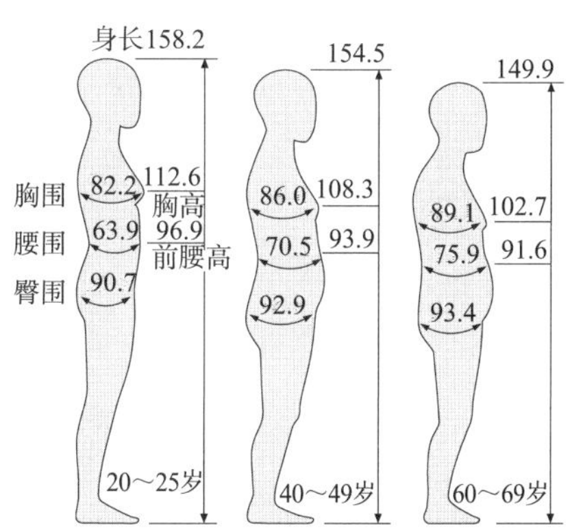

● 图9-2 不同年龄层女性的平均值（人类生活工学研究中心）（单位：cm）

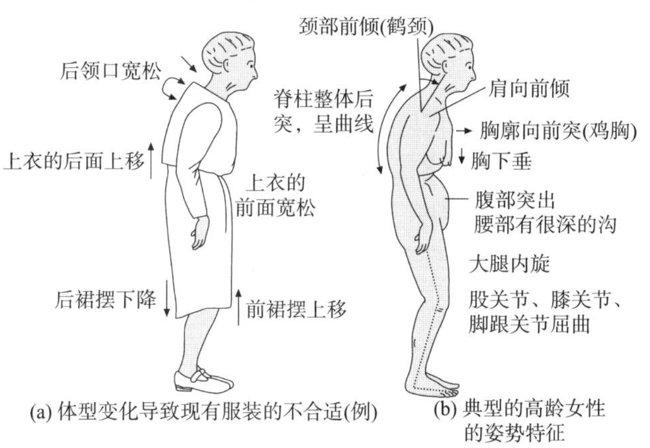

● 图9-3 老年人的体型和服装板型

1 老年人的体型及姿态变化

人体随着老龄化，基础代谢率、心排血量、肺活量、最大呼吸量等几乎所有的生理机能都会下降（图9-1）。此外，还会产生体型、运动功能、皮肤等形态上的变化（图9-2、图9-3）。服装不仅需要适合这些变化，还要在人体各种机能下降的情况下，起到辅助和保护身体的作用。

老年人的体型与年轻女性相比，胸围和腰围的差异变得不明显，腰围和腹围增加，因此整体躯干部变成圆筒形（图9-2）。特别是70岁以上的老年人，由于长年固定化的习惯，体型会向老年人特有的姿势变化，比如脊柱会发生变化，肩和背变圆，腹部向前突出，脖子前倾，腰的重心向后方移动，甚至膝盖弯曲等。与此同时，老年人的服装板型，如前衣长和后衣长的平衡、前裙长和后裙长的平衡、腰臀差等，比例也会发生变化。另外，由于体型变化的个体差异较大，很多老年人觉得现在的服装不合身（图9-3）。因此，设计更适合老年人的服装是当务之急。

在老年人中，即使是同样的驼背姿势，也分为重心向前移动的前倾型人和重心向后的弓型人。无论哪种情况，双足站立、单足站立时的重心摇摆都比年轻人要大，很难持续保持相同的姿势（图9-4、图9-5）。所以，重心的移动和单脚站立变得不稳定，即使只是很小的障碍物，也容易绊倒或摔倒。由于在家中跌倒会造成骨折、烫伤等二次伤害，因此需要考虑防止由于服装和鞋子引起的跌倒。

此外，老年人关节可动区域的减少和肌肉柔软性的降低，会对上下肢的活动范围产生制约。而且，皮肤感觉功能的下降会使手指的灵活性降低，所以考虑服装的易穿脱性也很重要。

2　老年服装的形态因素

（1）便于穿脱的因素

老年服装可以采用拉格伦袖和多尔曼袖等袖窿宽松的袖子款式（图9–6），前开型的开口，固定用较大的纽扣、按扣、魔术贴、拉链等容易的开闭方式。为了如厕时穿脱裤子方便，腰部橡皮筋的强度要弱一些，男性裤子的前门襟开口稍微大一点比较合适。

（2）便于活动、穿着舒适的因素

根据老年姿势和体型的变化，服装适合背部有松量、轻盈不压迫身体的设计，并且使用具有拉伸性的针织材料。

（3）防摔倒的因素

袖口、下摆等多余的松量，会导致缠绕、勾挂等现象，这些部位应适当收紧，或利用袖套来得以避免。又比如手提包，既占手又容易遗失，所以衣服最好要有口袋。还有，光滑的鞋底（含袜子）行走时容易滑倒，所以老年人最好选择3cm以下的低跟、鞋底较厚、接地面积稍大、皮革柔软、鞋尖宽松、容易弯折等特点的鞋。图9–7展示了现有老年服装存在的问题。

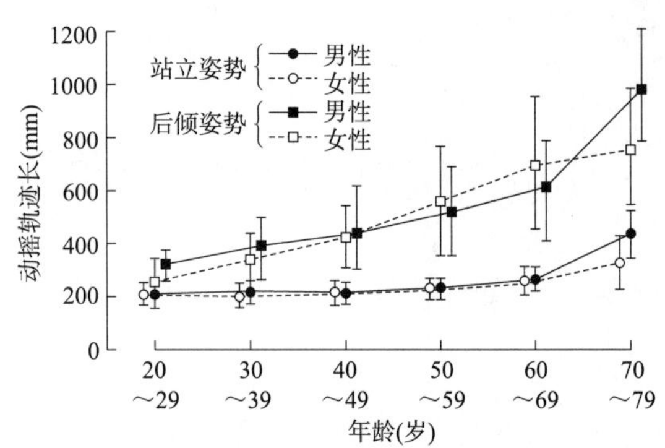

● 图9–4　基于足压中心动摇的轨迹长度的静态平衡功能随年龄的变化（藤原等人，1996）

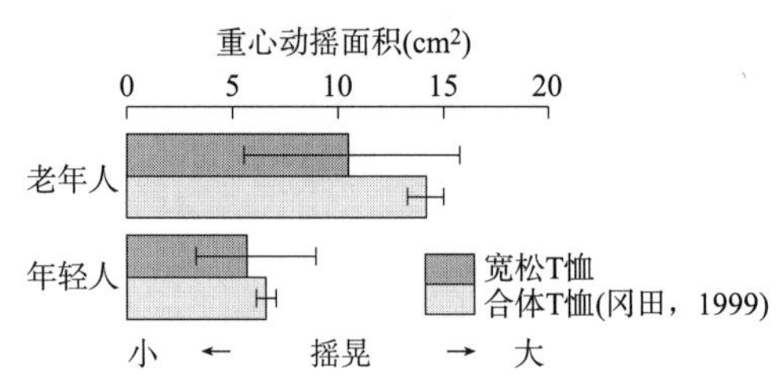

● 图9–5　穿着T恤时，老年人与年轻人的重心动摇比较

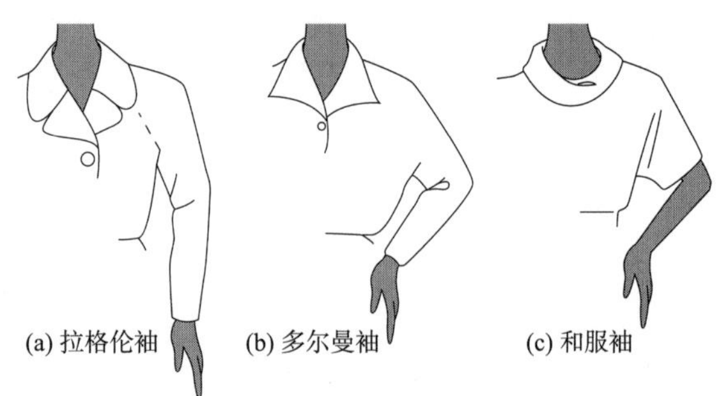

● 图9–6　袖子的形状

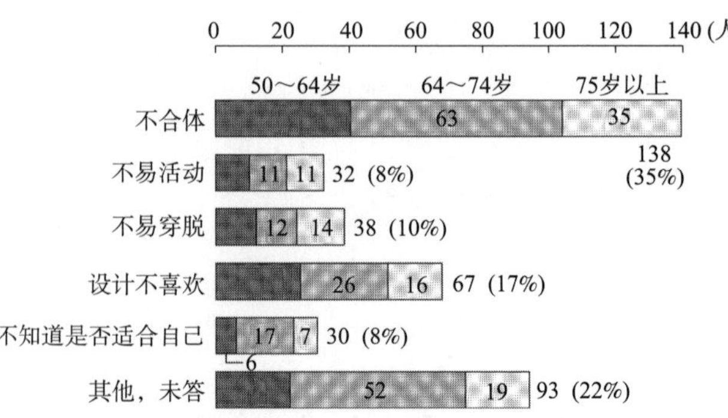

● 图9–7　现有服装存在的问题（不同年龄，可多选）（见寺，2000）

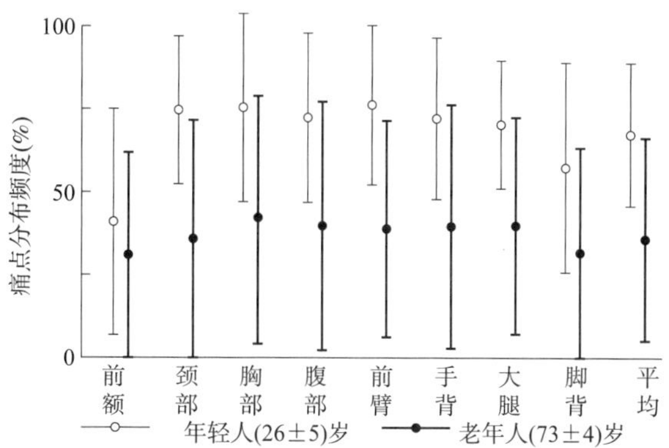

● 图9-8 年龄对痛点分布频度的影响（村田、入来，1974）

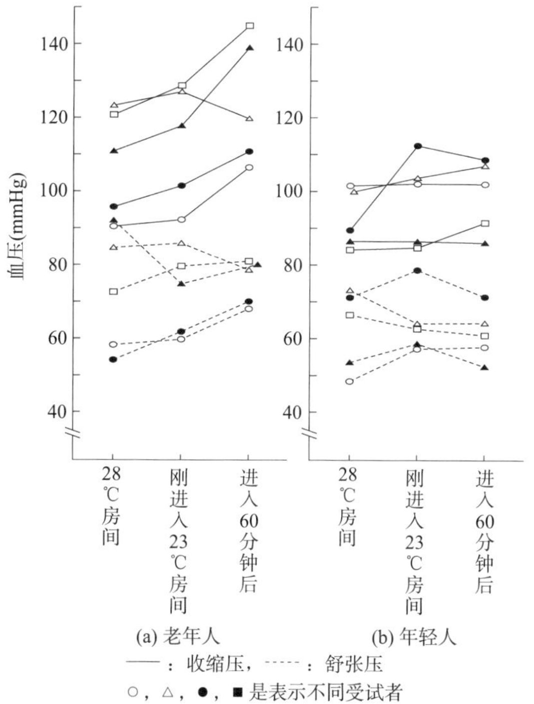

● 图9-9 从28℃房间转移到23℃房间时血压的变化（渡边等人，1981）

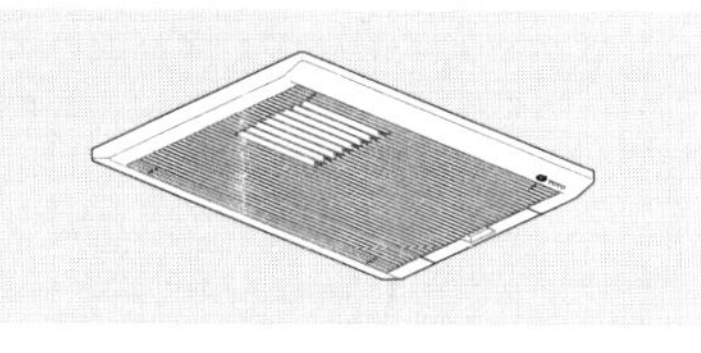

冬季，如果在浴室里提前打开暖气，与房间的温差就会变小，老年人和高血压患者就可以放心洗澡。

● 图9-10 浴室的暖气

3 老年人的感觉及生理机能变化

众所周知，老年人的视觉、听觉、嗅觉、味觉下降，但是研究还表明影响服装穿着舒适性的皮肤感觉也会发生变化，温、冷、触、压、痛等皮肤感觉的迟钝会导致灵敏性降低（图9-8），从而带来诸如因暖炉、暖宝宝引起低温烫伤等意想不到的伤害。

随着老年人年龄的增加，以体温调节为主的自主神经功能会降低。寒冷时，皮肤血管收缩的反应延迟会引起低温症；相反，炎热时，出汗反应延迟容易引起郁热等症状。此外，从图9-9可以看出，随着气温的变化，老年人的血压是逐渐升高的，而且血压的变化会比年轻人大。因此，从温暖的房间进入寒冷的房间，或者在浴室发生较大温度变化时，都容易引起脑中风等循环器官受伤。从健康管理的角度来看，通过服装进行衣内微气候调节是很有必要的。此外，老年人的皮肤比年轻人更脆弱，皮肤卫生、对皮肤的压迫、摩擦等都容易使皮肤产生不良问题。图9-10展示的是浴室的暖气。

4 老年服装的生理学因素

（1）能够简单调节冷暖的物品

出入房间、外出等在环境温度变化的情况下，服装最好能够简单、实时地进行调节，且不宜重叠过多。在容易受凉的部位，可以使用轻盈温暖的宽松长袍、披肩、护膝、护具等进行重点保暖。

（2）内衣和睡衣的材料

由于内衣和睡衣是直接接触皮肤穿着的，所以最好使用触感好、能吸收污垢、弄脏后易被发现且耐洗涤、耐烘干的材料。睡衣容易因汗水而使人产生闷感，所以宜使用棉针织品等质地柔软，吸湿性、吸水性好，有伸缩性的材料，且睡衣以较浅的颜色为宜。

5　老年人的心理与服装

许多老年人因为退休或子女独立等会经历家庭和社会角色的变化。同时，他们开始察觉到自己身体机能的衰退，慢慢对将来的健康、经济上的贫困、死亡等抱有不安的情绪，并且与其他人的交流变少，生活行动场所变得狭窄、孤立化，所以老年时很容易患上抑郁症。图9-11显示的是老年医学的综合评价方法。

装扮可以使这些老年人的心理变得健康，给原本单一的生活带来巨大变化。老年人通过照镜子、打扮会感受到喜悦和生活的价值，使大脑变得活跃，交感神经的活动水平上升。此外，宽松柔软的睡衣可以提升副交感神经的活动水平。通过白天和夜晚的服装更换，可以调节活动和休息的节奏，使交感、副交感神经的节奏转换顺畅，让节奏失调的老年人的生活变得张弛有序（图9-12）。

穿上喜欢的服装享受时尚乐趣，穿着感觉舒适的服装，可以使老年人情绪高涨，这与心理健康息息相关。现在，由于没有适合老年人体型的服装，颜色和花样过于朴素，没有中意的设计等原因，老年人似乎没有真正喜欢的服装。因此，在设计老年服装时，希望能考虑到老年人所追求的设计要素，帮助他们实现美丽快乐的时尚追求。

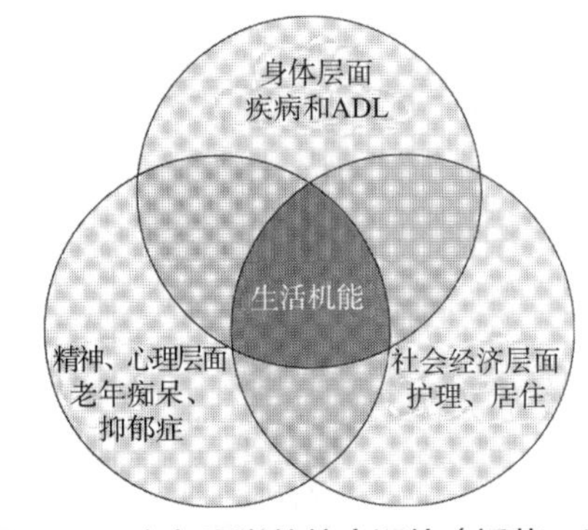

● 图9-11　老年医学的综合评价（折茂，1999）

● 图9-12　服装与老年人的生活

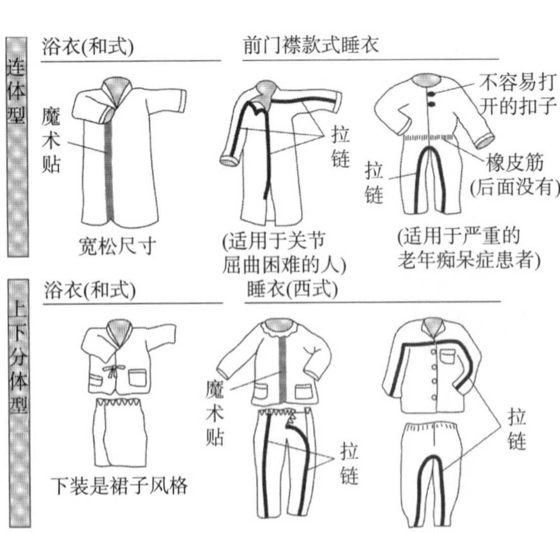

● 图9-13　老年人的浴衣和睡衣

● 表9-1 根据Barthel指数的ADL评估表

功能	得分	内容
排便	0	失禁、需要尿布
	1	有时失败（大约一周一次）
	2	自理
排尿	0	失禁、需要尿布或导尿管
	1	有时失败（不超过24h一次）
	2	自理（一周以上，一次都没有失败）
洗脸	0	洗脸、洗头、刷牙、剃须都需要帮助
	1	自理（用具可以准备好）
便器的使用	0	全护理
	1	部分护理
	2	自理（可以脱下、提起内衣，可以自己擦拭）
饮食	0	全护理（请人喂食，无法吞咽，用导管进行营养补给）
	1	部分护理（请人把菜切碎，自己就可以吃）
	2	自理（饭菜准备好，就可以自己食用）
起居、移动	0	不能起居（坐姿无法平衡）
	1	虽然是全护理，但可以坐（需要一两个人帮助）
	2	部分护理（一个人可以简单地进行护理，或者需要监视、指示）
	3	自理（无须监视和指示，自己可以从床上转移到椅子上，反之也可以）
步行	0	无法行走
	1	坐在轮椅上可以行走，拐角处也能很好地拐弯
	2	可以在一个人的帮助下行走（监视、指示或支撑身体）
	3	可自立行走（可使用辅助工具，无须监视和指示）
更衣	0	全护理
	1	需要护理但自己可以做一半以上的事情
	2	自理（可以系纽扣、系绳等）
爬楼梯	0	不行
	1	需要帮助（监视、指示，支撑身体，使用升降装置等）
	2	升降自理（行走时可使用辅助工具，无须监视、指示）
洗浴	0	护理
	1	自理（可以在没有监视的情况下进出浴缸，可以一个人洗身体，可以淋浴）

对每个功能项的得分求和。

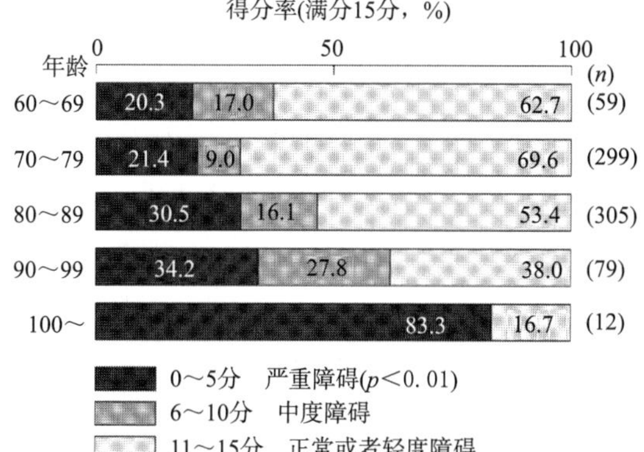

● 图9-14 日常生活动作的评价得分（稻垣等人，1992）

具体来说，服装需要隐藏体型和皮肤的衰老，与连体型相比，上下分体型更容易修饰体型的缺陷（图9-13），还可以根据体型将下摆调整到适合的长度使体型看起来更好。塑身内衣要避免过紧，最好既有保温效果又能调整体型。此外，选择服装时，挑选可以愉悦心情、使脸色看起来明亮的颜色和设计也很重要。

6 残障人士的服装要求

对于残障人士的服装，也有必要考虑与老年服装相同的问题，但即使都是身体有残疾，其伤患部位和程度也有很大的差别。由于个体差异极大，因此有必要考虑与各个症状相对应的服装。另外，残障人士大多从事社会活动，以回归社会的自立生活为目标，所以在服装设计上不仅要实现穿脱、排泄、洗浴、预防褥疮等生活基本辅助功能，还要能够应对功能训练、体育、娱乐等社会活动。表9-1、图9-14显示的是根据Barthel指数的ADL评估表得到的不同残障人群日常生活动作的评价得分。在选择残障服装时需要考虑以下的三个因素。

①协助生活自立。为了消除残障带来的不便，根据残障部位和程度的不同，服装需要具备相应的功能性。残障除了看得见的运动障碍以外，还有出汗、血管调节、体温调节等看不见的生理机能障碍，因此在设计中也需要考虑这些障碍。对于重度残障人士来说，服装还需要考虑到护理的便利性。

②机能训练的应对。服装在满足易于进行机能训练的同时，其穿脱、操作本身也是机能训练的一个环节。

③社交、交流等的应对。在残障服装的设计中，在具备功能性的同时，外观上也要接近正常人的服装，使一些特殊的设计不显眼。

7　残障人士的更衣动作与服装

从穿衣生活的自立这一点来看，最重要的是穿脱动作。服装穿脱是日常重复的一种行为，其基本动作包括从起居移动等大动作，到与四肢和躯干的可动区域、肌力、灵巧性相关的高度灵敏动作。阻碍这些动作的残障如关节可动区域限制导致的伸臂不足和肌力下降（图9-15）、疼痛导致的限制、中枢神经障碍引起的症状和不自主运动、智力精神障碍等。此外，还有脑血管疾病、心脏疾病、呼吸疾病、风湿病、肌肉萎缩、脑瘫、截肢等各种疾病。为了克服这些疾病引起的障碍，首先需要考虑服装的材料，例如伸缩性、摩擦特性和厚度等；其次考虑服装的款式，如服装的开口、袖口、袖子的宽度、衣领、身体的松量、固定配件的尺寸和位置等。表9-2举例说明了如何根据残障类型考虑服装的易穿脱问题。另外，图9-16列举了一个针对肢体不方便人士的服装开发系统。该系统是设想某一服装穿着时或穿着中的动作，针对各个障碍因素具体考虑应对的方法。图9-17显示的是作为其解决方案的一些设计案例。

另外，为了补充功能，可以考虑使用纽扣辅助器、镜子、长毛巾、长梳子、洗发帽等自助工具。而且，根据残

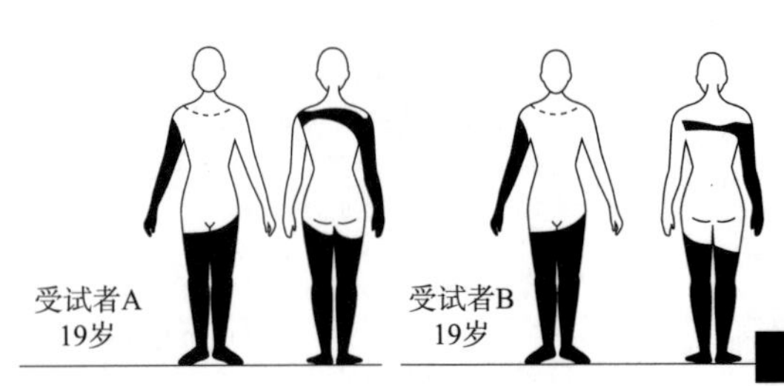

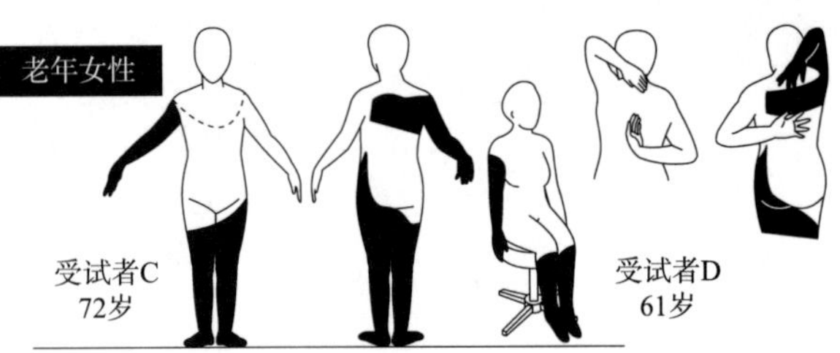

白底：右手食指指尖触摸的范围
虚线：可见边界区域

● 图9-15　右手食指可触摸范围和可见边界范围（冈田，1999）

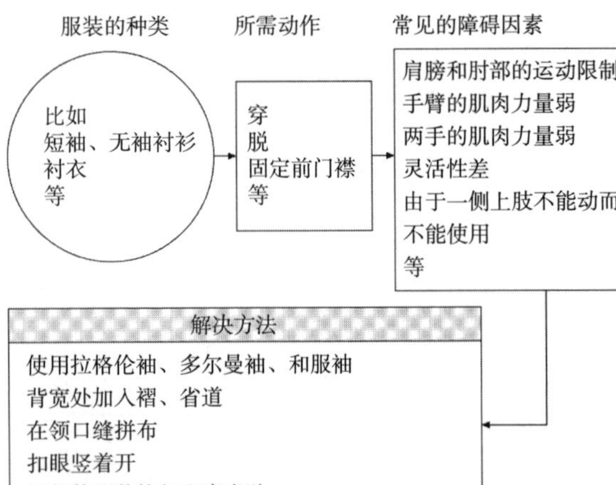

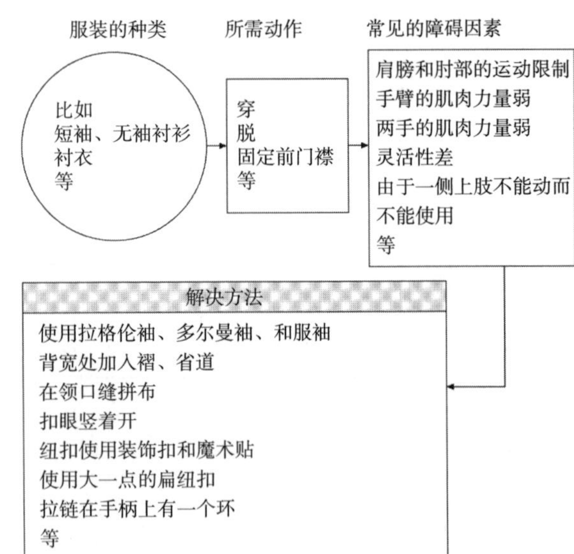

● 图9-16　针对残疾人士的服装开发系统

ADL

包括健康水平和日常生活活动(ADL：activities of daily living)，是影响老年期主观幸福感的主要因素。日常生活的基本活动有摄取食物、排泄、穿脱服装、洗澡、步行等。日常生活动作发生障碍需要帮助的状态称为ADL障碍状态。

障人士残存功能的水平，如果能在穿衣顺序和方法上下功夫，也可以实现穿脱的自立。

● **表9-2　残障类型以及对服装的要求**

障碍因素	疾病、障碍示例	服装的相关考虑
精神、知觉障碍	脑麻痹 四肢麻痹	①便于区分服装的前后、左右、正反 ②多留松量 ③采用简单的结构（纽扣用魔术贴，袜子没有脚后跟等）
全身状态下降（心悸、气喘、疲劳等）	心脏疾病 呼吸系统疾病	①减少衣服的数量和重量 ②可在坐姿或卧姿状态下直接穿脱服装 ③设计不消耗能量的自助工具
关节变形，不便行动 疼痛	关节类风湿 四肢麻痹	①利用伸缩性较好的素材 ②根据可动区域，最好采用可拆卸式服装，便于穿脱 ③把开口变大，放在前面 ④固定工具要简单 ⑤根据关节的变形选择合适的鞋型
肌肉力量的降低	类风湿性关节炎 四肢麻痹 肌肉萎缩	①减轻服装的重量 ②使用摩擦阻力小的材料 ③固定配件要用不需要力的东西（比如松的橡皮筋） ④手指握力小的情况下，利用拉、按等力
强调运动 （灵活性、可控性）的降低 不自主运动的发生	脑麻痹 假肢使用	①使用穿脱简单的形态（袜子无脚后跟等） ②尽量不使用固定工具，或尽量简单的（比起纽扣，使用魔术贴更好） ③用有伸缩性的材料，设计宽松 ④裤子和裙子用橡皮筋固定
知觉障碍 体温调节障碍	脊髓损伤	①冬天使用保温性好的东西，夏天使用凉爽的东西（也可以利用空调） ②防止诱发反射痉挛性的柔软材料 ③设法防止不活动部位的皮炎和干燥 ④注意尿路感染和褥疮，要穿干净、压迫小的服装
身体部分切除	乳腺癌术后 子宫癌术后	①利用可以平衡乳房的胸垫 ②针对胸垫透湿性差的特性，需要考虑对策来预防湿疹 ③避开强烈的压迫
视觉障碍	弱视，眼盲	设法能够区分服装的种类（特别是颜色）

日本纤维制品消费科学协会编辑：《纤维制品消费科学手册》（部分做了修改），光生馆，428（1988）.

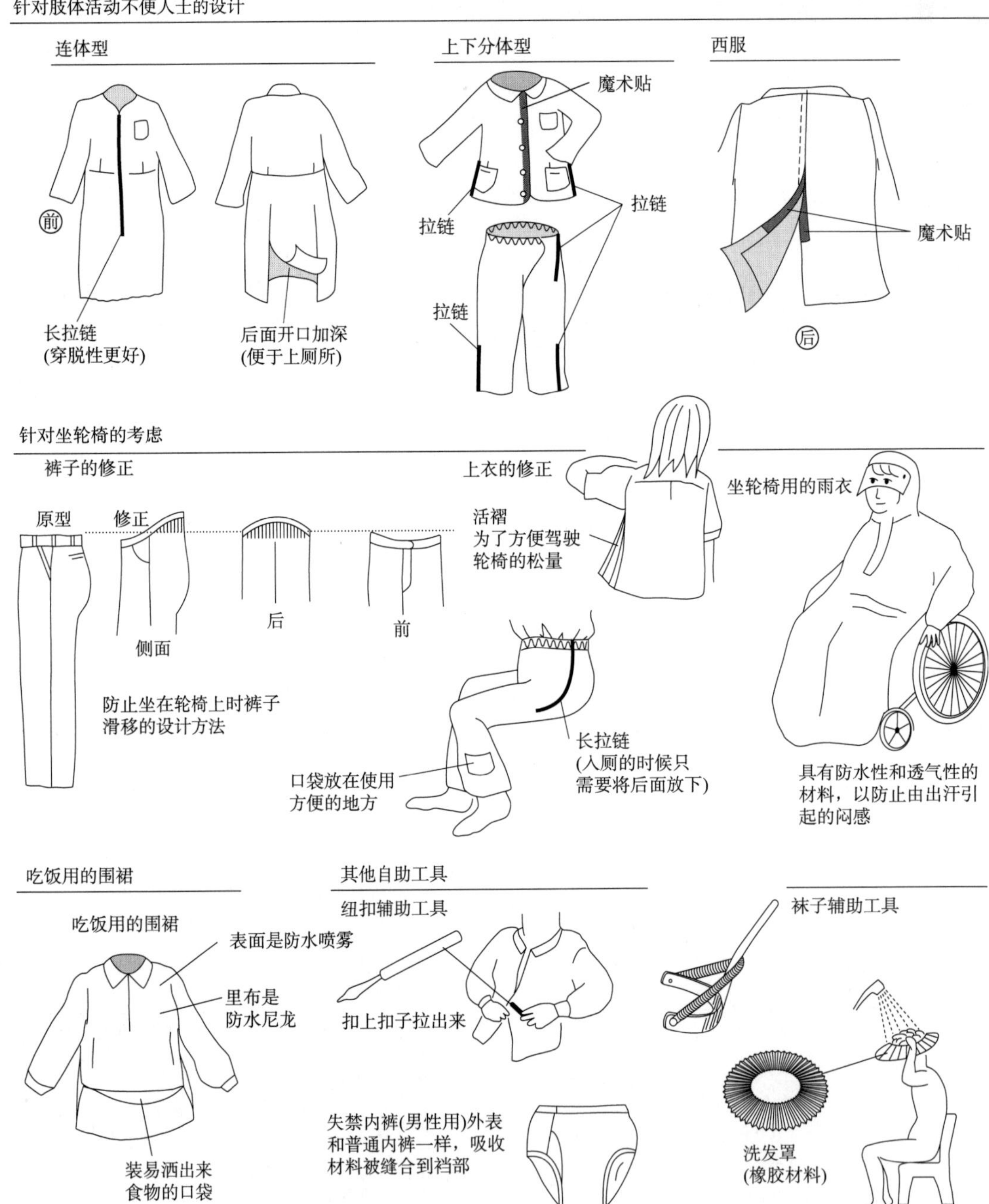

田中道一：身体障害者のための被服，衣生活研究，8(1)，4（1981）

栗山典子：高齢者の介護用衣服について，第19回被服衛生学セミナー「被服衛生学－明日への視点－」(2000)

文化服装学院通信教育部：文化服装通信教育講座開講40周年記念「高齢者やからだの不自由な人にやさしい服作り」(1997)

S.ワトキンス：『快適な衣服を求めて』(田村照子ほか訳)，関西衣生活研究会，188（1988）

● 图9-17　残疾人士用的衣服、自助工具等示例

第 10 章 婴幼儿的特征与服装

婴幼儿成长迅速，身体的各项机能分阶段发展。这一时期的服装与成人相比，比起装饰性和社交性，更要求具有保健卫生功能。

婴幼儿时期可分为新生儿期（出生后4周为止）、婴儿期（出生后1年为止）、幼儿期（小学入学为止）。这一时期是体型急速变化的时期（图10-1、图10-2），并且在这三个阶段，精神上会取得惊人的成长。同时，这个时期也是培养色彩感觉的时期，服装对婴幼儿的身心成长起到了很大的作用。

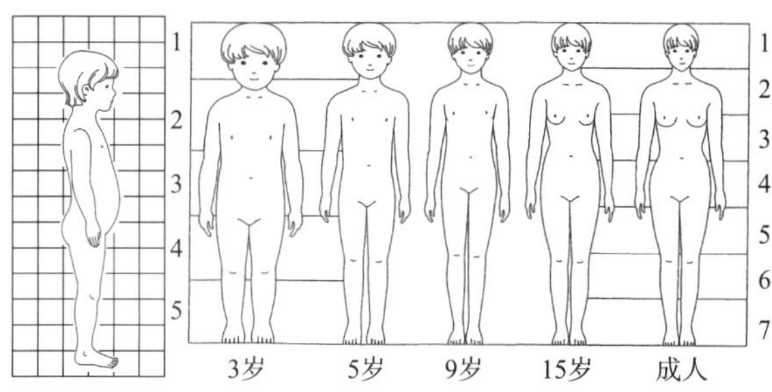

● 图10-1　儿童的体型　● 图10-2　随着成长头身比例的变化

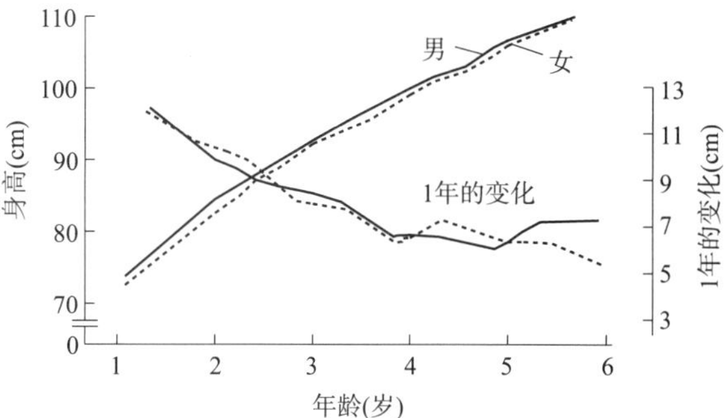

● 图10-3　身高随年龄的变化（古松，1980）

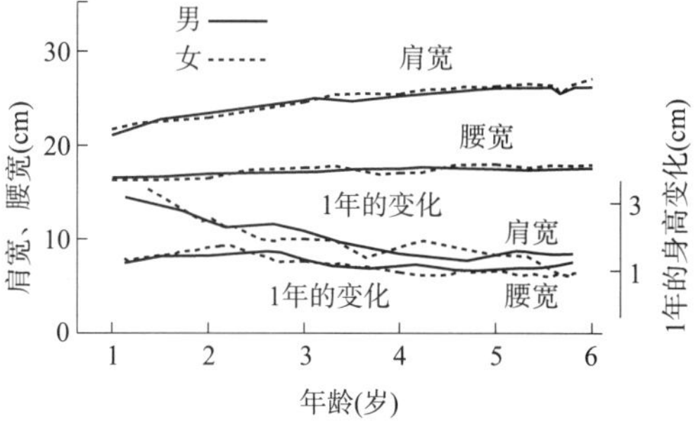

● 图10-4　肩宽、腰宽随年龄的变化（古松，1980）

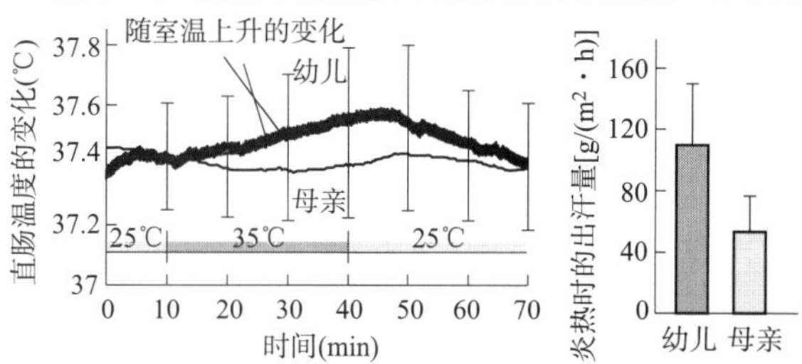

● 图10-5　2岁半的幼儿和母亲的直肠温度变动和全身出汗量（都筑，2001）

1　婴幼儿的体型特征

婴儿期　出生时身高约50cm，体重约3kg，随着成长，体型会发生很大变化，出生1年后身高约变为出生时的1.5倍，体重约变为出生时的3倍。身体呈圆筒形，腹部突出，没有颈部，头部较大，四肢较短。1岁婴儿是4头身，与成人相比，每公斤体重的体表面积较大。

幼儿期　1~3岁的幼儿为腹部向前突出的反身体型，腰部没有变细，躯干厚度较大，脖子较短。到了4岁以后，下腹部的突出就会逐渐消失。随着年龄的增长，四肢逐渐发达，头身比例逐渐增加，身体向细长的儿童体型转变（图10-3、图10-4）。

2　婴幼儿的生理特征

婴儿期　神经发育不充分，末梢血管反应也不成熟，所以体温调节功能不发达，容易受到气候变化的影响（图10-5、图10-6）。在刚出生后的一段时间里，可以依靠从母体获得的免疫力来抵抗感染，但到了1岁左右抵抗力会下降，就容易患感冒等感染病症。另外，虽然单位体积的体表面积越大，就越容易散热，但由于婴儿的基础代谢比成年人高20%以上，因此更容易出汗。

婴儿的皮肤柔软且对外界的刺激很敏感，所以容易受伤，易患湿疹、皮疹等皮炎或化脓。

幼儿期　幼儿期比婴儿期行动更加灵活，所以产热量增加、新陈代谢旺盛、容易出汗，汗衫污垢也显著增加。幼儿体温比成年人高约1℃，并且随身体活动体温变动较大。此外，幼儿的皮肤蒸发散热较大，皮肤表面湿气较大，由于皮肤薄且柔软，很容易受到紫外线的影响。

3　婴幼儿的行为特征

婴儿期　婴儿期的前半期每天在觉醒和睡眠中反复交替，大部分时间都在床上度过（图10-7）。6个月左右开始翻身，到9个月开始坐、爬、抓着东西站立，到1岁左右开始可以行走（图10-8）。这个时期，尿液、大便、口水等污渍容易附着在服装上。

幼儿期　运动变得活跃，由于吃东西等容易将服装弄脏，自己不会调节服装的多少，也很少表达冷热感觉。到了幼儿期后半期，开始对自己穿脱和扣纽扣等产生兴趣。由于好奇心旺盛，这是一个在反复试错过程中得到发育的时期，但由于无法察觉危险，这一时期的受伤和死亡事故较多（图10-9）。另外，热水烫伤等事故也较多，因此有必要考虑穿着容易活动且无危险的服装。

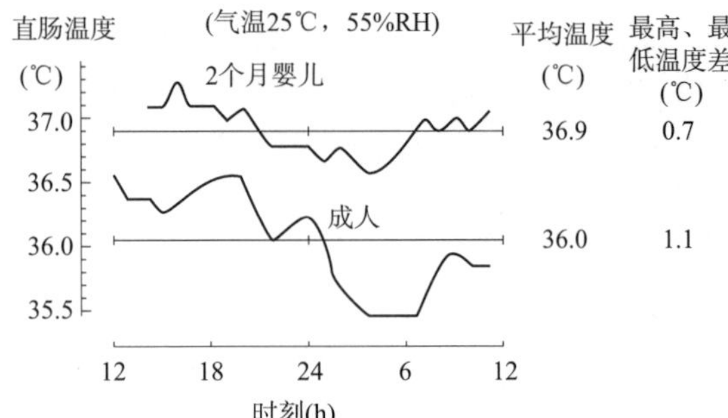

● 图10-6　2个月婴儿和成人体温的日周节律变化（桶谷阳子，1979）

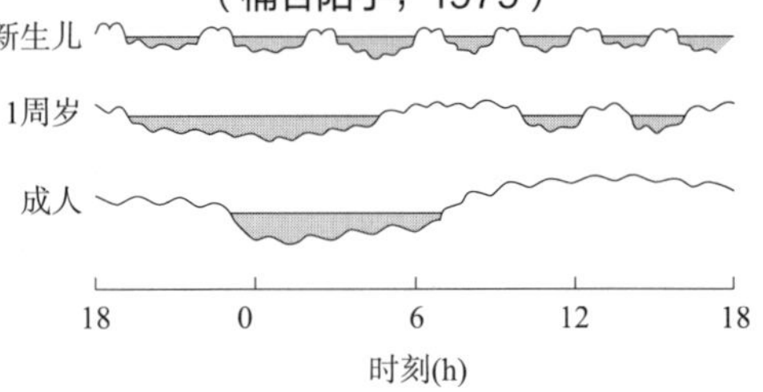

● 图10-7　睡眠节律与年龄的关系（大熊辉雄，1977）

期	运动发展
第1期 0～3个月	仰着躺 趴着就想抬起头来 伸开手脚
第2期 3～6个月	脖子可以直起 在有支撑物的情况下可以坐 让他站起来，他就会原地踏步 睡觉翻身变成俯卧位
第3期 6～9个月	可以独立坐 扶着他就能站起来 爬行
第4期 9～12个月	爬行前进 坐姿是主要的姿势 能抓着东西站立 两只手扶着能走 单手扶着能走 独自能走路

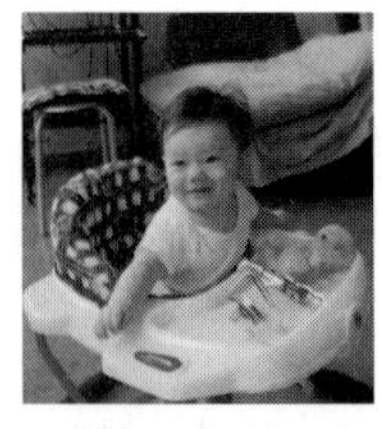

● 图10-8　1周岁前的运动发展（J. de Haas，1990）

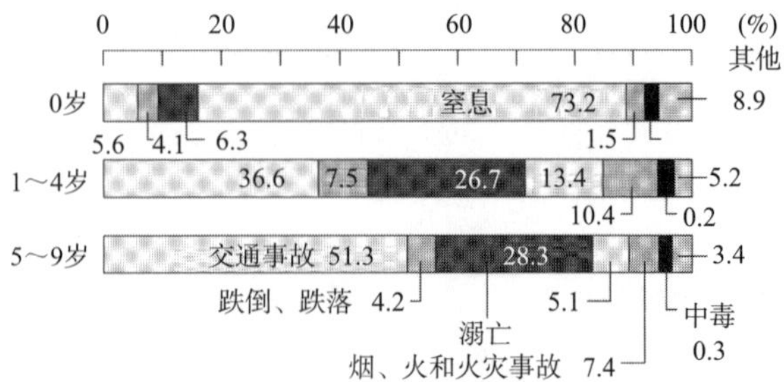

● 图10-9　按婴幼儿意外事故死因分类的比例（1998年日本厚生省“人口动态统计”）

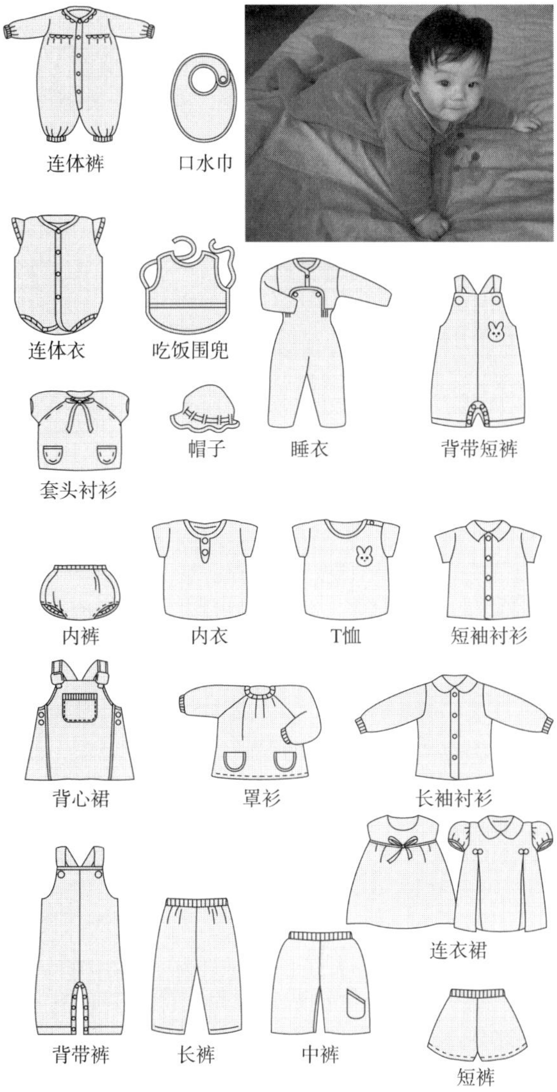

连体裤
口水巾
连体衣
吃饭围兜
睡衣
背带短裤
套头衬衫
帽子
内裤
内衣
T恤
短袖衬衫
背心裙
罩衫
长袖衬衫
连衣裙
背带裤
长裤
中裤
短裤

● 图10-10　婴幼儿服装

冷暖气使用的标准
0 20 40 60 80 100 (%)
母亲的感觉
暖气
冷气
室温
时刻
使用的房间
小孩的样子
其他
儿童服装选择的标准(冬季)
0 20 40 60 80 (%)
天气、气候
母亲的感觉
室温

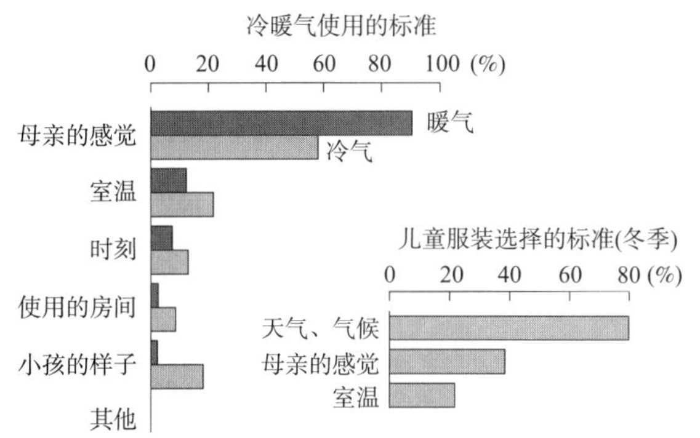

● 图10-11　婴幼儿的服装选择，冷暖气使用的标准（都筑和代，2001）

4　婴幼儿服装

（1）婴儿服装

①材料。选择质地柔软，不刺激肌肤，具有良好吸湿性、透气性的材料。最好是吸汗性好、有伸缩性、重量轻、保温性好的面料。另外，选择脱浆的漂白布、纱布、棉针织物等容易洗涤且结实的面料比较合适。在织物颜色方面，以污渍明显的浅色系为佳，如白色、奶油色、粉色、淡蓝色等。

②缝制。背面无接缝，缝份要少，且缝边在正面。

③形态。婴儿期前半期的睡姿较多，所以最好是选择有松量、重叠较少、将身体整体包裹起来的无领连体款式。由于要经常更换，使用前开口、用带子固定的浴袍式，这样比较容易穿上，并且袖口的大小要满足能够使成人的手放入袖子中。注意还要考虑不要让纽扣和魔术贴弄伤皮肤。图10-10展示了婴幼儿服装的种类。

④着装。婴幼儿孩子服装的选择和使用空调的标准大多由母亲的感觉决定（图10-11）。婴幼儿的产热较多，因此穿衣量可以比成人少1件，避免穿太厚。一天要多次更换服装，特别是背部潮湿的时候。购买的服装在穿着前必须先洗涤。为了促进足部血管调节机能的发展，在会走路之前几乎不需要穿袜子。

由于婴儿头发稀少，所以最好戴帽子，这样冬天可以防寒，夏天可以避免阳光直射。由于头部容易出汗，所以最好选择透气性好的帽子。

（2）尿布

使用尿布的时间从出生延续到2～3岁，由于是长时间使用，所以对于婴幼儿来说，尿布可以说是服装的一部分。婴儿新陈代谢旺盛，由于体温过高、出汗多，以及来自排泄物中的水分等，尿布内环境特别容易变得高温高湿。这种环境会使皮肤湿润，细菌繁殖，引起尿布疹和湿疹化脓等症状。婴幼儿与成年人相比，排尿排便次数较多（表10-1），因此最好频繁更换尿布（表10-2）。另外，要尽早养成正确的排便习惯，确保行走方便。

①布尿布。在过去主要使用布做的尿布，缠绕成T字形，由于绑得过紧有时会引起股关节脱臼。现在市面上有改良型的尿布和尿布套（图10-12）。布尿布使用的是100%棉的漂白布或多比面料，尿布的外罩使用的是吸湿性较好的100%羊毛或立体成型的经过防水透湿整理的聚酯纤维等。布尿布不充分干燥的话容易滋生细菌，所以最好经常晾晒、熨烫。

②纸尿裤。纸尿裤由于其性能和使用的便利性而被广泛使用（图10-13）。纸尿裤表面使用无纺布或疏水膜，内部使用高吸水性聚合物（聚丙烯酸钠等，图10-14），排泄的水分会被内部的吸收剂吸收，皮肤就不易受潮。

纸尿裤虽然作为一般废弃物被焚烧处理，但其对环境造成的负担较大，从经济性来看，也有必要考虑其长期使用的问题。

● 表10-1　婴幼儿的排泄

排便次数（次/天）	新生儿 7～10	母乳喂养 3～5	辅食喂养 1～2	
排尿次数（次/天）		出生不满3个月 15～20	出生1年左右 8～12	
尿液量（mL/天）		新生儿 50～200	婴儿 200～600	成人 约1500

（平成16年日卫连资料）

● 表10-2　纸尿裤更换次数

出生月数	片/天	出生月数	片/天
0个月	10～11	12～17个月	4～5
1～2个月	11～12	18～23个月	3～4
3～5个月	8～9	—	—
6～11个月	6～7	2年内平均	6.2

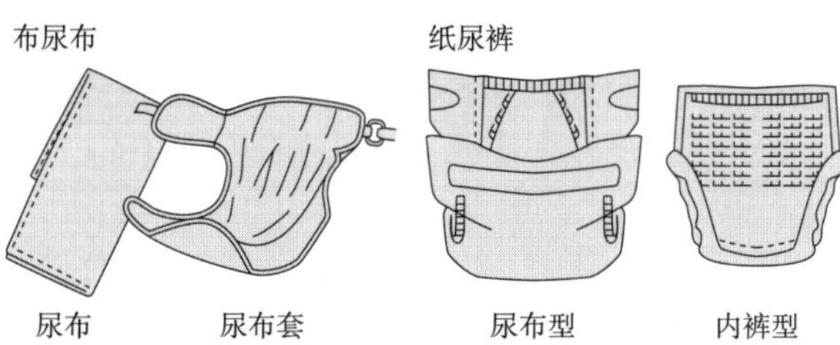

● 图10-12　布尿布和纸尿裤

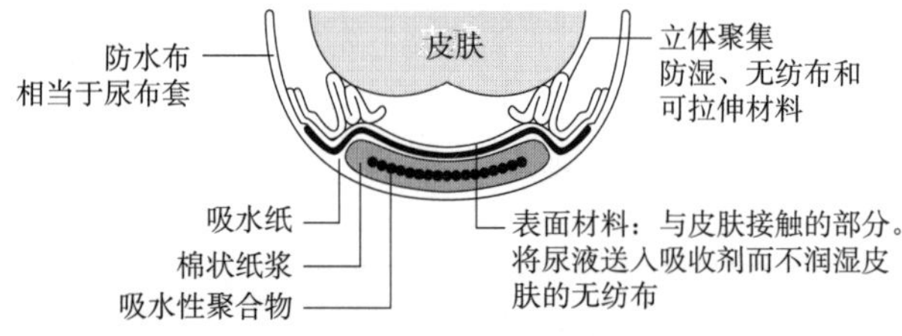

● 图10-13　纸尿裤的截面模型图（因制造商而异）

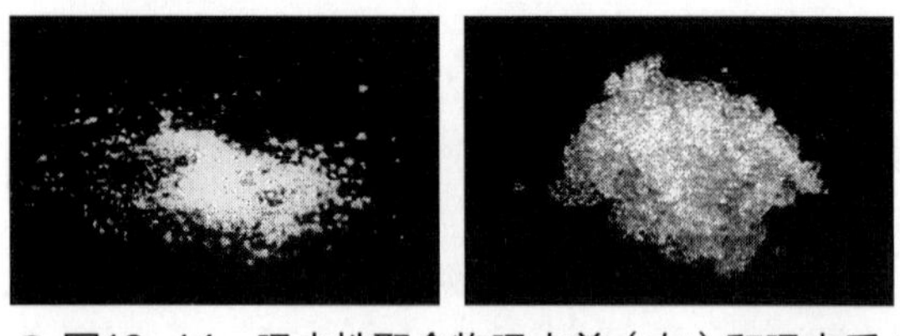
● 图10-14　吸水性聚合物吸水前（左）和吸水后（右）

使用婴儿车的注意事项

婴幼儿外出使用的婴儿车，背面或臀部容易因长时间接触而出现高温，最好使用透气性好的材料。如果受到太阳的直射和柏油路面沥青的反射，其热负荷会特别大，所以盛夏使用婴儿车时需要注意。

● 图10-15　精心设计的儿童外套示例

● 图10-16　幼儿服装的穿脱

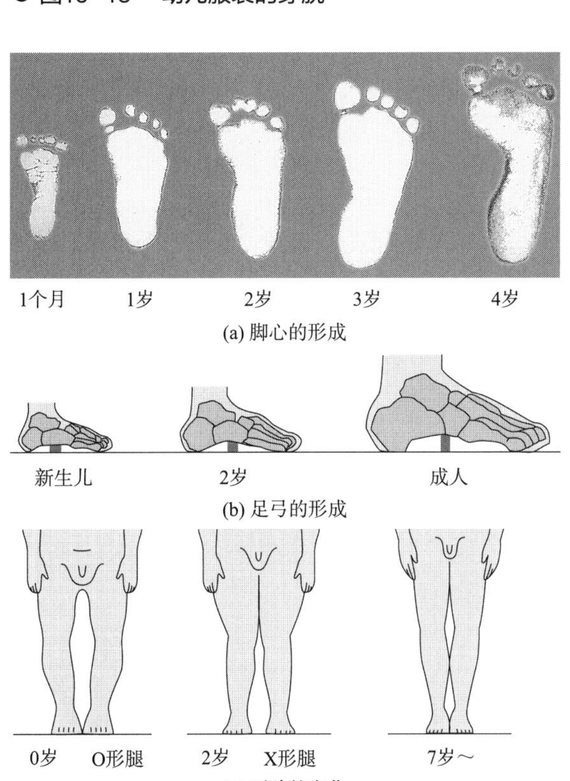

● 图10-17　婴幼儿脚部及腿部的发育

（3）幼儿服装

幼儿运动活跃，因此选择轻便、有伸缩性的服装比较合适。由于服装上污垢附着量的增加以及洗涤次数的增加，最好使用耐用且色牢度高的面料。

幼儿的体型是圆筒形，因此服装上下分开时裤子容易滑落而露出腹部。同时为了不影响胸腹式呼吸，选择不勒腰的吊带裤、背心裙等比较合适。由于腹部突出且身体较厚，所以上衣的下摆宽度较宽。由于头部较大，为了便于穿脱，上衣的开口较大。由于颈部较短，所以在有领子的情况下，最好采用平领等。

幼儿活动时下蹲的姿势比较多，所以最好衣服不会露背，但是如果衣长过长，下蹲时下摆与地面接触会变脏，起身时会踩到后下摆被卡住，所以上衣和裙子的长度要与身高相匹配。

使用套衫、背心等穿脱时领口可以自动调节的服装很方便，但是也可以有前门襟，通过纽扣和按扣的设计来养成自己穿脱的习惯（图10-15、图10-16）。

在生长发育较早期，衣服尺码很快就会不合适，但是过大的衣服又会妨碍手脚的运动从而导致危险，所以要注意穿着适合体型的服装。

在幼儿期，足部形状和步行机能会随着发育发生很大变化。脚尖部容易受鞋的影响发生变化，脚心在开始行走的同时形成，足弓在2岁以后形成，步态慢慢过渡到外股行走（图10-17）。在挑选鞋时，注意选择鞋宽足够、鞋头宽敞、不易脱掉、透气性好、穿起来方便的鞋子。

第 11 章 舒适的睡衣及寝具

睡眠是为了恢复一天由于活动造成身心疲劳的生理需求。睡眠不足会导致身体机能下降，由此可见睡眠是支撑健康的重要支柱。

睡衣和寝具的舒适性是影响睡眠质量的重要因素。本章从人体的生理节律和睡眠的意义、脑波以及其他生理反应来观察睡眠质量，并对睡衣和寝具的作用进行了论述，从寝具的保温、透湿、身体压力分布等方面研究影响睡眠舒适度的条件。

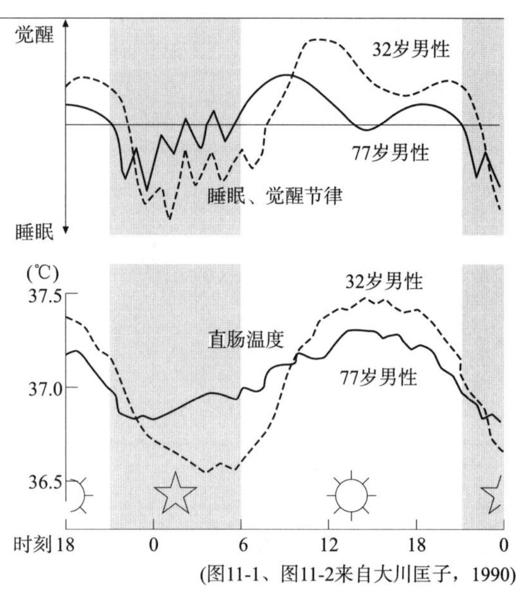

(图11-1、图11-2来自大川匡子，1990)

● 图11-1 健康的年轻人与老年人睡眠、觉醒节律和体温的比较

1 生理节律与睡眠环境

人体的生理机能是以各种各样的周期变动的，以近似24小时为周期的变动被称为昼夜节律（近日节律）。这种节律是由脑内下丘脑的生物钟内源性地形成和维持的，但也会受到外源性（环境）因素的影响，特别是受到光照变化的影响。因此，一般情况下，除老年人之外，成年人和婴幼儿是昼夜反复觉醒、睡眠的单相节律，平均睡眠时间为7～8h（图11-1）。在海外旅行等环境的昼夜节律突然变化的情况下，会出现包括睡眠障碍在内的时差综合征，其原因就是节律发生了变化。睡眠的节律与其他生理条件的节律同步，如体温、血压和脉搏在早晨醒来后会上升，在睡眠时则会下降。相反，血液中的钙浓度和钠浓度在接近就寝时会上升，睡眠期间

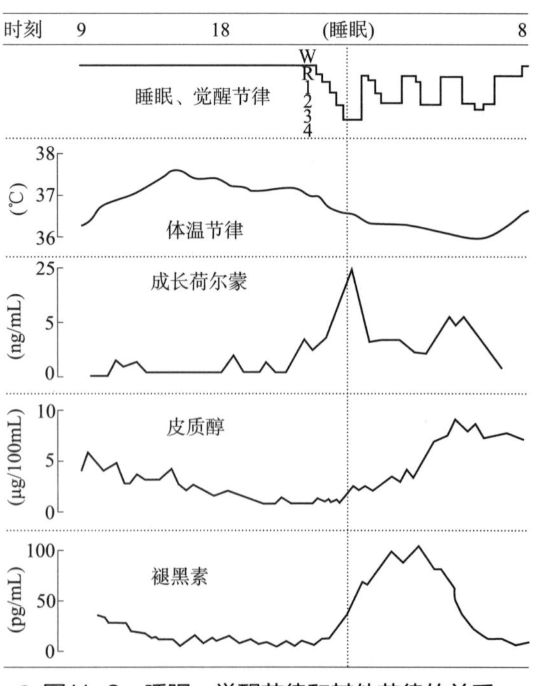

● 图11-2 睡眠、觉醒节律和其他节律的关系

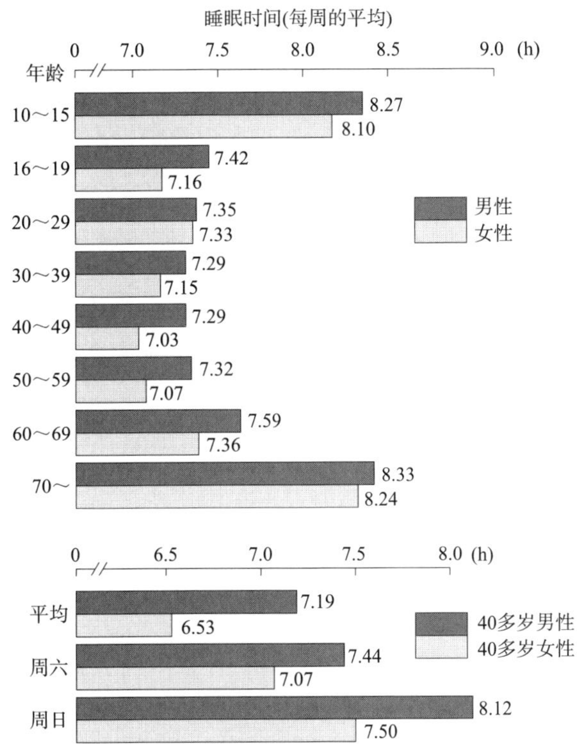

● 图11-3 日本人的睡眠时间（1990年国民生活时间调查）

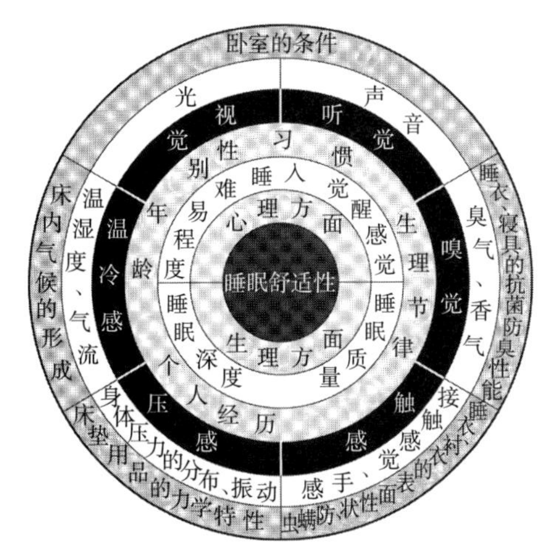

● 图11-4 影响睡眠舒适性的环境因素以及睡衣和寝具的因素

● 表11-1 睡眠感觉的评价

主观评价	手感、初期睡感、入睡感、熟睡感、觉醒感、长期使用感等
客观评价	脑波（睡眠时间、睡眠潜伏时间、REM睡眠、深度睡眠率、REM睡眠率等）、身体翻动、体温、代谢、心率、呼吸频率、肌电图、心排血量、血压、皮肤温度、出汗等

褪黑素、成长荷尔蒙、皮质醇等的内分泌会增加（图11-2）。

由于人体的睡眠处于这样的生物节律中，所以在研究寝具、睡衣等睡眠环境时，从节律出发进行考察是很重要的。

此外，从日本人不同年龄层、不同性别的睡眠时间调查结果（图11-3）来看，女性比男性的睡眠时间短，特别是40多岁女性的睡眠时间比男性短16min，为7小时2分。另外，从一周的睡眠时间来看，工作日男女都是7小时左右，周日是8小时左右，可以看出周日睡懒觉消除了睡眠不足的状况。在这种情况下，生活在现代社会忙碌的人们迫切希望尽可能改善睡眠环境，从而获得优质的睡眠。因此，人们对获得优质睡眠的睡眠环境十分关心。

2 舒适睡眠的环境因素

图11-4将影响睡眠舒适度的环境因素与人体感官的关系进行了总结。在睡眠环境中，除了光线、声音、空调等卧室环境外，还有睡衣、寝具形成的床内气候，睡姿的保持，翻身的容易性，让人心情平静的颜色、设计，舒适的肌肤触感，防螨虫、抗菌、防臭等卫生功能也都很重要。近些年，人们对利用磁性等具有健康功能的寝具也越来越关心。而且，寝具还要求具有可清洗性、耐久性、易收纳性、轻量性等打理方面的性能。

3 舒适睡眠的评价方法

一般来说，睡眠的舒适度根据入睡的舒适度、熟睡感、觉醒感等入睡前后的意识和记忆来评价（表11-1）。消费者通过这些记忆的积累形成各自的喜好，在店面购买寝具时，会通过用手触摸、按压、试躺翻身等行为，做出主观判断。

在判断睡衣和寝具的好坏时，也会使用这些主观评价法，但这种清醒时的感觉并不一定能保证是优质的睡眠。因此，为了更加客观地评价睡眠舒适度，可以采用根据睡眠中的脑波和其他生理指标来评价睡眠的方法。

（1）睡眠脑波

睡眠中的脑波如图11-5所示，从图中可以看出随着睡眠的加深，会出现特有的振幅和频率波形，因此可以根据该波形来评价睡眠的深度。此外，在睡眠期间，尽管在睡眠状态，眼球也会出现快速转动的时间段。这个睡眠称为REM（REM：rapid eye movement，快速眼动）睡眠，与不伴随眼球运动的睡眠，即NREM睡眠相区别。NREM睡眠分为4个阶段。在REM睡眠期间，大脑活跃，大多会出现做梦的情况，这被认为是重要的睡眠。REM睡眠脑波的判定如图11-6所示，由于REM睡眠是根据眼球运动的出现、快觉醒时脑波的出现以及肌电图的消失等来判断的，所以一般在测量睡眠中的脑波时，除了脑波之外，还需要同时测量眼球运动、肌电图等项目。

典型的一夜睡眠过程和睡眠阶段的出现如图11-7所示。通常，入睡30min左右开始NREM睡眠，慢慢向深度睡眠过渡，90min左右出现第一次REM睡眠。然后再次进入深度睡眠，出现第2次REM睡眠……到早晨醒来为止出现4～5次REM睡眠。另外，NREM睡眠逐渐变浅。

根据这一睡眠模式，可以判断睡眠是否健康。也就是说，以睡眠脑电波为基础，可以评估无意识下的睡眠质量，包括净睡眠时间、入睡前的时间、深度

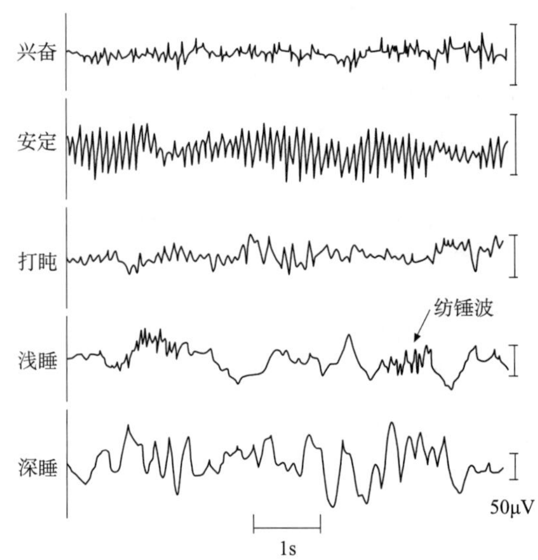

● 图11-5　睡眠的脑波和睡眠的深度（鸟居，1984）

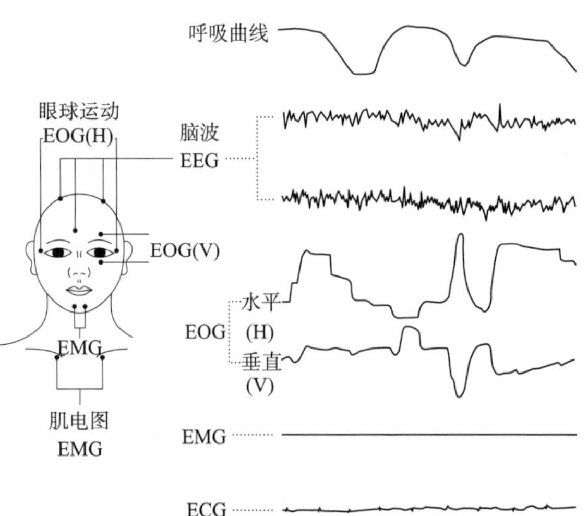

● 图11-6　REM睡眠时脑波的判定（根据眼球运动、肌电图的消失、脑波来判定REM睡眠）

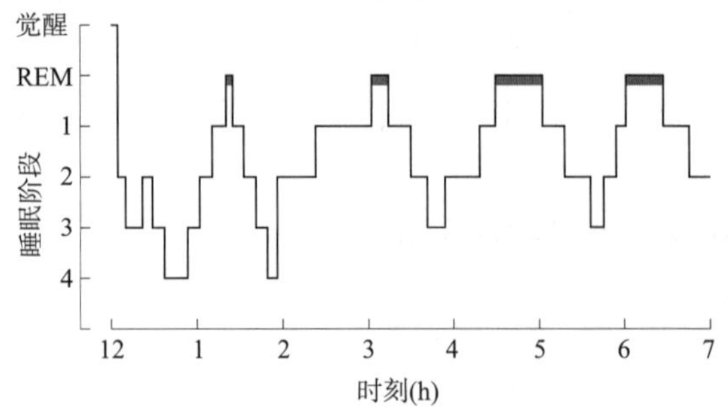

● 图11-7　睡眠节律测量

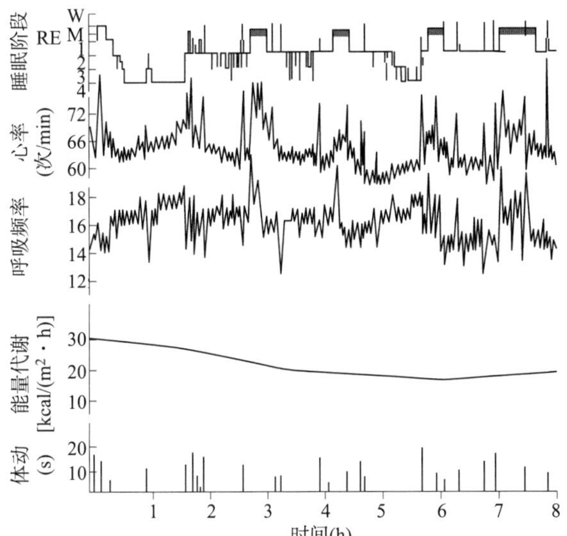

● 图11-8　睡眠中的各种生理反应

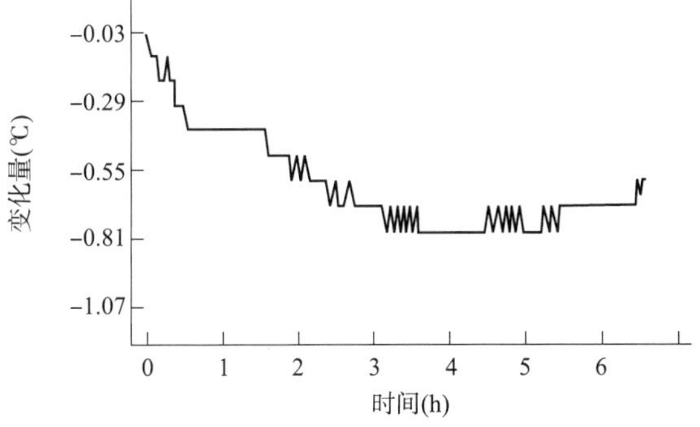

● 图11-9　睡眠中直肠温度的变化

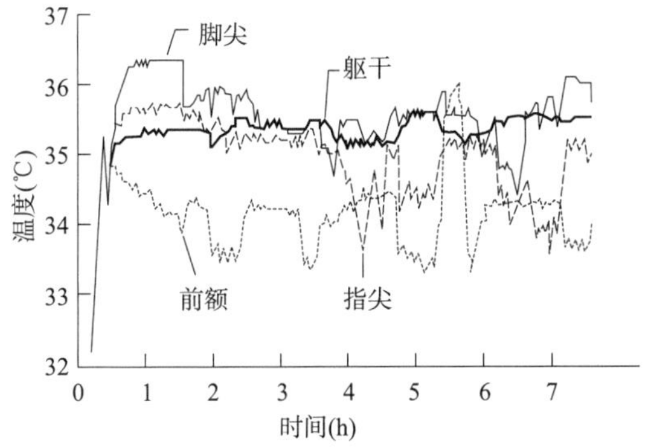

● 图11-10　睡眠中皮肤温度的变化

睡眠比率、REM睡眠比率和次数等。

（2）脑波以外的生理测量

睡眠过程中，除脑波以外的其他生理反应也会发生变化。从图11-8、图11-9可以看出，睡眠中出现体温下降、能量代谢下降、呼吸频率、心率、血压、心排血量等变化，还有皮肤温度（特别是足部）上升（图11-10）、出汗、身体翻动等也被作为睡眠的评价指标。之前讲述的主观睡眠感觉可以反映一个人的心理感受，并不一定与生理评价相一致，因此从健康的角度来看，应该重视生理指标的评价。

4　睡衣及寝具的要求

（1）舒适的床内气候的形成

人类的体温会在夜间睡眠中降低，早晨时达到最低，白天睡醒后开始上升，在傍晚达到最高值（图11-1）。这种体温的日周期变动是由昼夜节律引起的，是由24h同步因子（光照、日常活动等）调整而形成。生物体入睡时，会出现代谢量减少、皮肤温度（特别是末梢部位皮肤温度）上升、出汗加快等反应，根据图11-9显示体温降低了0.5～1.0℃。根据以上这些反应，床内气候最好调节到温度约32～34℃、相对湿度60%以下为宜（图11-11）。

由于睡眠中的代谢比白天安静时低，因此寝具需要比普通服装的保温性更高。如果保温性不够，床内温度就会降低，手脚的皮肤血管会处于收缩状态，皮肤温度就无法上升。其结果是，体内的热量不易散失，体温不易降低。相反，如果床内温度过高，即使手脚血管扩张，仍然会因散热不足而导致体温上升，使体温节律受到干扰，导致睡眠质量下降。特别是在使用电器类寝具时，注意不要让温度上升过高，防止高温烧伤等。

另外，如果睡眠中出汗导致床内高湿，就会使人产生闷热不适感，然后身体翻动增加，导致睡眠质量降低。所以，睡衣、寝具需要具有与环境相适应的保温性、透湿性。

（2）被褥的热量、水分传递特性

卧室内气温与标准寝具组合的关系如表11–2所示。

关于寝具的保温性及透湿性能，如果仅使用面料样品来进行评价是不够充分的。例如，被子肌肤触感的优劣很大程度上受散热方式的影响，但面料在平面状态下的测试并不能阐明这些影响。另外，褥子的保暖性如果不是在被身体压缩的状态下测量，那它们真正的保暖性就无法知道。因此，在睡衣、寝具的评价中，也和衣服一样需要使用人体或者暖体假人进行测量。

（3）适应睡姿的床褥的压缩特性

①睡姿。铃木通过对数百名对象进行调查发现，入睡时姿势是仰卧位的最多，其中男性占51%，女性占41%；其次是侧卧；最后是俯卧，男性占8%，女性占3%（图11–12）。从研究者对不同睡姿时身体压力分布的研究结果来看，可以认为在侧卧时，压力集中在肩和腰上；在俯卧时，胸、腰部的软组织扁平化，身体压力虽然得到分散，但对呼吸有影响。从这方面看，可以认为仰卧位是最适合睡眠的姿势。

②睡姿的观测。获得睡姿的方法是在床褥上铺上塑料薄膜，再在上面铺上用水浸湿的石膏绷带，从而固定人睡觉时的背面形状。

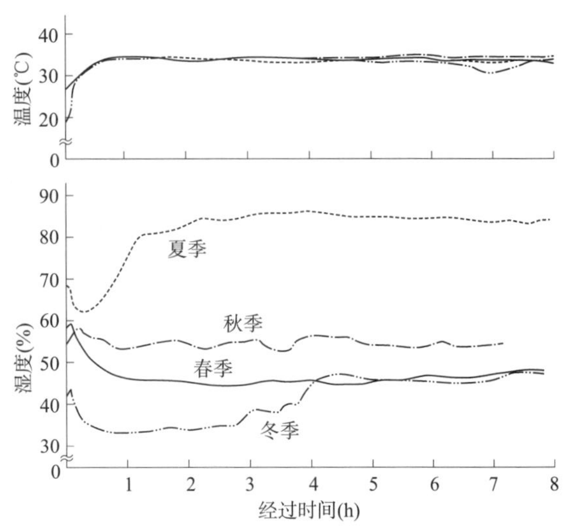

● 图11–11　不同季节的床内气候

● 表11–2　寝具的组合

夏	25℃	一床褥子、一条毛巾被
春、秋	20℃	床垫、褥子、一床被子
冬	10℃	床垫、褥子、一两条毯子、两床被子

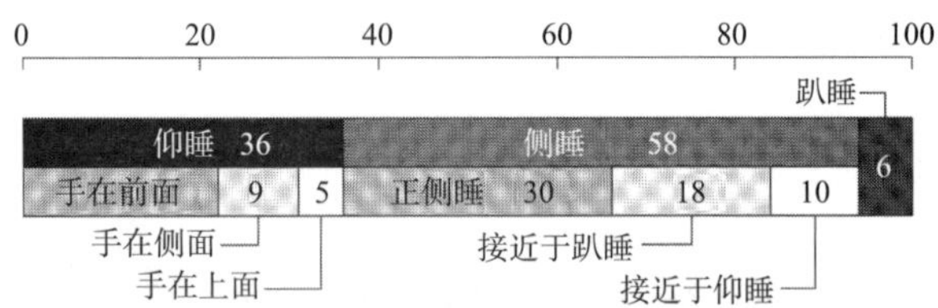

● 图11–12　睡眠过程中的姿势

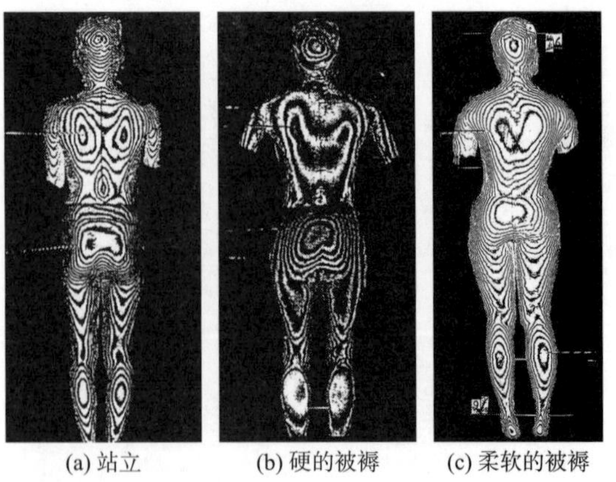

同一受试者站立时和在不同被褥上仰卧时背面形状的莫尔照片。条纹间距约为1.0cm。

● 图11–13　背面形状的莫尔照片

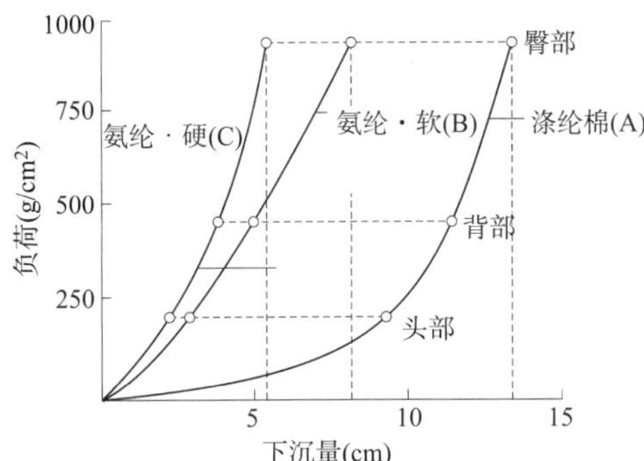

● 图11–14　褥子的材料和压缩应力曲线

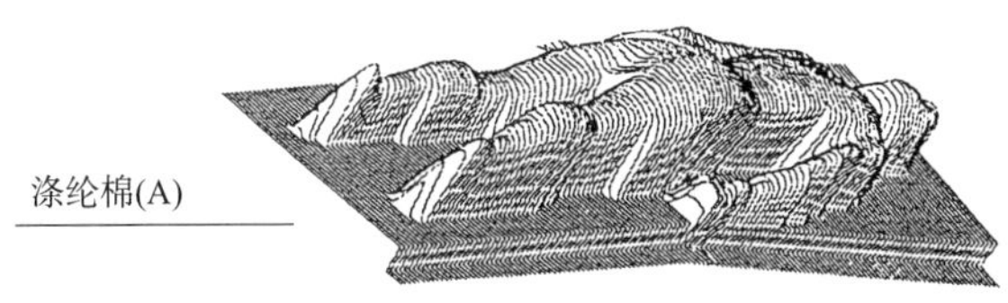

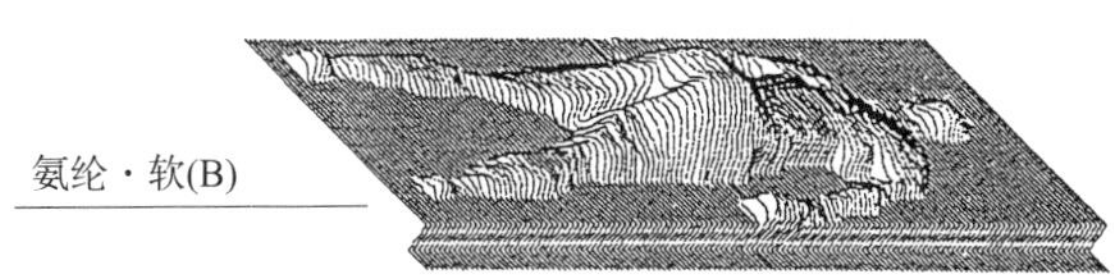

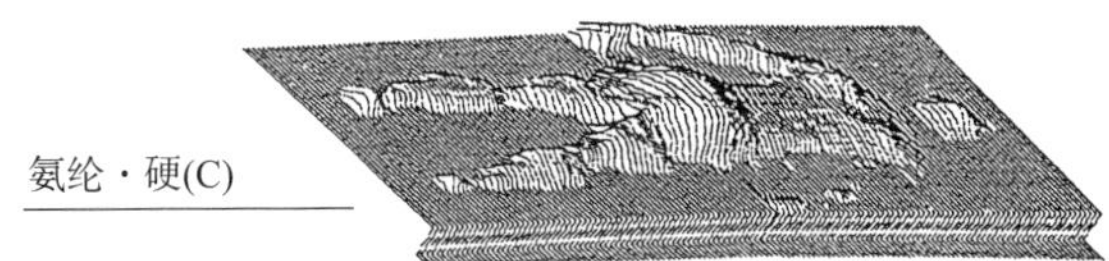

● 图11–15　仰卧在不同硬度的褥子上的受试者的下沉量

● 表11–3　棉被中的尘螨数量

试料		螨虫数量（每10g棉）		一般细菌	一般真菌
材料	使用年数	尘螨	螨虫合计	（平均）	（平均）
棉	3～4年	0～5	0～5	0.7～798.7（135.8）	0～9.6（1.5）
	5～9年	1～37 95	1～43 97		
	10年以上	27～42 88～169	30～51 90～180		
涤纶	不满3年	4～44	8～48	0.1～4.2（1.0）	0.1～2.6（0.8）
	3～4年	21	24		
	5～9年	1～60	3～60		
羊毛	不满3年	2～23	2～24	0.2～14.7（4.2）	0.1～2.9（1.1）
	10年以上	3	4		

这样得到的背面形状复制品通过莫尔摄影法和激光三维测量法进行测量，将其信息输入计算机，进行图像处理后，就可以读取睡姿和人体各部分的压力分布。背面形状的莫尔照片如图11–13所示。另外，同一个人仰卧在硬度不同的三种褥子上时，褥子的压缩应力曲线如图11–14所示，身体压力分布和睡姿鸟瞰图如图11–15所示。

如图11–15所示，如果床褥太硬，就像曲线C一样，压力集中在肩胛、骶骨部位，睡姿不理想。另外，根据柔软度的不同，如果像曲线B一样，骶骨部位下陷姿势呈V字形，就会增加腰部的负担。如果过于柔软，就会像曲线A一样，整个身体下沉，就会形成难以翻身的睡姿。这些睡眠姿势的差异是由于头部、背部和臀部承受负荷的差异而形成的，因此可以通过改变各个负荷对应的床褥的压缩特性来调控睡姿。基本上，具有适当硬度和缓冲性的基底层与触感柔软的表面层组合在一起是最理想的。

近年来，许多制造商开发出了具有高硬度、高透气性、轻量、高弹性的坚硬棉、泡沫、聚酯的人造丝瓜络结构材料、多层波状结构等产品，试图改变传统主流床褥木棉被褥和聚氨酯泡沫的组合。不过，人们对于床褥硬度的喜好，因日常睡姿和体型的不同而有所差异，背部圆的人更倾向于柔软的褥子，背部平的人更倾向于硬的褥子，所以选择时也需要考虑个人情况。

人一个晚上要翻身20多次。翻身有一定的模式，从仰卧向侧卧翻动为下肢先行，从侧卧向仰卧翻动为上半身先行。此时的肌肉活动电位在表层稍软、基底层振动少的床褥上较低。水床、弹箦床等在振动方面还存在问题。

（4）寝具的健康功能

被褥使用年限长了，里面的微生物和螨虫数量会增多（表11-3）。从卫生角度来讲，也要考虑被褥的清洗。

现代社会存在各种各样的压力，很多人虽然没到疾病程度，但都有一些慢性病症状，比如疲劳感、肩酸、腰痛、失眠症、头痛等。为了减轻这些症状，出现了各种具有保健功能的寝具（表11-4），但是有些还没有得到充分的实证，所以探讨证实这些新功能的方法是今后的课题。

（5）枕头和睡眠的舒适性

人体的脊柱呈S形，采取仰卧位时需要枕头支撑后脑勺。对枕头的喜好因人而异。通常枕头需要具备以下优点，如使头部的血流变少容易入睡，不压迫从颈椎椎间分叉的神经，减轻肩周炎，使呼吸道保持自然顺畅，容易翻身等。

枕头的高度影响睡眠的舒适度。按材料的不同，关于女学生对枕头高度喜好的调查结果如图11-16所示。硬的材料高度在5～6cm、柔软材料高度在8～9cm处有峰值，一般由于人体脊柱弯曲度不同，存在个体差异，因此了解适合自己的枕头高度，或者使用可以调节高度的枕头对改善睡眠有效。

枕头的材料，除了荞麦壳、木棉、羽毛、合成纤维以外，还有各种尺寸和形状的塑料、桧木、木炭、蓄冷剂制冷材料等（图11-17）。此外，

● 表11-4　寝具的附加保健功能

①脊柱矫正、按压效果
用硬床垫、具有按压效果的凹凸床垫等可以矫正脊柱、促进血液循环
②电磁、远红外线效应
磁效应和远红外线效应可以促进血液循环，达到温热疗法效果
③电位效应
负离子电位治疗仪在消除肩周炎、失眠症、慢性便秘中的应用较广
④防过敏措施*
通过对被子进行防螨整理来预防特应性皮炎和哮喘。对棉被和枕头进行不让螨虫靠近的整理和抗菌防臭整理。防止螨虫侵入被子的整理。（目前正在研究建立防螨虫整理产品的统一性能评价方法）
⑤抗菌、防臭、除臭
对被子和被套，睡衣等进行抗菌防臭整理，特别是对卧床不起的老人的生活气味等的考虑也是今后的课题。在医院，针对院内感染的MRSA（耐甲氧西林金黄色葡萄球菌）增殖抑制材料等的开发也在进行中
⑥防火
寝具、睡衣的防火，特别是老年人、旅馆、医院用的防火研发是重要的课题

* 对于过敏性疾病的人来说，过敏原尤其是吸收性抗原包括螨虫及其尸体、蟑螂、宠物的毛发、服装和寝具上的灰尘等。

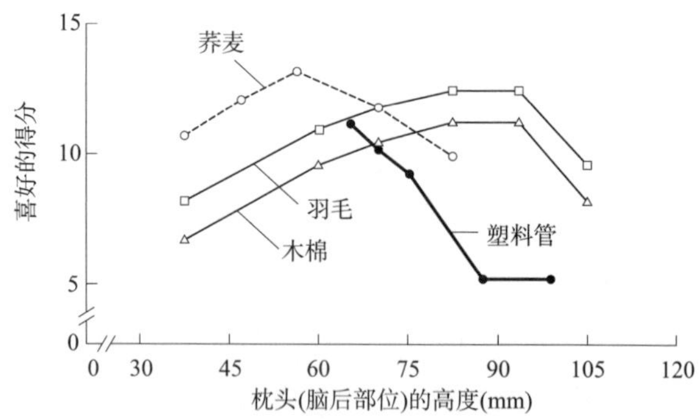

● 图11-16　女学生对枕头的高度和材质的喜好（田村，1999）

(a) 荞麦

(b) 羽毛

(c) 木棉

(d) 塑料管

● 图11-17　枕头的材料

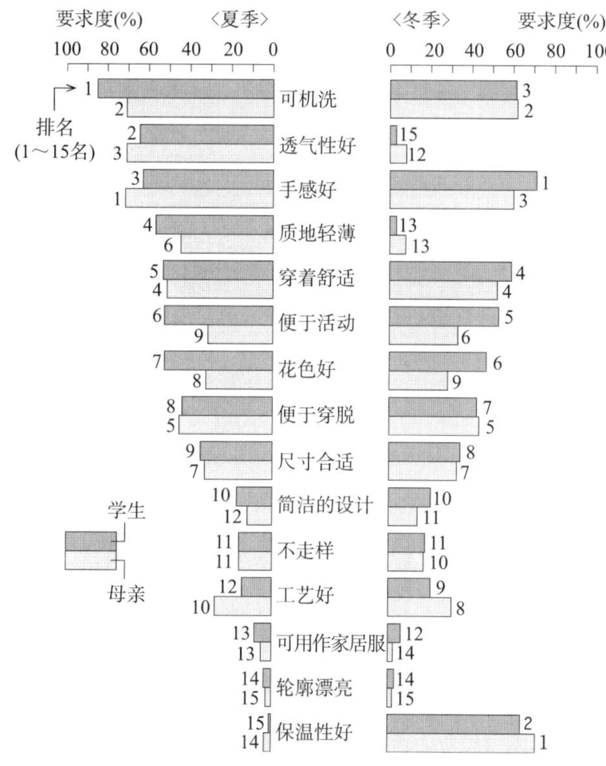

● 图11-18　睡衣的品质要求度（中野，钱谷等，1982）

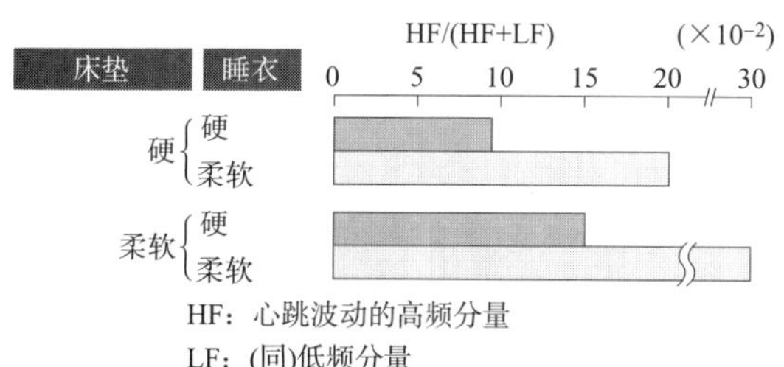

● 图11-19　睡衣的柔软性对副交感神经的影响

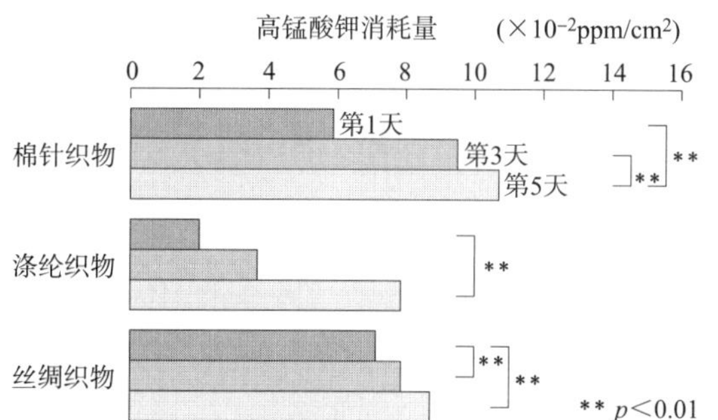

● 图11-20　睡衣材料引起的有机物污染附着量的比较（文化女子大学，未发表）

材料还应具有适当的缓冲性、清凉性、透气透湿等性能。

（6）睡衣的作用和性能要求

睡觉前换上睡衣，是为了可以起到如图11-18所示的作用。

睡衣所要求的性能，可以从材料和款式结构两方面来考虑。

①材料。冬天需要使用有保温性、吸湿性、触感柔软的材料。研究指出，触感会影响自律神经的活动水平，柔软感会提高副交感神经的水平（图11-19），有助于休息，加快入眠。夏天，使用有清凉感、透气性、吸湿吸水性的材料，可以更容易吸收汗液和污垢，清新凉爽的东西有助于入眠。

图11-20显示了在穿着棉、涤纶、丝绸材质睡衣1天、3天、5天状态下，不同材料对有机污渍（含污垢和汗液）的吸收量，吸收量以高锰酸钾消耗量为指标。从图中可以看出，污垢吸收量随着穿着天数的增加而增加，与疏水性纤维涤纶相比，棉的吸收性更好。为了防止污垢附着、吸收到寝具上，睡衣最好不要太薄，要具有耐洗涤性。

②款式结构。睡衣的作用和性能要求如表11-5所示。睡衣最好采用能与睡姿相适应、肩斜角度较小、不约束人体、装饰不太多、睡不乱的款式结构。一晚上人要翻身20次以上，紧身或翻身易缠绕在身上的睡衣会增加服装压力，从而在无意识下影响人体的自主神经活动，妨碍睡眠。研究表明，与睡袍和长袍相比，分体式的

睡衣不易睡乱，睡眠效果更好。此外，有报告指出，如果穿着塑身内衣或普通内衣就寝的话，翻身动作会变大，从而导致睡眠质量下降。图11-21展示了受试者一晚上睡姿的变化。

● 表11-5 睡衣的作用和性能要求

作用	休闲放松 吸收睡眠中产生的汗液、皮脂和污垢 缓和环境温度和湿度的变化 耐洗性
款式结构	适合睡觉姿势（肩倾斜） 睡不乱 无压力、无约束 避免多余的凹凸（装饰、接缝、口袋）
材料	吸湿性、保温性（冬季） 吸水性 、透气性 柔软的手感 耐洗性（即使洗涤后性能也不会劣化）

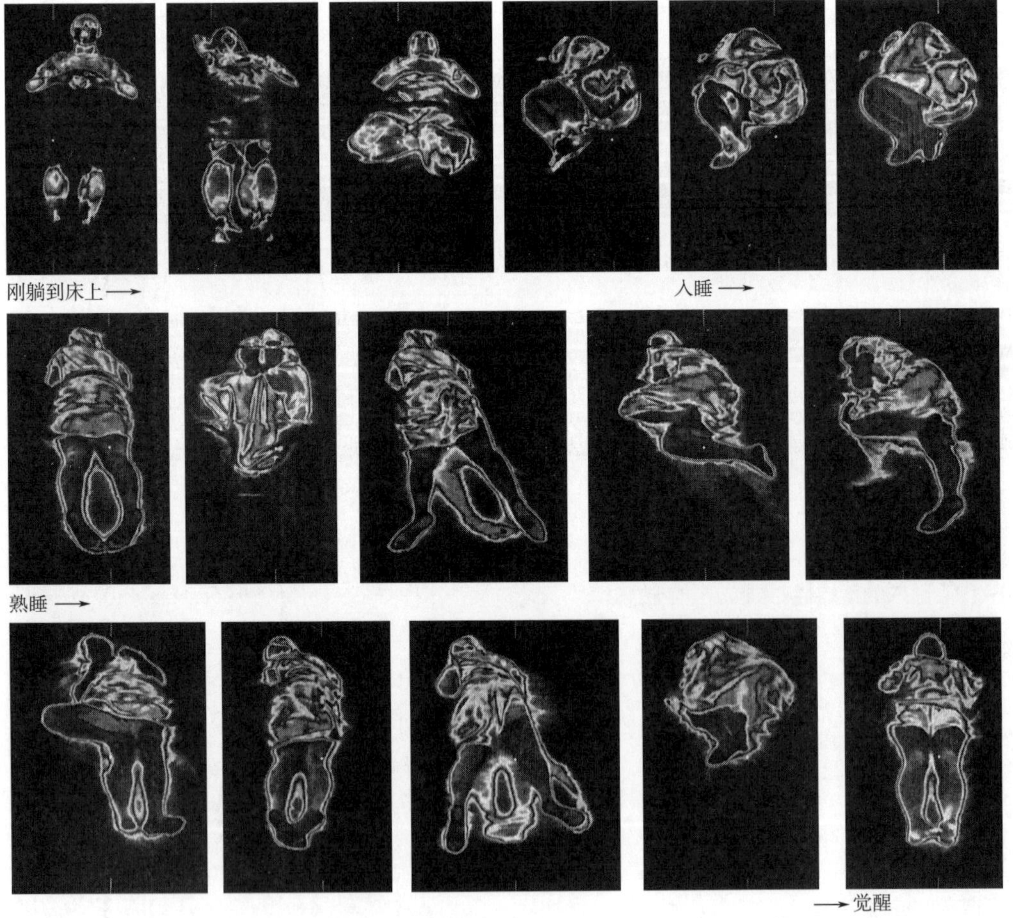

● 图11-21 自称睡姿好的人一晚上睡姿的变化（例）

第12章 服装安全与人体功能的扩展

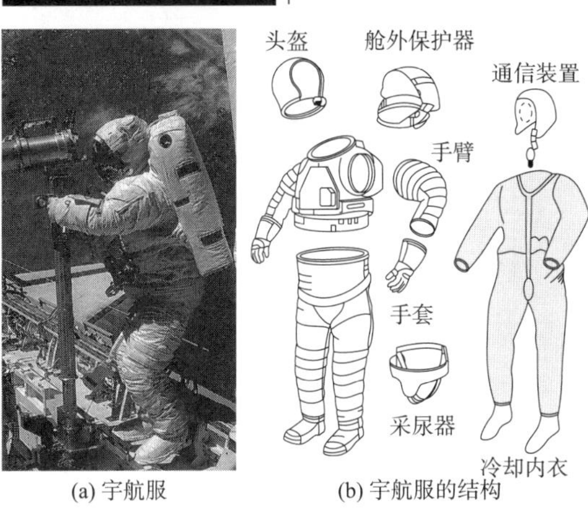

(a) 宇航服　(b) 宇航服的结构

● 图12-1　宇航服确保身体活动的安全

在生活环境中，为了保护人体不受物理外力、化学物质和生物危害的影响，服装特别是工作服和运动服所承担的防护功能非常重要。另外，头盔、手套、鞋等防护用辅助产品也起到很大的作用。

这些服装经过特殊的后整理或加工形成特殊的形态，从维持生命到提高活动性，都有助于确保身体活动的安全性。针对特殊工作环境中的物理外力和化学物质，服装需要考虑特殊功能，比如工作服、消防服、宇航服（图12-1）等。

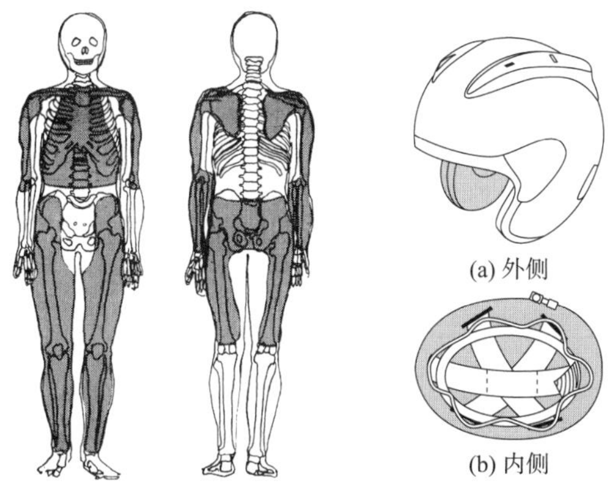
(a) 外侧
(b) 内侧

● 图12-2　冰球运动中需要护具的部位　● 图12-3　头盔

1　针对物理伤害的防护

对人体的物理伤害有冲击、温度、辐射、静电、尘埃、噪声、光等。

（1）冲击防护

运动时容易受到外力碰撞的部位需要使用防护材料和缓冲材料（如可压缩的聚氨酯泡沫等材料）制成的防护用具，比如护胸、垫衬、膝肘护具等辅助用具（图12-2）。对于跌倒等大的冲击，头盔可以有效保护头部，在骑摩托车时和工地作业现场应该有义务佩戴（图12-3）。

（2）温度防护

冬季在室外、水中、冷冻仓库等寒冷环境中工作时，需要确保工作服的防寒性和动作灵活性。在频繁进出冷冻仓库、冷冻车等情况

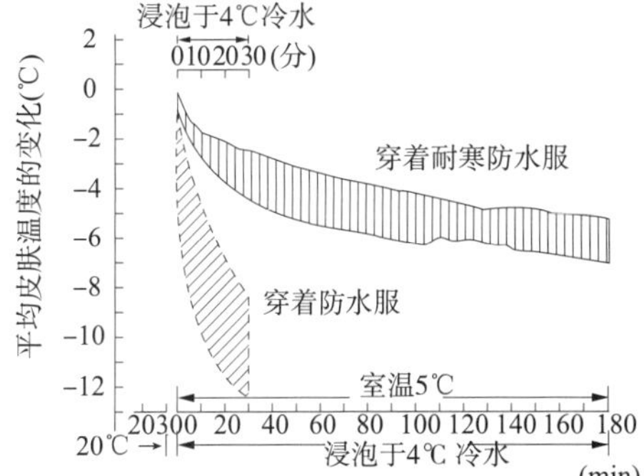

● 图12-4　海难救援服的耐寒防水性实验

下，还需要考虑服装的易穿脱性。关于海难救援服耐寒性的研究如图12-4所示。

在高温环境下穿着的工作服，根据不同的作业现场需要有不同的防护功能。比如在火灾现场等穿着的防护服应具有防火防热性，在焊接现场等穿着的防护服应具有防燃耐热性（图12-5、图12-6），农药喷洒现场和化学工厂、原子能工厂等辐射现场要求防护服具有高气密性。无论哪一种情况，穿着时都会导致衣内气候高温高湿。在这些作业现场不仅工作负荷大，而且服装穿着带来的热负荷也很大。从工作效率、安全性、舒适性的角度来看，必须通过材质和结构改善服装的衣内气候。目前，人们正在尝试开发研究防火材料和制冷服装，图12-7～图12-9显示了几款制冷服装。表12-1显示了烧伤的分类。

在制冷服装方面，有利用冷水流过细管达到制冷效果的水冷服（图12-7）、将小型风扇安装在工作服上的空调服（图12-8）、将制冷剂放入背心口袋的制冷服（图12-9）等，其中有一部分目前已在售卖，但实际效果还不尽如人意。此外，在考虑工作时间的同时，还需要进一步研究服装的冷却性能。

（3）紫外线防护

紫外线是波长200～400nm的电磁波，具有杀菌作用和生成维生素D等效果。但由于人体容易吸收265nm左右的紫外线，如果大量照射，会增加皮肤癌的发病率，诱发白内障，还会导致免疫力低下。近年来，特别是由于氟利昂的使用，导致高纬度地区的臭氧层破坏加剧，到达地表的紫外线量增加。针对紫外线具有的强烈化学作用，服装抗紫外线效果的研究有重要意义。

紫外线按波长范围可分为UVA（波长

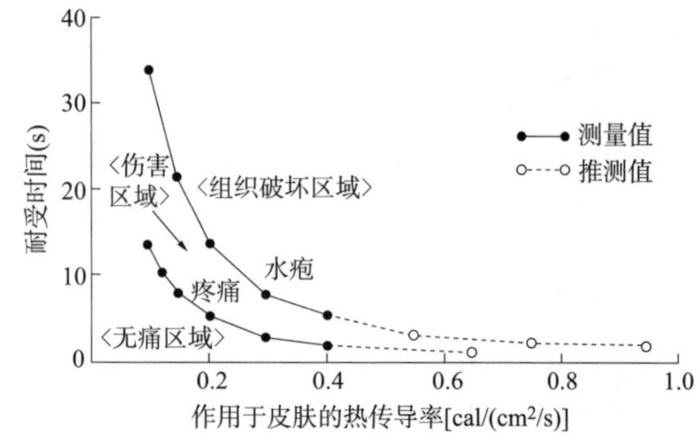

● 图12-5　人体皮肤的耐热性（吉田，1992）

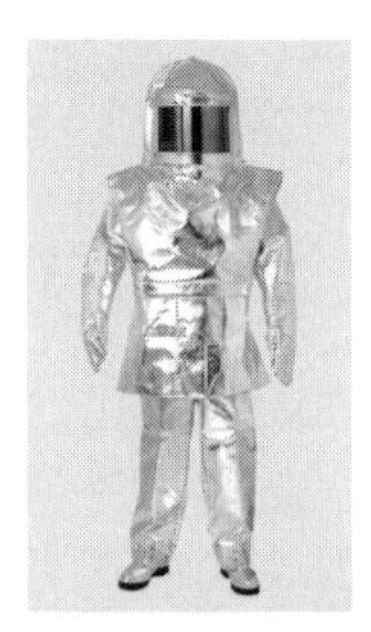

● 图12-6　耐热服

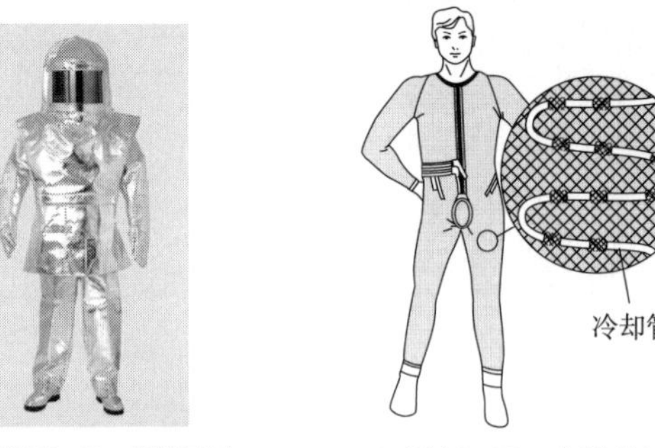

● 图12-7　水冷服

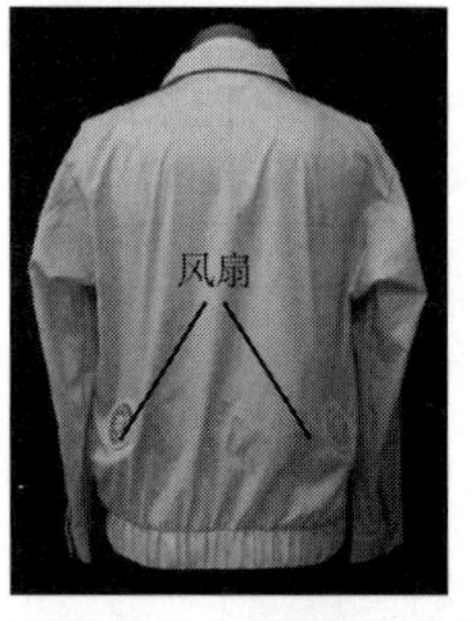

● 图12-8　空调服（工作服）

制冷材料

在载物背心里设置制冷材料

● 图12-9　制冷背心

● 表12-1　烧伤的分类

烧伤的分类
第1度（表皮烧伤） 红斑和浮肿。灼热或轻微的火辣辣的疼痛 暂时色素异常。无后遗症
第2a度（真皮浅层热症） 红斑和浮肿明显。形成果冻状水疱 1～2周就能治愈。不留下疤痕
第2b度（真皮深层热症） 红斑和浮肿明显。形成水疱。植皮治疗 治愈需要1～2个月。留下疤痕
第3度（皮下组织热症） 形成溃疡、坏死。产生黑褐色的痂 知觉消失。形成明显的疤痕、形成瘢痕疙瘩

● 表12-2 紫外线的透过率（%）（坂本等人，1993）

织物	UVA	UVB
涤纶	22.3	4.7
锦纶	43.2	36.3
棉	35.7	31.5
羊毛	27.3	8.6
人造丝	38.7	35.0
防紫外线纤维	5.6	2.1

棉织物	
透气量［mL/（cm·s）］	紫外线透过率（%）
26.0	23.5
38.6	25.5
58.8	27.8
79.4	33.0

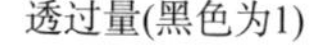

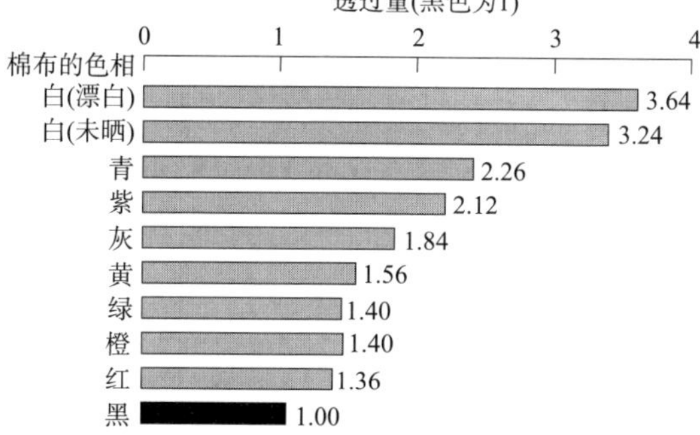

● 图12-10 色相与紫外线透过的关系（通过荧光屏法）（小川，1986年）

> 紫外线的强度
>
> 紫外线的强度因季节、天气而异，夏季是冬季的5倍，晴天是雨天的5倍。另外，在海拔高度上，每1000m增加6%，从纬度上比较，九州的紫外线强度是北海道的3.4倍。
>
> 澳大利亚政府的防紫外线措施"3S"运动
>
> slop：使用防晒霜
>
> slip：穿长袖
>
> slap：戴有帽檐的帽子

全身照射	放射线量（雷姆）	生殖器官照射	皮肤照射
100%死亡	700	没有生殖能力	溃疡
死亡(14天内90%)	600		
	500	永久或长期无法妊娠	红斑
死亡(30天内50%)	400		
	300		
	200	1～2年内无法妊娠	脱毛
呕吐、疲倦	100	短期无法妊娠	
淋巴细胞暂时减少	50		
几乎无症状	25		

● 图12-11 放射线照射引起的急性损伤

● 图12-12 电磁波防护服（如牙科X射线治疗用的铅制围裙）

320～400nm）和UVB（波长280～320nm）。UVA有30%～50%能够透过表皮到达真皮，所以会生成黑色素，导致皮肤变黑，即所谓的晒黑；而UVB虽然大部分在表皮，但一旦到达皮肤深部，就会引起血管扩张，使皮肤变红，产生红斑，造成皮肤损伤。

紫外线的遮蔽效果因纤维的种类、织物的组织结构、颜色而异。锦纶和棉的紫外线透过性较大，羊毛和涤纶的UVB透过性较低（表12-2）。从织物颜色来看，颜色越深，亮度越低，紫外线透过率就越低，遮蔽性越好（图12-10）。被称为UV-CUT的防紫外线纤维是在聚酯聚合物中加入陶瓷粉制成的，不仅适用于高尔夫球服和网球服等户外运动服装，还广泛用于夏季衬衫、帽子、遮阳伞、窗帘等。

（4）辐射防护

辐射会对人体造成不可恢复的伤害（图12-11），所以一定要加以防护。在核电站、实验室、核燃料后处理工厂等作业现场，需要穿着密闭式的作业服和佩戴封闭式的防毒面具。

近年来，随着计算机和手机等电子设备的普及，来自屏幕的电磁波增加，人们开始担心会受到辐射的影响。因此，市面上出现了防辐射围裙和电磁波防护背心等（图12-12）。

2 针对化学伤害的防护

（1）耐药品服装

在医药品、电镀、化学产品制造等大量使用酸、磷脂以及有机溶剂等化学药品的工作场所，需要穿着耐药性服装（表12-3）。

耐药性服装需要防止药品通过开口部侵入或材料渗透，并且具有阻隔气化化学物质的高气密性（图12-13）。另外，还要避免因有害药品的飞散或附着而导致纤维损伤或劣化。

喷洒农药时，要严格防止农药接触皮肤或吸入体内等（图12-14）。并且，还要确保服装的易穿脱性和工作时的动作灵活性。炎热条件下，还要改善服装内的微气候。关于农药喷洒服的开发，通过材料和结构提高透气性和透湿性的同时，也需要考虑设计性。

（2）防毒口罩、防护手套等

在涂装作业、利用有机溶剂的清洗作业、药品处理作业等工作中，各种有毒气体在低浓度下会逐渐地危害身体健康，在高浓度下会急剧地危害操作人员的健康。为了防止吸入有毒气体和蒸气，需要使用防毒口罩（图12-15）。不使用防毒口罩会造成劳动事故，但过度相信防毒口罩也会导致事故。正确使用防毒口罩很重要，而且必要时还必须使用防护用的手套、鞋子、眼镜等来确保安全。

在化学恐怖袭击、化学工厂事故等紧急性较高的情况下，服装具备保护功能的同时，确保服装的易穿脱性和活动机能性也很重要，必须密切注意穿着方法。

以前没有预测到的空气污染物质，例如焚烧厂的二噁英、建筑工地的石棉、引起病态建筑综合征的墙壁装饰材料（甲醛）等存在于居住、工作环境中，它们会对健康造成严重危害，所以今后为了维持健康而研发的服装也会受到关注。

● **表12-3　化学药品的性质**

织物	耐药性	耐有机溶剂性
木棉	用热稀酸、冷浓酸分解。用冷亚氯酸盐、过氧化物漂白。用苛性碱溶胀	耐一般溶剂
麻	在硫酸中溶胀。用苛性碱液煮沸会脆化。抗氧化剂能力弱，能承受一般溶剂	
羊毛	用热浓硫酸、强碱溶液分解。用过氧化物漂白	
丝绸	用浓硫酸、浓盐酸分解①	
人造丝	用热稀酸、冷浓酸分解②	
醋酸纤维	用强氧化剂（热浓硫酸、浓硝酸），强碱液分解	溶于丙酮、苯酚和浓乙酸
锦纶	与稀盐酸煮沸后分解。用少量浓硫酸、浓盐酸就可以分解。耐碱性	溶于苯酚、浓甲酸、浓冰醋酸
涤纶	耐酸性，可分解于煮沸的强碱液	耐一般溶剂
氨纶	遇稀盐酸、稀硫酸稍微泛黄，对其他药品的抗性大	
腈纶	对强碱有轻微反应，但对其他药物有很大抗性	

①丝胶蛋白溶解于稀碱中，丝素蛋白不溶，但溶解于煮沸的浓碱液中。
②用强碱液溶胀，减少强度。

纤维中的活性炭层可以吸附药剂

● 图12-13　化学防护服

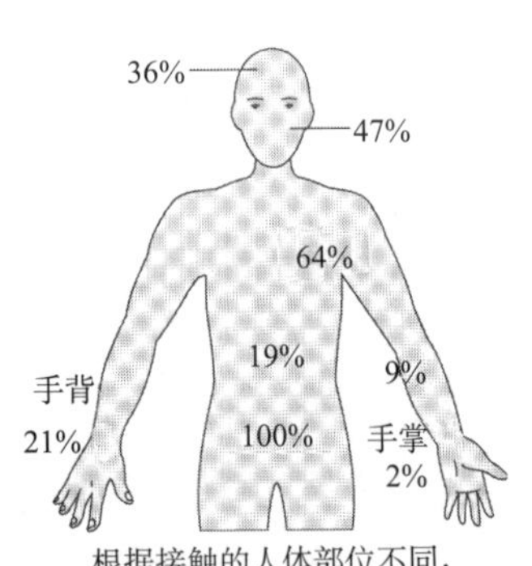

根据接触的人体部位不同，吸收率也不同

● 图12-14　农药杀虫剂的吸收（J. Davis）

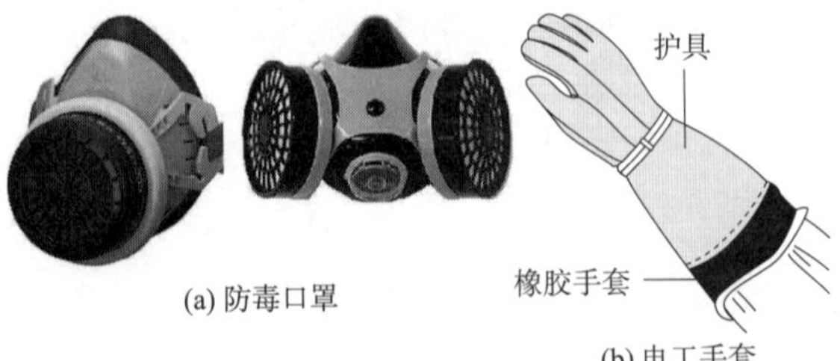

(a) 防毒口罩

(b) 电工手套

● 图12-15　防毒口罩、防护手套

● 图12-16　蜜蜂防护服 ● 图12-17　禽流感的消毒工作服（日本京都府提供）

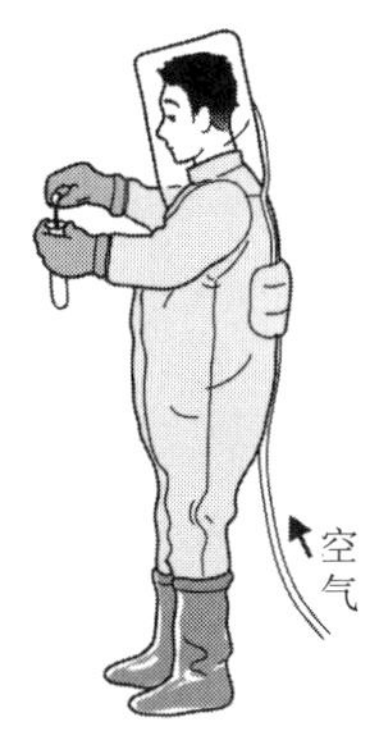

● 图12-18　生化武器防护服

● 表12-4　SARS患者中医务人员所占比例（2003年）

国家和地区	患者数量	医务人员数量	占比（%）
中国大陆	5273	1002	19.0
中国香港	1755	386	22.0
中国台湾	346	68	19.7
新加坡	238	97	40.8
越南	63	36	57.1
菲律宾	14	4	28.6
加拿大	251	109	43.4
总计（包含只有输入病例的国家）	8098	1707	21.1

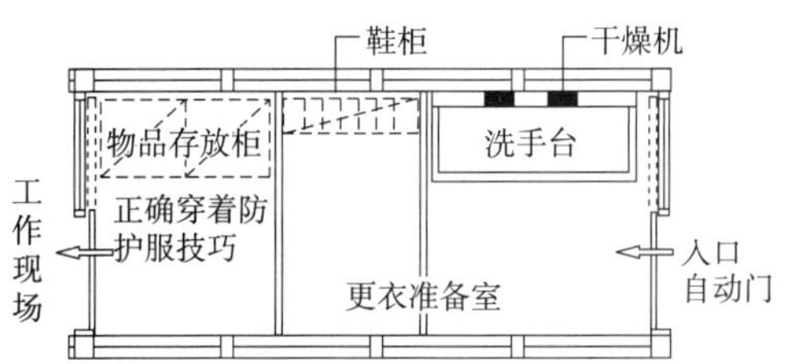

● 图12-19　供餐设施场所的更衣准备室

3　针对生物伤害的防护

针对防御寄生虫、牛虻、蜜蜂等昆虫的生物防护服来说，要求具备应对各种灾害的特殊性能（图12-16）。

另外，对于细菌和病毒引起的感染，也需要通过服装进行防御。2003年暴发的SARS（严重急性呼吸综合征）和禽流感，是由病毒变异的微生物引起的集体感染。表12-4显示的是SARS患者中医务人员所占比例。由于担心世界性规模的传染和对人的感染，采取了各种各样的措施，防护服的穿着必要性得到了关注（图12-17）。病毒流行时为了防止空气感染、飞沫感染，采取了严格佩戴手套、口罩、护目镜等预防措施。尤其要注意防护服的穿着方法（图12-18）。

> **无尘服/无菌服**
>
> 在集体供餐场所、食品加工设施场所、精密仪器制造设施场所等地方（图12-19），细菌和微小灰尘的存在成为问题。因此，从卫生管理和产品质量管理的角度出发，不只是为了保护人体免受生物外力的侵害，同样，为了防止人体产生的灰尘和细菌，在洁净室等环境中应使用帽子、口罩、工作服、鞋套等无菌、无尘、抗静电服装。这些服装的材料多采用发尘性少的合成纤维制成的长纤维织物，或者主要使用无纺布的一次性织物。

4　扩展人体功能的服装

1985年，康奈尔大学的沃特金斯（S. M. Watkins）博士在他的著作*Clothing—The Portable Environment*中，关于服装对环境的适应作了阐述："服装是最贴近我们身体的微环境。而且，这种环境无论在哪里都可以携带，它影响能量代谢，在职场和家庭中都起着保护人体的重要作用。但是，未来的服装，不单只是保护人体不受环境的伤害，还应该更积极地利用它来扩展人体的各种功能。”

下面介绍沃特金斯博士提出的几种未来的功能性服装。

（1）增强视觉辨识度和视觉保护

利用光的透过、反射原理，使用适当的荧光性和反射性材料作为镶边的工作服，可以提高能见度，减少在黑暗中的误认事故（图12-20）。

生产劳动从业人员的眼镜会使用特殊的偏光镜片，用来保护自己免受晃眼引起的事故（图12-21）。除此之外，还有其他特殊镜片，比如X射线防护镜片、紫外线红外线防护镜片、防雾镜片等，被广泛应用于遮阳产品中（图12-22、图12-23）。

（2）音量的扩大和听觉保护

助听器是接收信号，将声音放大、增益的过程，根据放大的频率范围和声音的失真等，其性能会不同。另外，在外观设计上，还尝试将功能融入饰品、眼镜等设计中，使其不显眼。

对于很多在噪声工作场所作业的人，如果每天8个小时处在90dB以上的噪声环境中，工厂有义务保护工人的听觉。耳塞可以防止声音通过空气的振动到达耳膜（图12-24）。在设计中，需要考虑适合残疾儿童、声音的吸收、与口罩等的适配性等问题。

（3）浮力的设计

在救生衣的设计中，恰当的浮力分布特别重要（图12-25）。比如，即使在被抛到海中没有意识的情况下，也能够使人

为了使消防员身体的位置和方向容易区分，反射带的设置可以从前后左右观察到不同的形状。

● 图12-20　消防服反光带的设置

● 图12-21　塑料屏蔽罩

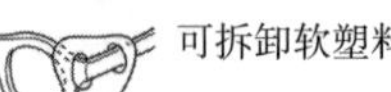

● 图12-22　安全眼镜侧罩

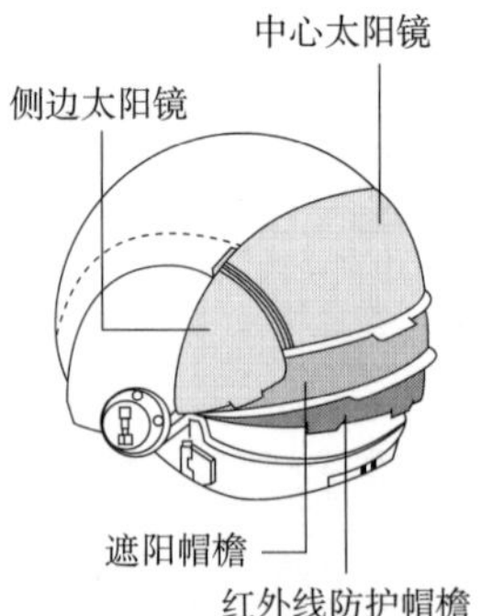

● 图12-23　太空头盔的遮阳帽檐

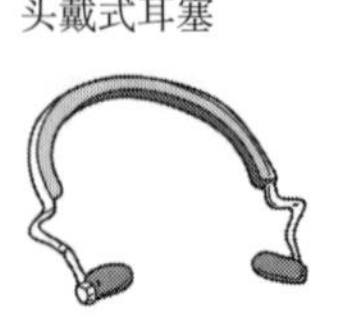
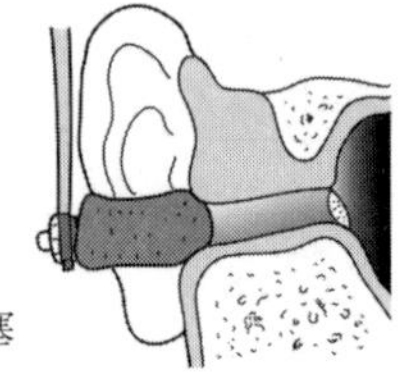

● 图12-24　听力护具：耳塞

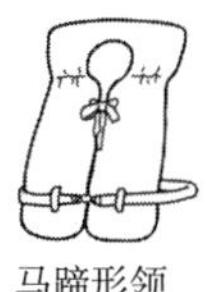

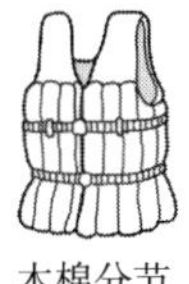

● 图12-25　救生衣

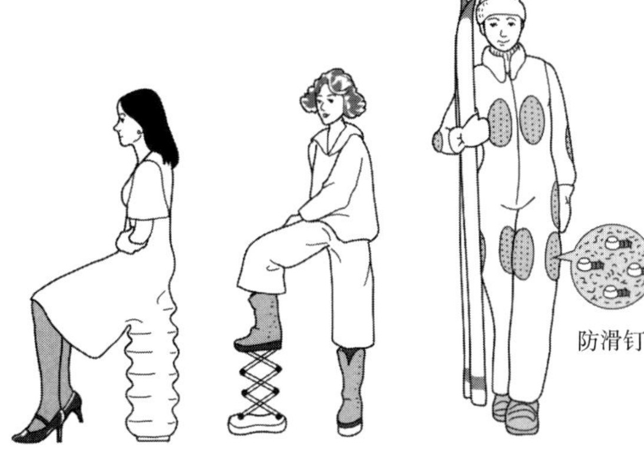

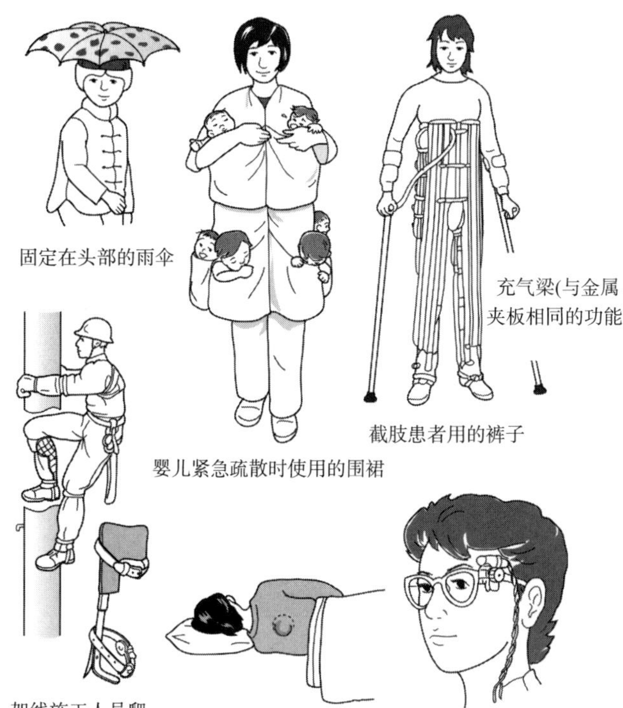

● 图12-26　人体功能的扩展

仰卧确保呼吸的救生工具设计，还有在失重状态下能将身体稳住的设计都非常需要。

（4）人体部分功能的扩展

有膨胀下摆的带椅子功能的服装，带梯子功能的长靴，带防滑摩擦垫布的滑雪服，能够固定在头上的雨伞，婴儿室避难用的围裙，监视眼球运动的眼镜，气压假肢裤等都可以认为是人体功能的扩展（图12-26）。

（5）医疗用服装及饰品

用于烧伤患者的加压罩、用于物理疗法的包装袋、用于胃切除患者的营养背心、用于救命的装饰品（氧气罩、脉搏监视装置）等都可以减轻患者的症状，并且在接受必要治疗的同时还能进行社会活动（图12-27）。另外，通过安装在眼镜上的电子设备代替丧失的语言和动作等交流功能，也可以恢复与人的交流。

服装是穿在身体上的东西的总称，是可以随身携带到任何地方的微环境。未来，服装可以实现各种各样的功能。如果将超小型计算机嵌入服装中，可穿戴计算机服装就会成为现实，就可以通过该服装与远处的人进行对话，甚至可以进行文件和视频的通信。如果利用太阳能实现冬暖夏凉的空调智能服装，不仅可以将建筑物和房间整体的空调使用控制在最低限度，减少能源消耗，还可以根据老年人和儿童等的体温调节能力进行个人调控。如果能够实现不使用光触媒氧化钛等洗涤剂和水就能清洁的服装，也许就能抑制洗涤剂对地球环境的污染。如果……

现在这些研究大多已有萌芽，应用于服装生活的入口就在眼前，实现也未必是梦。

21世纪，我们的生活环境发生了很大的变化，同时穿衣生活也会发生很大的变化。不过，无论怎么变化，都是以人的存在为核心。不脱离人类本来具有的特性，始终以人为中心进行服装研究，以及考虑服装生活应有的状态是很重要的。“服装环境学”的研究领域会越来越广阔。

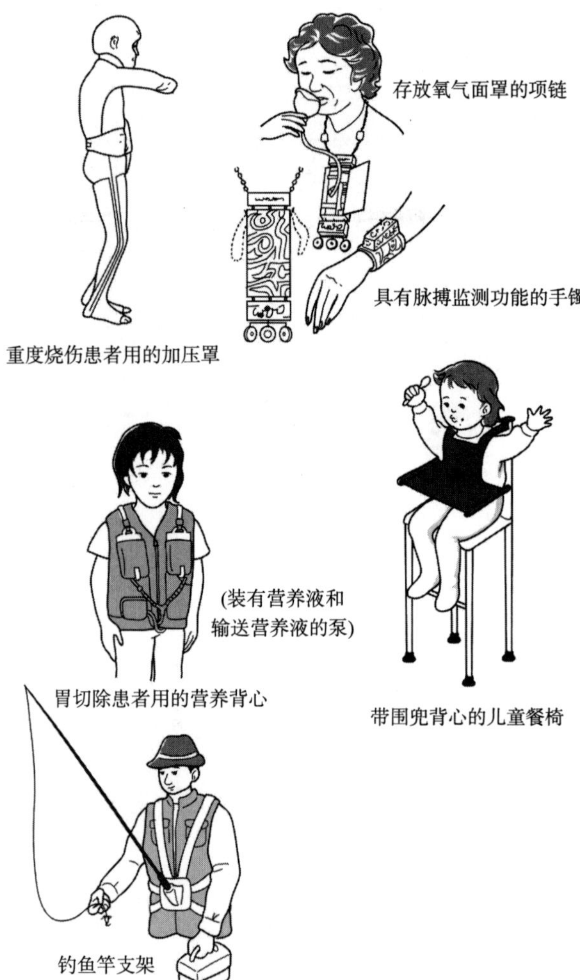

● 图12-27　医疗用和生活便利性服装、饰品

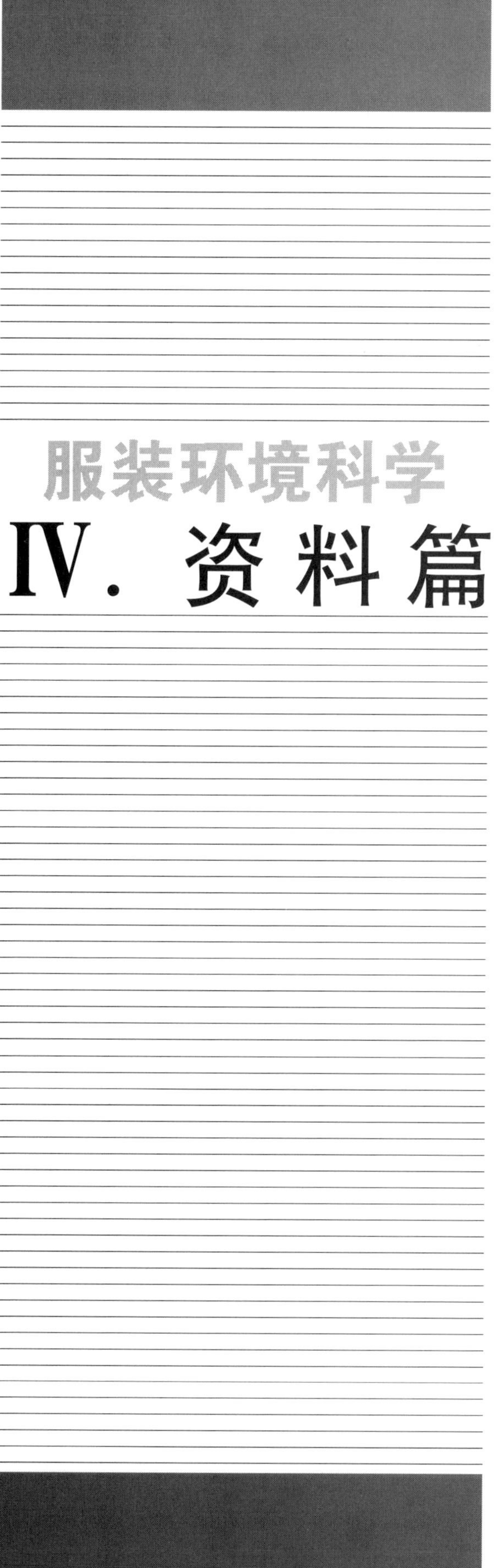
服装环境科学
Ⅳ. 资料篇

第 13 章 环境测量

1 气温（temperature）

大气的温度。受日照量和地表辐射、放热量的影响。单位是℃（摄氏度：Centigrade）、℉（华氏度：Fahrenheit）和K（绝对温度：Kelvin）。℃是最通用的温度单位，℉惯用于英美等国家和地区，K通常在热物理学领域使用。

①℃（摄氏度）：水的冰点为0℃，沸点为100℃，其间按100等分作为刻度。

②℉（华氏度）：水和盐混合物的冰点为0℉，人的体温为100℉，然后将其分成100等份作为刻度。

换算方法：℉=1.8×℃+32，K=273.15+℃

温度计

■ 棒状温度计（酒精温度计、水银温度计）

利用封装在玻璃细管中的水银或酒精会因温度引起其体积膨胀为原理的温度计。

酒精温度计：价格低廉，但容易因吸收红外线而产生误差。由于高温会使酒精在管内蒸发，因此常用于低温条件下的温度测量。测量温度范围为-60～50℃（使用煤油的测量温度范围为-100～100℃）。

水银温度计：在-30℃以下会凝结，因此常用于高温条件下的温度测量。测量温度范围为-20～100℃。

测量方法：测量位置要悬垂，以免受到墙壁和柱子本身的影响。在气象学中，温度计放在距地表1.2～1.5m阳光直射不到的百叶盒中进行测量，室内通常在距离地面1.5m的高度进行测量。

注意：显示与环境温度相等的度数所需的时间，即"读数的延迟"（酒精温度计约3min、水银温度计约2min）。注意不要让呼气碰到温度计。读数时视线水平于液体顶点（图13-1）。

■ 自记温度计

因两种金属之间膨胀系数的差异或由酒精等的膨胀引起的变化，通过将记录纸卷绕在有时钟装置且会旋转的圆筒上，进行自动记录。卷纸可分为周卷和月卷，用于长时间室内环境温度的连续测量（图13-2）。

测量方法：将螺丝拧入圆筒的螺丝孔中，将记录纸缠绕在圆筒上，并用压纸使金属绷紧。笔尖轻触记录纸，转动圆筒、调整时间。

注意：安置在无振动、不通风、无阳光照射的地方，因为有时会产生读数的偏差，所以要时常校正。

■ 最高最低温度计

可以测量一定时间（例如24h）内温度的最高值和最低值。U形管内酒精柱的一部分装满水银。最低值由酒精的体积决定（图13-3）。

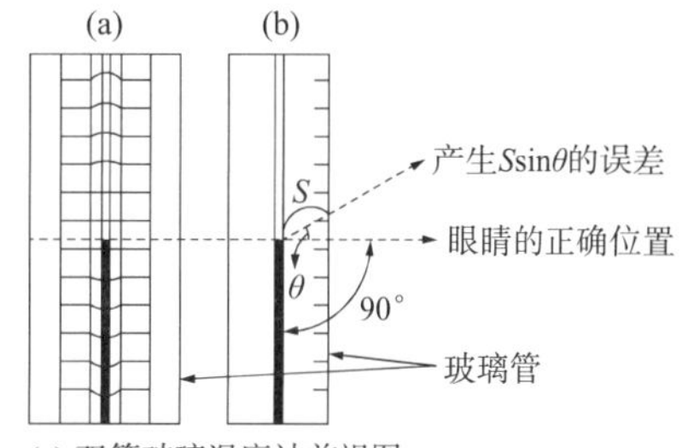

(a) 双管玻璃温度计前视图

(b) 普通玻璃棒状温度计侧视图

● 图13-1 温度计的读数方法

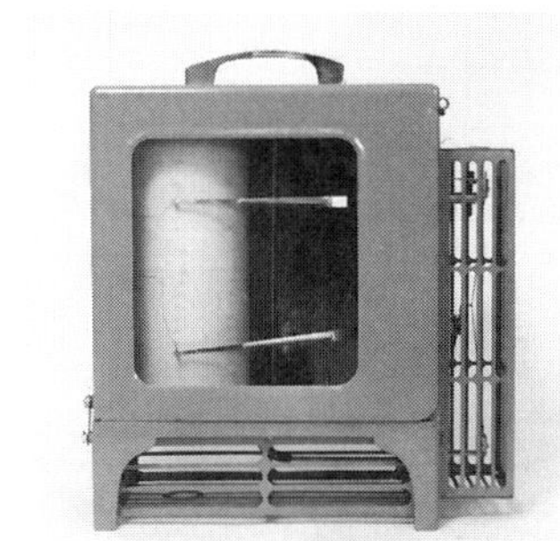

● 图13-2 自记温度计

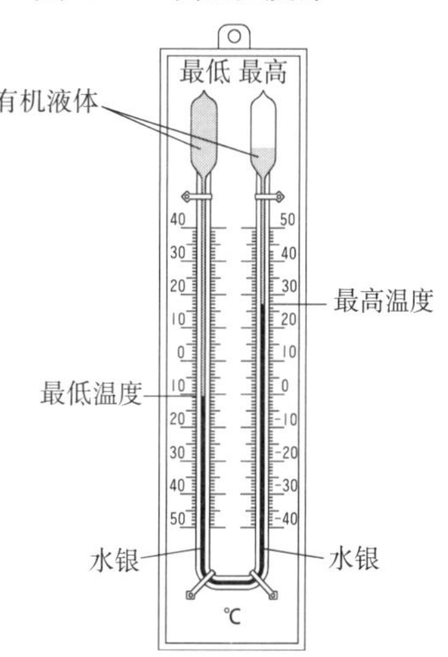

● 图13-3 最高最低温度计

测量方法：将装有铁片的玻璃小体（称为“虫子”）利用磁石靠近水银柱两端，经过1天（24h）后，在“虫子”的最下端位置读取最高温度和最低温度。

注意：读取最低值时会随着水银柱降低，读数会偏高。

■ 电阻温度计、热敏电阻（thermally sensitive resistance）温度计

铂线、铜线、镍线等金属线通电后，其电阻大小会随着温度的变化以一定比例变化，因此，只要事先了解温度与电阻的关系，就可以通过测量其电阻来求出温度。热敏电阻是将镍、钴、锰、铁、铜等氧化物和盐等烧结制成的半导体的一种，使用这种热敏电阻的电阻温度计会随着温度变化，电阻呈指数变大，所以灵敏度极高，被广泛用于各种测量。

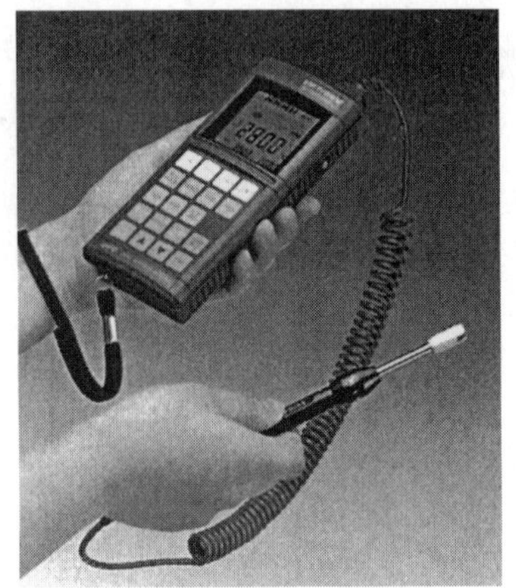

● 图13-4　温度数据采集器

■ 热电偶温度计（thermocouple thermometer）

将两种不同金属丝的两端接合成电路，将其两端暴露在不同温度下，就会产生与两端温差成正比的热电势。将一个接合点保持在冰水中（0℃，零接点），测量另一个接合点的温度。这对金属丝称为热电偶，铜丝和康铜丝（镍45%和铜55%的合金）的铜—康铜热电偶温度计被广泛应用于各种温度测量。图13-4显示的是温度数据采集器。

2　空气湿度（humidity）

空气湿度表示大气中水蒸气的含量或比例。单位有以重量为基准的绝对湿度（g/kg）、以容积为基准的绝对湿度（g/m^3）、露点温度（℃），但一般使用水汽压（mmHg、hPa）和相对湿度（%RH）来表示。相对湿度是通过空气中的实际水汽压与该温度下的饱和水汽压的比值计算出来的。饱和水汽压是指在一定温度下水汽达到饱和时的水汽压，其值随气温而变化。气温越高，空气中可以包含的水汽就越多，饱和水汽压也就越大。

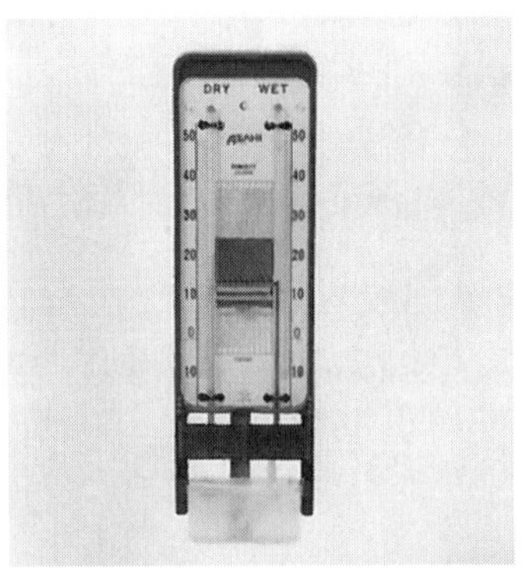

● 图13-5　奥古斯特干湿球温度计

湿度计

■ 毛发湿度计

由于人的头发长度容易因湿度不同而发生变化，因此利用这一性质，毛发湿度计可用于自记式湿度计，但精度较低。

■ 奥古斯特干湿球温度计

干湿球温度计由两根棒状温度计组成（图13-5）。一边叫干球，另一边叫湿球，干球表示气温。湿球则是在球部用湿纱布包裹，其水分蒸发会散热，因此显示出

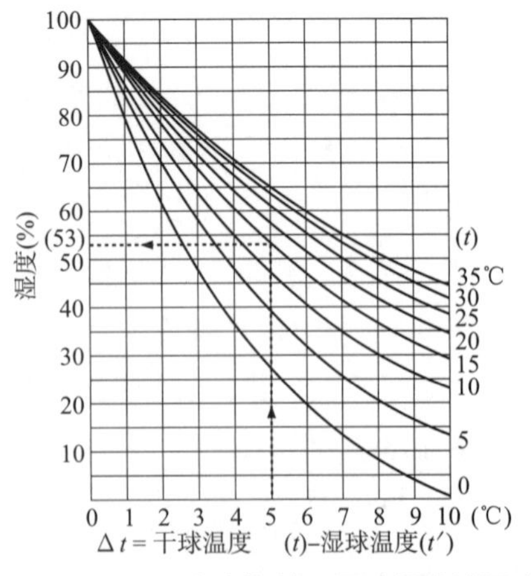

● 图13-6　奥古斯特干湿球温度计湿度

比干球低的温度值。干湿球温度值的差值越大，表示蒸发越大，空气越干燥。

测量方法：在温度计一侧的球部缠上纱布，从下部装有蒸馏水的水槽中吸水，使其始终处于湿润状态。纱布使用斜裁布，正好是单层绕一圈的宽度，球的上部用线系好，纱布尾端4cm浸入水槽中。根据干球温度和湿球温度的差值，从干湿球温度计表的标示上或图13-6所示的湿度图中读取相对湿度。

注意：由于球部暴露在大气中，因此容易受到风速和太阳辐射的影响。阅读时，注意不要吹气，视线水平，先从读数容易上升的干球开始阅读。

■ 阿斯曼通风干湿计（Richard Asmann）

阿斯曼通风干湿计改善了奥古斯特干湿球温度计易受风速和太阳辐射影响的缺点，原理相同。两个温度计分别安置在镀铬管内，通过上端的小型风扇，使各温度计的球部维持在一定的风速（3.7m/s）环境中（图13-7）。

测量方法：测量时，用滴管润湿湿球的纱布，将顶部风扇旋转通风，放置4 ~ 5min读数稳定后，读取干球、湿球的温度，根据用于通风干湿计的湿度表（表13-1），求出相对湿度。

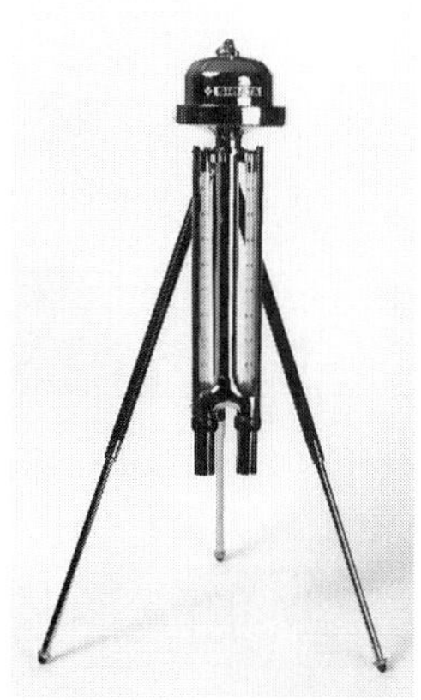

● 图13-7　阿斯曼通风干湿计

● 表13-1　用于通风干湿计的湿度表

湿球	干球与湿球的差$t-t'$ (℃)																													
t' (℃)	0.0	0.2	0.4	0.6	0.8	1.0	1.2	1.4	1.6	1.8	2.0	2.2	2.4	2.6	2.8	3.0	3.5	4.0	4.5	5.0	5.5	6.0	6.5	7.0	7.5	8.0	8.5	9.0	9.5	10.0
40	100	99	98	96	95	94	93	92	91	89	88	87	86	85	84	83	81	78	76	73	71									
38	100	99	98	96	95	94	93	92	91	89	88	87	86	85	84	83	80	78	75	73	71	68	66	64	62					
36	100	99	98	96	95	94	92	91	90	89	88	87	85	84	83	82	79	77	74	72	70	68	65	63	61	59	58	56	54	
34	100	99	97	96	95	93	92	91	90	88	87	86	85	84	83	82	79	76	74	71	69	67	64	62	60	58	56	55	53	51
32	100	99	97	96	95	93	92	91	89	88	87	86	84	83	82	81	78	76	73	70	68	66	63	61	59	57	55	53	52	50
30	100	99	97	96	94	93	92	90	89	88	86	85	84	83	82	80	77	75	72	69	67	65	62	60	58	56	54	52	50	48
28	100	99	97	96	94	93	91	90	89	87	86	85	83	82	81	80	77	75	71	68	66	63	61	59	57	55	53	51	49	47
26	100	98	97	95	94	92	91	90	88	87	85	84	83	81	80	79	76	73	70	67	65	62	60	57	55	53	51	49	47	45
24	100	98	97	95	94	92	91	89	88	86	85	83	82	81	79	78	75	72	69	66	63	61	58	56	54	51	49	47	45	43
22	100	98	97	95	94	92	90	89	87	86	84	83	81	80	78	77	74	71	68	65	62	59	57	54	52	50	47	45	43	41
20	100	98	96	95	93	91	90	88	86	85	83	82	80	79	77	76	73	69	66	63	60	58	55	52	50	48	45	43	41	39
18	100	98	96	94	93	91	89	87	86	84	83	81	79	78	76	75	71	68	65	62	59	56	53	50	48	45	43	41	39	37
16	100	98	96	94	92	90	89	87	85	83	82	80	78	77	75	74	70	66	63	60	57	54	51	48	45	43	41	38	36	34
14	100	98	96	94	92	90	88	86	84	82	81	79	77	75	74	72	68	64	61	57	54	51	48	45	43	40	38	35	33	31
12	100	98	96	93	91	89	87	85	83	81	79	77	76	74	72	70	66	62	59	55	52	48	45	42	40	37	35	32	30	28
10	100	98	95	93	91	88	86	84	82	80	78	76	74	72	70	69	64	60	56	52	49	45	42	39	36	33	31	28	26	24
8	100	97	95	92	90	88	85	83	81	79	76	74	72	70	68	66	62	57	53	49	46	42	39	35	32	29	27	24	22	19
6	100	97	94	92	89	87	84	82	79	77	75	72	70	68	66	64	59	54	50	46	42	38	34	31	28	25	22	19	17	15
4	100	97	94	91	88	86	83	80	78	75	73	70	68	66	63	61	56	51	46	42	37	33	30	26	23	20	17	14	11	9
2	100	97	93	91	87	84	81	78	76	73	70	68	65	63	60	58	52	47	42	37	33	28	24	21	17	14	11	8	5	2
0	100	96	93	89	86	83	80	76	73	70	67	65	62	59	57	54	48	42	37	31	27	22	18	14	10	7	4	1		
−2	100	96	92	88	85	81	78	74	71	68	64	61	58	55	52	50	43	37	31	25	20	15	11	7	3					
−4	100	95	91	87	83	79	75	71	68	64	61	57	54	51	48	45	37	30	24	18	13	7	2							
−6	100	95	90	86	81	77	72	68	64	60	56	53	49	45	42	39	30	23	16	10										
−8	100	95	89	84	79	74	69	64	60	56	51	47	43	39	35	32	23	14	7											
−10	100	94	88	82	76	71	65	60	55	50	45	40	36	32	27	23	13	4												

注意：用与气温温度不同的水润湿湿球纱布时，要等湿球读数达到平衡后再进行测量。

3　风速（velocity）

风速是由气压差引起的空气流动速度。气象学上用离地面10m以上独立铁塔上测量的10min水平流动速度的平均值来表示。风速有时也用等级表示，单位为（m/s）或（cm/s）。

气流计、风速计

■ 风车风速计

风车风速计根据8个风叶片的转数进行测量。

测量方法：在正对风的方向固定，读取停止时的指针数，拉动启动拉杆开始测量，读取1min后的指针数值，除以60就是风速（m/s）（图13–8）。

注意：身体不要挡住风，在1m/s以下的微风或方向不固定的气流的情况下不能使用。

● 图13–8　风车风速计

■ 卡他温度计

卡他温度计用于方向不固定的微气流时的测量。它是一种酒精温度计（图13–9），由含有酒精的球部、刻有100℉和95℉两个刻度标线的标记部和安全球构成。每个温度计有特定的卡他常数（95～100℉冷却期间散发的热量，mcal/cm³）。温度计有常温用（N，30℃以下使用）和高温用（H，25℃以上使用）两种。酒精球部用布包裹的叫湿卡他，普通的叫干卡他。在气温高、微风时，由于采用干卡他温度下降时间过长，所以有时也会使用湿卡他。

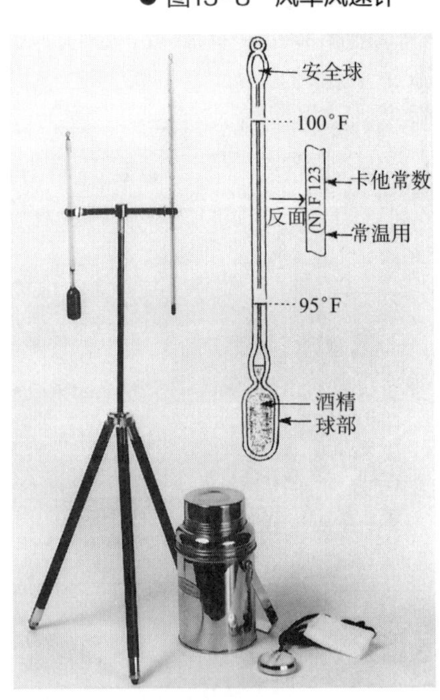

● 图13–9　卡他温度计

测量方法：将温度计的球部浸泡在50～60℃的温水中，直到酒精上升至安全球的1/3处，充分擦拭水分并悬挂。用秒表测量酒精从通过100℉瞬间下降到通过95℉瞬间时所用的时间，同时测量此时的气温。重复测量4～5次，然后取平均值。计算公式：

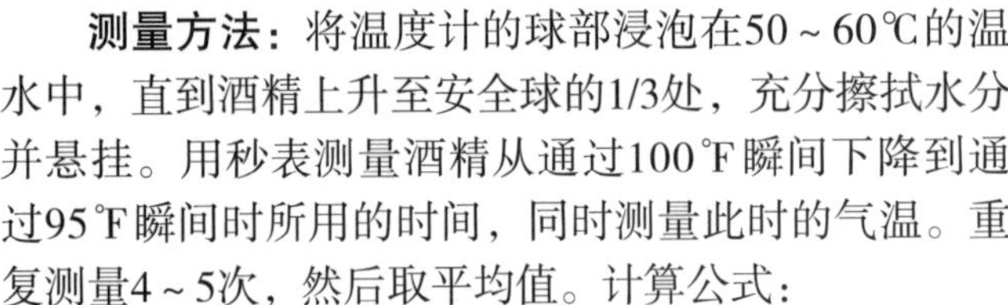

$H=F/T$

$\theta=36.5-t$（高温卡他的情况$\theta=53.0-t$）

如果$H/\theta\leqslant0.6$时，则$V=\left\{\left(\frac{H}{\theta}-0.20\right)/0.40\right\}^2$

如果$H/\theta\geqslant0.6$时，则$V=\left\{\left(\frac{H}{\theta}-0.13\right)/0.47\right\}^2$

式中：H——卡他冷却率，mcal/（cm²·s）；

F——卡他常数；

T——下降时间，s；

t——气温，℃；

V——风速，m/s。

注意：酒精柱的酒精在中途用尽时，通过加温将空气导入安全球内。温度计要固定在支架上，注意不要让气流使它摇晃或吹气。

■ 热线风速仪

热线风速仪是检测通电加热的铂或镍丝线圈被气流冷却时电阻值变化的仪器。它体积小，响应性好，从微风到强风都能测量。由于线圈的方向会产生误差，为了让传感器正对气流，因此有必要将其固定在支架上。

■ 热敏电阻风速计

热敏电阻风速计原理与热线风速仪相同，使用热敏电阻合金作为热线。它比热线风速仪灵敏度高，特别适用于微风的测量，但注意如果传感器不正对气流，容易产生误差（图13-10）。

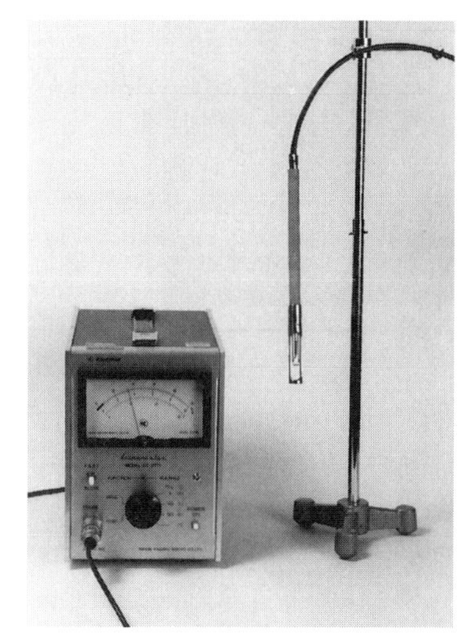

● 图13-10 热敏电阻风速计（热金属线风速计）

4 辐射热

所有物体发射的红外线强度与其表面绝对温度的四次方成正比。两个物体间通过辐射进行热交换，相当于各自表面绝对温度的4次方之差。

温度计

■ 黑球温度计（glove thermometer）

黑球温度计是在0.5 mm厚铜板制作的直径6英寸（150 mm）的空球表面涂上无反射的黑色哑光搪瓷涂层，中心插入棒状温度计的测温仪器（图13-11）。

测量方法：在黑球内将棒状温度计插到软木塞或橡胶塞中央，悬挂于测量地点，放置15～20min后，读取温度计的读数，由下式求出有效辐射温度、平均辐射温度：

有效辐射温度$=t_g-t_a$

平均辐射温度$=t_g+2.235\sqrt{V}\,(t_g-t_a)$

式中：t_g——黑球温度，℃；

t_a——气温，℃；

V——风速，m/s。

注意：温度达到完全平衡需要20min。直径为正常1/2的小球黑球温度计，读数会稍微偏低，有效辐射温度值会偏小10%～20%，但便于携带。

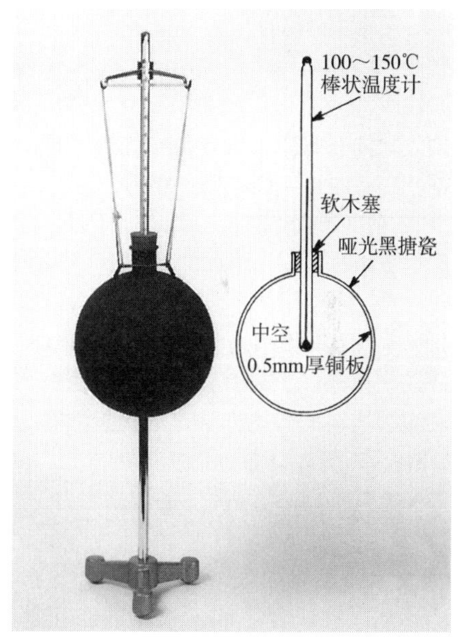

● 图13-11 黑球温度计

第 14 章 温热指数

影响人寒暑感的因素有气温、湿度、风速、辐射热的环境温热因素，还有作为人体方面条件的穿衣量和活动量因素。人体并不是单独感受这些因素，而是作为一个综合的状态来感受的。从很久以前开始，人们就尝试用一个尺度来表达这些要素。这样的尺度是将4个温热因子的物理测量值与人的感觉、出汗等生理反应相结合来表现，因此也被称为生物温热指数、体感气候。目前为止，各国的研究人员提出了很多的指数，可分类为：①根据环境测量进行温热因子的物理评价；②根据生理性反应进行环境评价；③根据受试者对环境的主观判断，判断温热因子的组合；④根据热平衡式综合评价环境因子和生理反应的相互作用。

① 不快指数（DI：discomfort index，Bosen）

不快指数通过温度和湿度两个因素来量化人体感受到的不快感（图14–1），是为了表示空气调节的快/不快感而设计的指数。自1959年夏天以来，美国气象局在日常天气预报中加入了这一指数。在日本，它从1961年夏天开始被使用。

不快指数（DI）=0.72×（干球温度t_d℃+湿球温度t_w℃）+40.6

在美国人中，不快指数DI为70的人口约占10%，为75的人口占50%，在80时100%的人感到不舒适，在86以上时会感到痛苦。据报道，居住在温暖湿润气候的日本人中，不快指数DI为72的人口占2%，为75的人口占9%，为77的人口占65%，在85时93%的人感到不舒适［神山惠三：天气，7（9），21–22，1960］。

因为没有加入风速的综合温热指数是不完整的，所以在美国不叫不快指数，而是改称温湿指数（temperature humidity index）。在日本称不快指数，特别是在感到闷热的季节，在气象预报中常被使用。

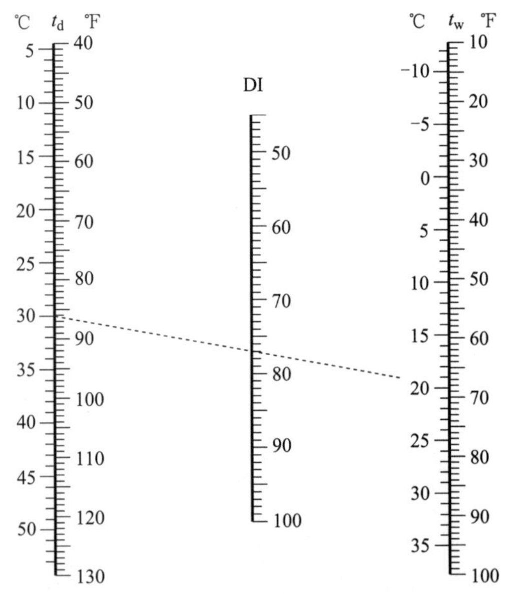

例：干球温度为30℃，湿球温度为20℃时的不快指数用直线连接两个温度，与DI的交点83为不快指数。

● 图14–1　通过干球和湿球来求得不快指数的计算图

② 有效温度（ET：effective temperature，Hougton & Yaglou，1923）

有效温度是由干球温度、湿球温度、风速这三个要素算出的感觉尺度，是基于大量受试者的温冷感觉决定的指数。以相对湿度100%RH、风速0.1m/s（无风）时的温度感觉为基准，求得与该感觉相同时的气温、湿球温度、风速组合的等价温度（图14–2），是基于受试者的主观评价，该等价温度称为有效温度。

有效温度与人体生理反应的关系并非线性，有研究指出有效温度存在一些不足，如在低温区域时湿度的影响过大，而在高温区域时的影响又过小，此外，在高强度工作时湿度的影响也过少等。但是，在适中、温暖环境下，有效温度可以相当准确地评价人的温热感觉，因此被广泛认可。

③ 修正有效温度（CET：corrected effective temperature，Vernon，1932）

修正有效温度通过气温、风速、辐射温度三个因素进行评价。由于在有效温度（ET）中没有考虑辐射热的要素，因此在有辐射热的环境中，用辐射温度代替气温，用修正湿球温度代替湿球温度进行计算。

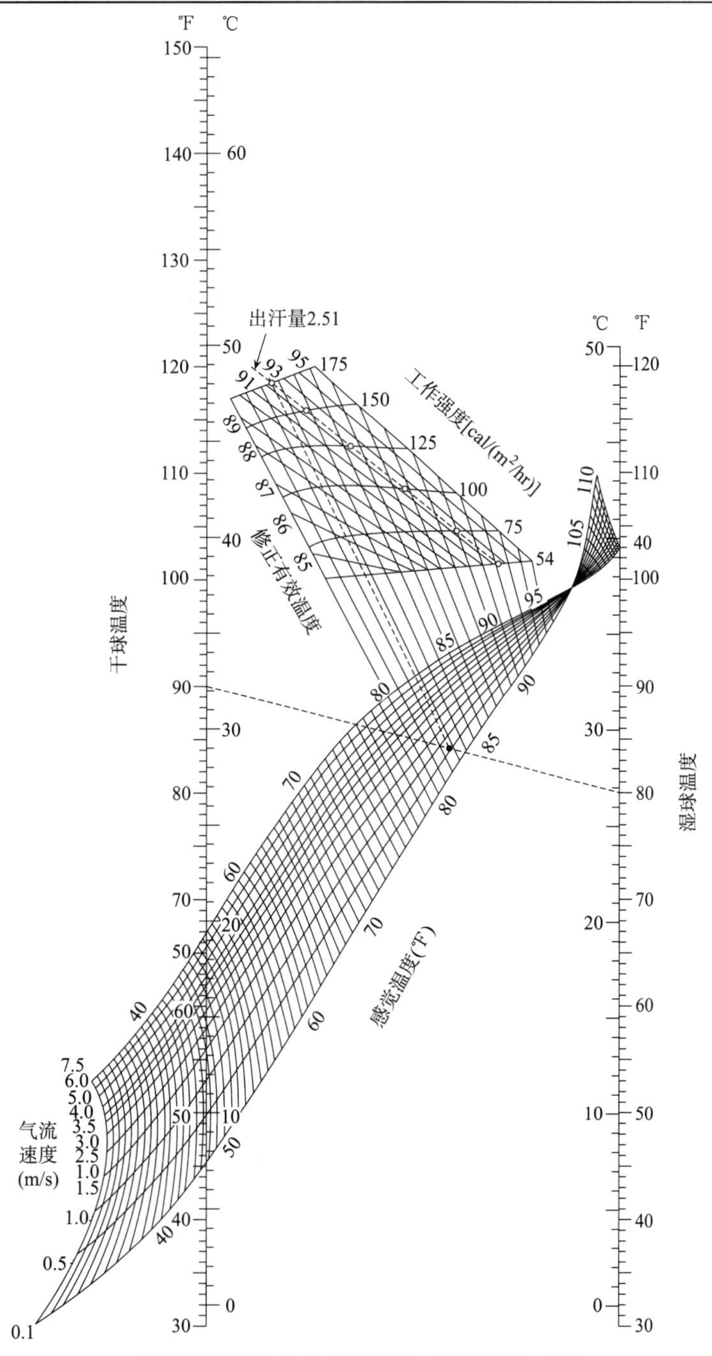

穿着普通服装情况下，针对高温工作增加的修正图表(Smith)。

● 图14-2 有效温度图表

④ 作用温度（OT：operative temperature，Gagge，1937）

作用温度是以人体与环境的热交换式为基础，通过气温、风速、辐射热三要素计算出的物理指标：

$$t_o = \frac{h_r \bar{t}_w + h_c t_a}{h_r} + h_c$$

式中：t_o——作用温度；

h_r——辐射传热系数；

h_c——对流放热系数；

$\bar{t}_w$——平均壁温；

t_a——气温。

在空气流动很少的房间里，辐射传热系数h_r=对流放热系数h_c，因此，作用温度可以用气温和壁温的平均值来表示。

$$t_o = (t_w + t_a) / 2$$

平均壁温是由下式计算平均辐射温度MRT后得到：

$$MRT = t_g + 2.235\sqrt{V}(t_g - t_a)$$

式中：t_g——黑球温度；

t_a——干球温度。

⑤ 风冷指数（WCI：wind chill index， Siple & Passel，1945）

风冷指数以气温和风速为要素，用于评价环境的寒冷指数，多用于预防在高地和极地的冻伤。

$$WCI = (10.45 + 10\sqrt{V} - V)(33 - t_a)$$

式中：V——风速；

t_a——气温。

⑥ 4-h出汗率预测指数（P4SR：predicted 4-hour sweat rate，McArdle，1947）

4-h出汗率预测指数是以气温、湿度、风速、辐射温度、工作量为变量进行人体4h出汗率的预测指标（图14-3）。该指数用于预测热环境下的耐热极限。

⑦ 热应力指数

热应力指数以气温、湿度、风速、辐射温度、工作量、穿衣量为基础，通过热平衡方程算出蒸发散热量（E_{req}），并用图表表示。在该环境下，E_{req}与最大蒸发量（E_{max}）的比值表示人体对高温的应激程度。该方法用于预测高温工作环境中的耐热极限，在该高温工作环境中可以通过蒸发来调节体温。E_{req}、E_{max}可以根据图14-4求得：

$$HSI = 100E_{req}/E_{max}$$

⑧ WBGT指数（WBGT：wet-bulb globe temperature， Yaglou & Minard，1957）

WBGT指数又叫作湿球黑球温度，多用于表示高温环境下的热负荷限度。

在屋外太阳直射的情况下：

$$WBGT = 0.7 \times t_w + 0.2 \times t_g + 0.1 \times t_a$$

在没有太阳直射的情况下，用下式计算，即在高温环境下，湿度的影响较大，因此使用该公式：

$$WBGT = 0.7 \times t_w + 0.3 \times t_g$$

式中：t_w——湿球温度；

t_g——黑球温度；

t_a——干球温度。

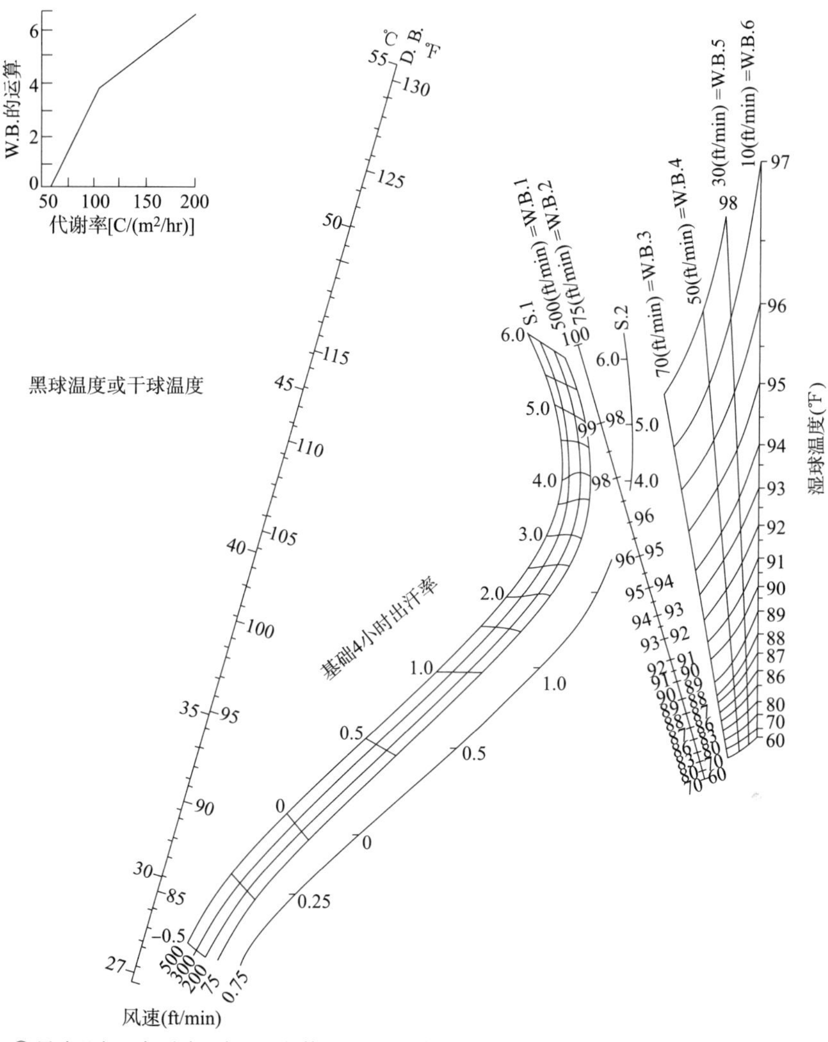

① 黑球温度(t_g)与干球温度(t_a)不相等时，用下式求解：

$t_w' = t_w + 0.4\ (t_g + t_a)$

② 根据图、用代谢率对t_w'进行修正。

③ 根据衣着对t_w'进行修正。

④ 将t_g或t_a与风速对应的t_w'在各刻度上标记，将两者用直线连接，求出风速对应的B4SR(基本4小时出汗率)。

⑤ 用B4SR，根据代谢量和衣着进行以下修正，求出P4SR。M表示代谢率。

短裤，安静 P4SR = B4SR

工作 P4SR = B4SR + 0.014(M–54)

工作服，安静 P4SR = B4SR + 0.25

工作 P4SR = B4SR + 0.25 + 0.02(M–54)

● 图14-3　4-h出汗率预测指数（P4SR）的计算图表（MacPerson）

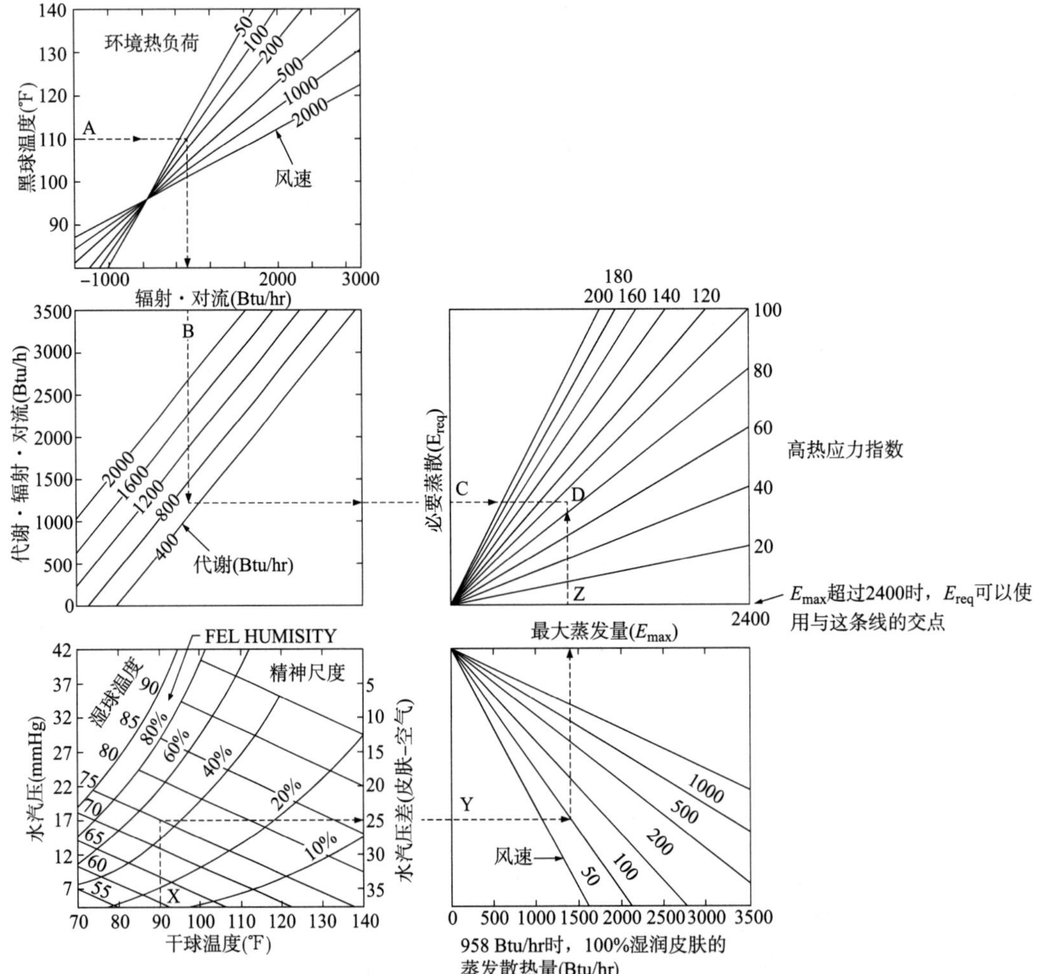

①例(上图的点线) 求站在工作台上使用上肢进行轻度工作的工人的热应力指数。

代谢量 600 Btu/hr

环境条件

黑球温度 110℉

干球温度 90℉

湿球温度 75℉

风速 100ft/min

②解 从黑球温度A和干球温度X中画出的各个虚线，读取C图中的交叉点D，可以求出热应力指数90。

● 图14-4 求热应力指数（HSI）的流程图（ASHRAE）

⑨ PMV（PMV：predict mean vote，Fanger，1970）

PMV是通过人体和环境之间热平衡相关因素中的气温、湿度、风速、辐射热、服装热阻、代谢量这六个因素组合在一起的热舒适方程来预测温冷感的平均值。该值可以预测感觉舒适时的着装量，或预测某一着装条件下的舒适环境条件。

PMV：-3（冷）~ 3（热）7个等级表示，PMV=0时95%的人感到舒适，0.5<PMV<0.5时90%的人感到舒适。

⑩ 新有效温度（ET*：new effective temperature，Gagge，Stolwijk & Nishi，1971）

新有效温度是将气温、湿度、辐射热、风速这四个因素和着装量、代谢量这两个人体因素作为变量，用相对湿度为50%时的温度和显示等温感觉的温度来表示。以包含出汗的热平衡方程为基础，用直线表示热感相等的环境，读取该直线与相对湿度为50%的曲线的交点温度。与相对湿度为100%时用气温表现的ET相比，ET*的值更适合实际生活感受。

$$Msk = h \cdot F_{cl}(T_{sk} - T_o) + w \cdot h_e / F_{pcl}(P_{sk}^* - P_a)$$

式中：Msk——代谢产热量；

$h \cdot F_{cl}$——包括衣服在内的皮肤外的总传热系数；

$h \cdot F_{pcl}$——包括衣服在内的皮肤外的蒸发换热系数；

w——皮肤表面的湿润面积率；

T_{sk}——平均皮肤温度；

T_o——作用温度；

P_{sk}^*——平均皮肤温度下的饱和水汽压；

P_a——环境水汽压。

⑪ 舒适计（comfort meter，Madsen，1973）

舒适计是以辐射、气温、风速的综合评价为基础，将作业量、湿度作为电子回路的常数，自动测量并显示PMV值的装置，可用于供暖环境。

⑫ 标准新有效温度（SET*：standard new effective temperature，美国采暖、制冷与空调工程师学会ASHRAE，1985）

以ET*为基础，美国采暖、制冷与空调工程师学会决定采用标准新有效温度作为室内热环境评价的标准，图14-5线图表示了假设穿着标准服装（0.6clo）的人在室内标准风速（0.1 ~ 0.15 m/s）下进行工作（1 ~ 1.2 met）时的舒适环境。该线图可以计算出以室温和着装量、或室温和相对湿度、室温和风速为变量的SET*。根据调查，由于80%以上的人对环境感到满足是当SET*=22.2 ~ 25.6℃时，所以将此温度范围作为室内环境基准温度。

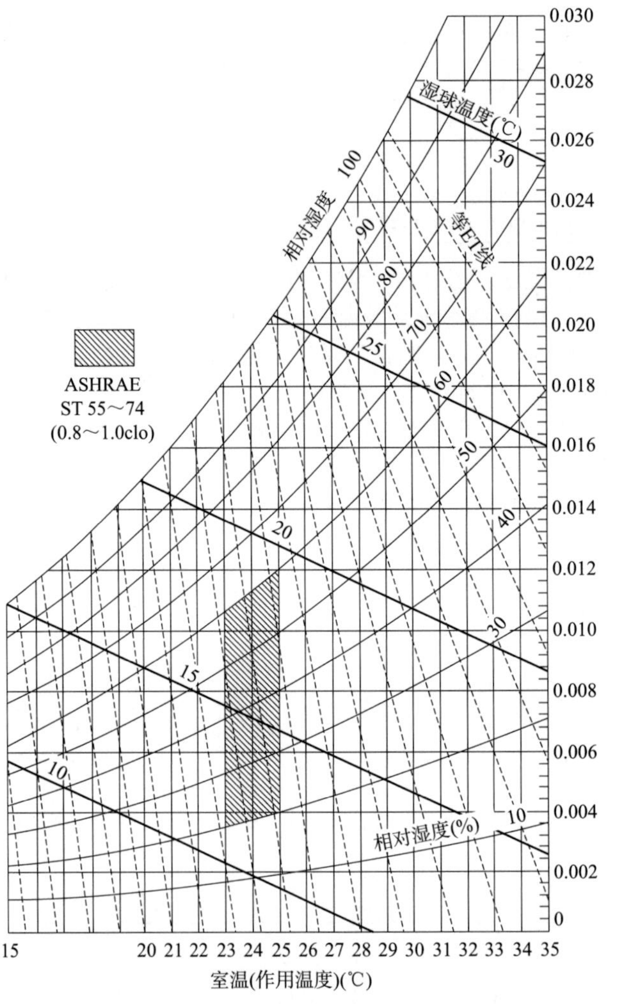

● 图14-5　标准新有效温度与舒适线图（ASHRAE）

参考文献

・アンダーソン，J.他著：ファッションの歴史，PARCO出版（2000）
・入来正躬：『体温調節のしくみ』，文光堂（1995）
・Umbach K. H.：Clothing Comfort, Proceeding of the 7th International Wool Textile Research Systems, *Ann. Arbor. Sc.*, (1977)
・大川富雄・奥田久徳・水野上与志子：『衣服衛生実験書』，光生館（1976）
・大野静枝・吉田敬一・飯塚幸子・久慈るみ子・多屋淑子：『衣服衛生・機構学』，朝倉書店（1996）
・大野秀夫・堀越哲美・久野覚・土川忠浩・松原斎樹・伊藤尚寛：『快適環境の科学』，朝倉書店（1993）
・小川徳雄：『新・汗のはなし』，アドア出版（1994）
・小川安朗：『世界民族服飾集成』，文化出版局（1991）
・勝木保次・内薗耕二：『新生理学体系 9　感覚の生理学』，医学書院（1989）
・川端季雄：繊維機械学会誌，30（1），（1977）
・川村一男・田口秀子：『三訂　被服衛生学』，建帛社（1997）
・北山晴一：『ファッション学のみかた』（アエラムック），朝日新聞社（1996）
・空気調和・衛生工学会編：『快適な温熱環境のメカニズム』，空気調和・衛生工学会（1997）
・栗田佐穂子：『ユニバーサルファッション　おしゃれで着やすい介護服』，ブティック社（2003）
・クライムキ：『自立を助ける子ども服』，文化出版局（1999）
・Kenshalo, D. R.：Sensory Functions of the Skin of Humans, Plenum Press, New York (1979)
・酒井豊子・伊藤セツ：『生活科学Ⅰ—生活財機能論—』（放送大学大学院教材），放送大学教育振興会（2002）
・酒井豊子・牛腸ヒロミ：『衣生活の科学』（放送大学教材），放送大学教育振興会（2002）
・佐藤昭夫・佐藤優子・五嶋摩理：『自律機能生理学』，金芳堂（1995）
・サンローラン，セシル：『女性下着の歴史』（深井晃子訳），Edition Wacoal（1989）
・シュトラッツ，C. H.：『女体美と衣服』（高山洋吉訳），刀江書院（1970）
・睡眠文化研究所・吉田集而編：『ねむり衣の文化誌』，冬青社（2003）
・Schmidt, Robert F.編：『シュミット感覚生理学　第2版』，金芳堂（1994）
・祖父江茂登子・田村照子・林隆子・古松弥生・松山容子：『基礎被服構成学』，建帛社（1988）
・田村照子：『基礎被服衛生学』，文化出版局（2001）
・田村照子・酒井豊子：『着ごこちの追究』（放送大学教材），放送大学教育振興会（2001）
・鳥居鎮夫：『睡眠環境学』，朝倉書店（1999）
・永田久紀：『被服衛生学』，南江堂（1995）
・中橋美智子・吉田敬一：『新しい衣服衛生』，南江堂（1997）
・西山茂夫：『必修　皮膚科学』，南江堂（1983）
・二宮清延・風間健・早川雅明編：『改訂新版　ファッション商品学』，日本衣料

管理協会（2001）
・日本家政学会編：『家政学シリーズ　環境としての被服』，朝倉書店（1988）
・日本ボディファッション協会：『Think Body Innerwear Book 素敵なからだになる下着読本』(2003)
・日本繊維製品消費科学会編：『繊維製品消費科学ハンドブック』，光生館（1988）
・丹羽雅子編著：『アパレル科学』，朝倉書店（1997）
・人間一生活環境系編集委員会編：『人間一生活環境系』，日刊工業新聞社（1989）
・Haas, J. H. de 監修：『乳児の発達一写真で見る 0 歳児』，医歯薬出版（1990）
・原田隆司：『着ごこちと科学』，裳華房（1996）
・平井東幸：『図解　繊維がわかる本』，日本実業出版社（2004）
・Fanger, P. O.：Thermal Comfort，McGraw-Hill Book Company (1972)
・福祉士養成講座編集委員会編：『新版介護福祉士養成講座 8　家政学概論』，中央法規（2001）
・藤原勝夫ほか編：『身体機能の老化と運動訓練』，日本出版サービス（1996）
・文化学園服飾博物館：『世界の伝統服飾』，文化出版局（2001）
・文化学園服飾博物館：『パレスチナとヨルダンの民族衣裳』，大塚技芸社（1993）
・松沢秀二：『繊維の文化誌』，高分子刊行会（1993）
・本宮達也：『ハイテク繊維の世界』，日刊工業新聞社（1999）
・森本武利：『やさしい生理学　改訂第 4 版』南江堂（2001）
・モリス，デズモンド：『裸のサル』(日高敏隆訳)，河出書房新社（1998）
・安田利顕：『美容のヒフ科学』，南山堂（1983）
・ヨハンセン，R. B.：『着装の歴史一人間と衣服の相関』(中田満雄訳)，文化出版局（1977）
・Li, Y.：The Science of Clothing Comfort, Textile Progress Vol.31 Number1/2, The Textile Institute International (2001)
・ルドフスキー，　バーナード：『みっともない人体』(加藤秀俊・多田道太郎共訳)，株式会社ワコール（1979）
・E. T. Renbourn：Materials and clothing in health and disease, H.K. Lewis & Co.Ltd, (1972)
・Watkins, Susan M.：Clothing The Portable Environment, Iowa State University Press (1984)
・Willett, C. & Phillis：The History of Underclothes, Michael Joseph Ltd. London (1951)